U0142893

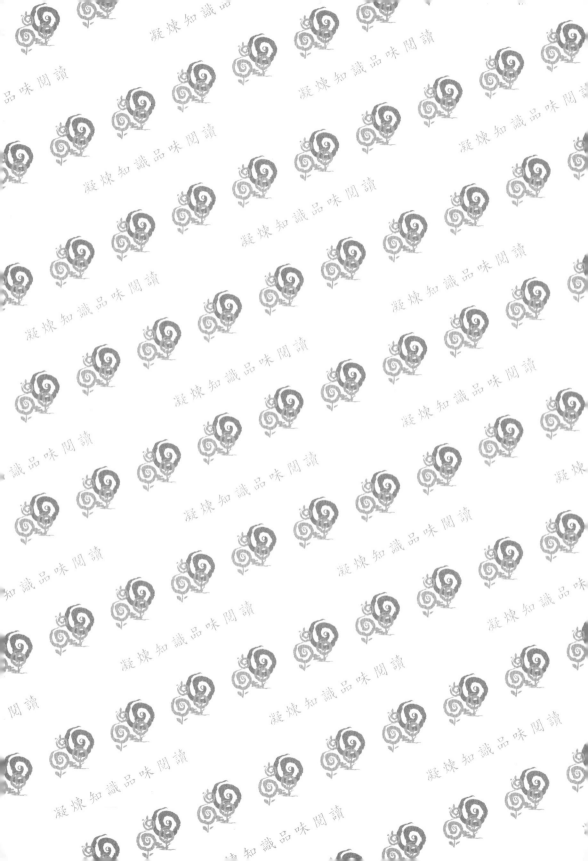

策略規劃與管理實務

孫旭群 博士——著

——經理人培養思維、掌握洞察力、啟發策略的必備攻略

五南圖書出版公司 印行

推薦序一
策略思維的培養要趁年輕

　　我主要的職業生涯在航空產業與教育，近十年來主要從事顧問工作，獲得博士學位後即任職於航發中心，投入飛機的研發及生產工作，隨著航發中心的業務轉型，並進而轉型為國營企業，歷經TQC、合作生產案、ERP流程再造、麥肯錫的業務策略診斷、事業部組織轉型、國營化等各階段，我有幸參與其中並在國營化的過程中擔任與外部單位主要介面角色，對於系統管理與組織的策略發展學到許多深刻的體驗。旭群在大學畢業後的科技預備軍官役即在我所任職的航發中心服務，看著他從基層工程師，一步步的學習與成長，擔負起更多的責任也對組織有著更多的貢獻，以不到四十歲的年紀就扛起航電事業處的主管工作。旭群在離開漢翔公司後，有機會經常瞭解他的近況，很高興與敬佩地看到他持續的學習與成長之路，很榮幸受邀為他的新書題筆為文，藉此分享一些我在企業、顧問與學術研究的一些心得請大家指導。

　　企業的經營，其核心要務在於人才，人才的養成，其關鍵在於時間與資源的投入，要培養策略規劃的人才也是如此。我非常重視年輕人的培養，雖然企業策略規劃的工作主要為管理階層的參與，然而，企業往往忽略了年輕世代策略思維能力的養成，對企業的影響將是長遠且難以衡量。我建議企業對年輕世代無論在其專業或管理的職涯發展路徑上，都能將策略思維能力的養成納入職涯規劃。此外建議企業也要善用年輕人的創意，企業要考慮成立一個團隊或部門，從事組織策略相關的分析工作，特別是要加入年輕成員，這也是培養他們大局觀的機會，有助於他們的成長，也能夠幫助組織發掘未來的人才。

　　對臺灣經濟的觀察，看到一個有趣的現象，早期的產業發展，政府部門扮演著領頭羊的角色，企業則是追隨政府部門的政策，亦步亦趨的跟進。如今，

雙方的角色似乎倒過來，企業則在產業政策的發展上領先政府部門的腳步與思維。這兩種角色的轉變，反映在人才的流動上，由於人才快速的流向民間部門，影響到政策的品質與速度。從整體產業系統思維的角度，政府部門與民間部門是產業發展的一體兩面，講求前瞻性與均衡性，要避免淪入短板效應的陷阱。相較於民間部門，政府部門握有資源並具備強大的影響力，因此，如何鼓勵兩個領域的人才交流，將是社會意見領袖及雙方主其事者必須重視的課題。同樣地，從整體產業系統思維的角度來審視企業組織的策略與資源配置，必須要避免出現偏重少數功能部門的發展，而忽視次要部門的孤島效應。突破性策略固然要倚靠領頭羊，然而成功與否卻是由接力賽抵達終點的最後一棒來定義。

　　知名企業鴻海公司（大陸為富士康）在早期被人們視為紅海競爭的代表，意即任何產業（特別是電子相關）只要鴻海踏入，不要多久即會血流成河，最終甚至只有鴻海公司賺到錢。然而近期觀察到，鴻海公司進軍電動車（新能源車）市場，是作為一個設計與造車的平台，讓眾多策略合作夥伴（例如：裕隆）能夠利用這個平台推出自己的產品，大家都能夠賺錢，這是一種Win-win的合作策略，也是一種跳脫過去大家習以為常的「競爭策略」思維（有你沒有我）。談到「競爭策略」，許多人立刻會想到其代表性人物麥可・波特（Michael E. Porter）。有幸於上世紀90年代在哈佛商學院參加麥可・波特及變革管理大師約翰・科特（John P. Kotter）的課程，兩位如今皆為大師級人物。當時得知波特也曾受邀替臺灣的產業發展把過脈、獻過策，更加深了對他們見解的印象，也深知波特的競爭策略並非是一種「有你沒有我」的紅海式競爭，反而是以獨特「產業定位」為核心的策略思維，一知半解的經營者總是認為策略就是要與對手作戰，競爭就是要戰勝對方。然而，如果我們能夠結合產業整體觀的系統思維，以及洞見機會與定位的策略思維，非但「你贏我輸」的競爭思維不足為恃，反而有機會啟發出具遠見且「你好、我好，大家好」的合作共贏策略。

張忠謀先生的成就非凡，我的觀察其成功在於他具有優秀的整體產業系統思維與策略洞察力所帶來的遠見與策略，具備這些能力絕非一朝一夕之功，靠的是自己的努力及早期任職於德儀的培養。因此，我認為所有的企業自上而下，自主管而至年輕人，都應將策略思維與策略分析能力列為職涯發展的重要一環，特別要從年輕時開始培養。

綜觀旭群這本書的內容，31篇文章的主題其涵蓋面比較廣，其內容亦綜合了與策略規劃相關的理論與實務性，並且把一些似是而非的觀念講述的相當清楚，我認為本書是企業在進行策略規劃工作的前期準備與後期團隊協作時，不可或缺的一本參考書。同時本書的實用性價值也是培養企業年輕人策略思維的好讀物，鼓勵年輕人分享心得並用於實務，相信假以時日必能成為企業未來人才的候選人。策略思維的學習要趁早，在此鄭重推薦旭群這本來自其長期研究與實務經驗所積累的著作，善用本書、時時回顧、用於實踐，相信它將成為企業或個人增進策略思維與策略規劃能力的一大助力。

彭元熙 博士

亞歷桑那州立大學（Arizona State University）航空工程博士

僑光科技大學前副校長

漢翔航空工業公司前副董事長

國際系統工程學會臺灣分會前會長

推薦序二
一本值得讀上幾遍的策略好書

　　讀者朋友，如果您需要一本提升經理人策略洞察力的參考書；或者您需要一本超越傳統策略規劃而又眞正講求實用的指南；又或者您作爲策略規劃與策略管理的老師需要指定給學生一本最佳實務教材，我認爲您不要猶豫，就選眼前這本書了——《策略規劃與管理實務：經理人培養思維、掌握洞察力、啓發策略的必備攻略》。

　　本書所收錄的每篇文章都是經理人在進行策略規劃必須要思考與研究的課題。全書由31篇內容相關又主題相異、相互聯繫又各自獨立的文章構成，可以單獨挑出一次閱讀某一章節，也可以按章節順序依次讀完全部內容。全書共由七個篇章構成，七章內容都高度相關，主要是圍繞著「策略規劃與策略管理」這個大主題，從實務面來切入，環環相扣，步步深入，包括著策略思維、策略分析、目標產出、策略展開、策略執行、日常管理等等幾個策略規劃的主要模組，來設計文章題目與構思內容的；每篇文章均會介紹與主題有關的理論背景，舉出相關的案例說明，再輔以作者的教學或實際輔導的心得，最後再加上幾個具提示性的問題，以幫助讀者閱後分析和思考，引導讀者去練習策略研究。雖然全書各篇文章並非著意包括該章節的所有知識點，但卻提供讀者在相關主題的學習或實務工作時的重點參考與最可應用之處。

　　許多人都聽過並做過策略管理，但眞正會做策略規劃即做出成功的策略者卻並不多。從策略規劃的理論基礎發展至眞正成功地帶領組織實施策略規劃，其間實際上存在著巨大鴻溝，爲什麼會這樣？因爲從策略規劃理論到組織策略規劃實務之間，還需要大量應對環境變化的具體執行方法和實施力度等等不確定因素。一個龐大的組織機構，不是最高領導層制定好政策就可以保證得到好

結果，組織機構需要的是如何將目標與策略層層展開，同時要避免因循舊習慣來面對新環境，這需要的是具體組織策略規劃與目標展開的素養。再完美的策略規劃，若沒有夠格的執行力，到最後將落得一場空，因此，組織的策略執行能力將扮演著一個目標實現的關鍵角色，不亞於策略思維與策略規劃的工作。反過來，擁有再好的策略執行力，當遇到環境不如預期、或是遇到人性的挑戰時，不知變通與無法掌握變革，也常常見到不理想的結局。而本書則通過若干實例，將策略規劃理論、組織策劃的方法，及應對執行過程中具體問題的方法都介紹給了讀者。

每一組好策略，都必須以扎實的理論為基礎，再搭配豐富的管理實務，缺一不可。理論是學者綜理出來的規律，管理實務則是因應不同企業組織特性而做出的靈活調整。本書的好處，就是把策略規劃理論和管理實務的心法，根據不同的情境，按不同主題整理出來，讓讀者在做策略規劃時，可以有理論作依據又可以於實務上有所依循，從而減少犯錯的機會。

有人說，一個策略規劃，甚或是一組策略，是否成功只能由最後結果判斷。此說法有一定的道理但並不實用或並不全面。因為很多策略規劃的組織者，需要的是在策略實施前就要有個基本的判斷，並依其做出是否實施或是否需要修改的決定。因此若由實施結果來判定好壞其實是一種幻想，呈現的是邏輯上的謬誤。因為實施結果固然可據以判斷其策略的好壞，但其對於組織者已經大局已定，無論成功與否，都無法做任何變動，只能留與他人作嫁衣了。在現實中，無論是企業、組織或是政府，在進行策略規劃或是政策制定時，沒人敢百分百打包票必成。在面對眾多具差異性的可選策略時，領導人面對的是如何取捨具體方案以應對挑戰，這將必然涉及到其所選擇策略是如何產生出來？是否具備獨特性與創新性？是否考慮到現實中可能出現的各種最突出的複雜情況？這考驗的就是經營或執政團隊的策略思維能力。

本書作者以企業界資深策略顧問為背景寫作，使這本書一開始就染上了有價值、有意思的特色，同一般的理論學術研究者及其學術著作不同，作者努力

為讀者闡明了一些在策略規劃領域似是而非且易於混淆的觀念，巧妙地指出了一些常見的誤區，並進而介紹了一些實務上比較好用的理論、概念與工具，毫無保留地與大家分享了作者從業多年實務操作的經驗與心得，特別從實戰性及實踐性的角度，提出了一些重要的主題並分享其頗具洞察性的觀點。本書的各種案例可以給出您相關的參考意見和答案。所以，我鄭重推薦這本書，給所有想學習或想要著手實施策略規劃的朋友。那些試圖揮別只停留在理論名詞與花俏的「心靈雞湯」者，想系統學習策略規劃領域之真諦的讀者，就從閱讀這本書開始吧！

　　我與本書作者孫旭群博士相識於南開大學校園，在他不辭辛苦於幾年間多次往返於津臺兩地，學習管理學課程並撰寫博士論文的過程中，而相交於他順利取得博士學位後，我幾次應邀訪問臺灣學術機構或參加學術會議之時。期間他與同為南開大學博士的賢內助夫人總是殷勤周到地安排我的參觀訪問行程及相關事宜，使我對他的真誠為人、勤奮於學有了更深入的瞭解。也是在這個過程中，特別地知悉他本人其時正在從事著策略規劃的實踐與教學工作，知道他在南開大學所學已經用於了實踐，並且結合他在臺灣及美國的實務應用，有了許多新鮮的經驗和體會。再後來，他便嘗試一篇文章接一篇文章地把自己的體會寫了出來，並且起初還不厭其煩地在完成一篇後便及時微信發我閱讀，我雖然來不及閱讀他寫出的全部文章，但對其中有些文章還是留下深刻印象，覺得很有價值和意義，於是多次鼓勵他考慮系統地寫成一本書可能更有意義。現在看來他實際上就是這樣安排的，即一開始就是有一定總體設計，打算最終出一本書。經過幾年的辛勤努力，現在這本書終於完成。

　　我衷心祝賀孫博士的學術成果，祝賀本書的出版發行，並斷定凡閱讀過本書的人一定會喜歡本書生動活潑的語言，形象貼切的案例，及所闡述的策略規劃道理和方法，並且激發起雄心而應用實踐之。

　　是為序。

陳宗勝 教授

著名經濟學家

耶魯大學（Yale University）博士後

南開大學講席教授

南開大學中國財富經濟研究院創始院長

「中國經濟理論創新獎」與「孫冶方經濟科學獎」得主

推薦序三
永續經營的基石

終於找到了！想找一本實務而且可以應用在工作上，談策略的書，已經找了很多年了。旭群這本書終於回答了多年的尋覓。

在美商公司，中美兩地工作了37年，我時常用2V來勉勵我們的同事。第一個V是Value（價值），時刻為客戶及公司創造價值，這也是工作與事業的核心目的。第二個V是Visibility（能見度），如何讓你創造的價值讓與己身工作相關的利害相關人看得見，進而影響到他們。對於公司的幹部，我則提出第三個V，Vision（願景）來勉勵他們，要時時思考，什麼是你給團隊帶來的願景，同時要規劃及與他們溝通你的策略是什麼？

企業始於「人止」，公司是員工的組合，經理人有這個責任要引領員工的期盼並付諸實現。前述的3V，不僅適用於員工與幹部，也適用於公司層次的思考，也就是「公司存在的目的」、「如何使顧客有感」、以及「用什麼策略去實現」。

在Black & Decker及後續的Stanley Black & Decker服務的37年歲月裡，有20年被派駐在臺灣，負責管理亞太地區的供應鏈體系，需要時常出差到大陸、香港、澳門、印度與亞洲各地，拜訪供應商並與各地的同事交流工作的進度與未來的方向。由於亞洲是新興的地區，與公司產品相關的供應商多是屬於「傳統產業」，規模有大有小，時常感受到這些亞洲企業有許多是「一流的設備，二流的人才，三流的管理」。經營者與管理階層忙於設廠擴廠運轉，公司常購入一流的硬體設備，但不知如何推展與提升管理階層的軟實力和與時俱進的管理思維，幹部忙進忙出忙生產，沒有意識也沒有意願培養出「洞見」的能力；既

沒有洞察力，更談不上公司該有什麼策略；顧客除了產品，看不到公司產生的價值。所以時常出現訂單出走，沒法長期保留住顧客的窘境。

掌握Vision – Strategy – Objective的觀念與行動，則可以很好的連結我所提倡的「3V思維」。然而，當我一開始向幹部提到策略時，大部分幹部的第一個反應就是：什麼是策略？有沒有範本、參考書、或模板可以套用？除了我所帶領的組織，相信這也是我觀察到的許多企業，特別是當時亞洲地區數百家供應商所面臨到的現象。旭群這本書提供了我們一直在尋找的一本工具書。從策略思維、策略分析、策略展開到策略執行一步一步的指導與啟發，不限於策略工具或單純理論的學習。真的是相見恨晚！我真是迫不及待地想把這本書馬上交給公司的幹部們，也交給我們的供應商夥伴們，把二三流的管理提升到一流的境界，作為生意永續經營的基石。

旭群曾任我們Black & Decker公司亞洲採購供應商品保部門負責人多年，足跡遍布大中華地區、韓國、越南、泰國與印度，對於電動工具製造有深入的瞭解與實際經驗。這本書不僅講理論，也講如何應用在實際工作上，堪稱經典。這是提供給大中華地區的讀者一本很實用的策略工具書。誠心希望有朝一日可以看到英文版，我可以交給我們美國的夥伴們，好好推展策略思維，制定、分析與執行，使我們的組織達到另一個高峰。

林繼文（Kent Lin）

美商史丹利百得公司（Stanley Black & Decker）全球採購亞洲區前副總裁
兼總經理／工程部前副總裁
馬里蘭大學（University of Maryland）機械工程碩士
馬里蘭羅耀拉大學（Loyola University Maryland）企業管理碩士

前　言
如何閱讀與使用本書

▌緣起　洞察力：思想的開端與結果▐

　　回顧本書的發想過程，要從我完成天津南開大學的博士學位聊起。當時，為了完成博士論文，期間還不惜辭去國際諮詢公司大中華區董事總經理的工作，最終在2016年中旬，通過嚴格的外部論文審查及論文口試後，實現了人生的一個夢想。接著，我投入創業的旅程，開啓了人生另一個篇章。創業之初，回顧過去累積的學術研究、大學授課、企業教學、專案輔導，以及數十年的經營實務經驗，想到在接下來的有限歲月裡，是不是可以留下些什麼，幫助到眾多有志於學術研究及提升企業經營績效的有緣人？

　　在與一些具豐富經驗的同好暨合作伙伴溝通後，大夥決定創辦一個微信公眾號，構想以原創文章的形式來分享我們多年的研究與實務經驗。經過一年的籌備期，推出了《經營洞察力論壇》，別名為《洞察力魔法學校》的公眾號，期盼透過我們的文章，幫助讀者學習特定主題的專業知識，分享作者的實務經驗，再透過精心設計的思考性問題，希望讀者在完成公眾號文章的閱讀後，能夠進一步地深挖這些知識以豐富個人的見解，或是，趁機回顧個人的經驗並檢視有無可以強化之處。我們鼓勵個人與團隊一起討論，希望藉著我們的文章能促進良好的團隊協作。在我們的心中，前述的任一種行動，其目的都是希望讀者能夠基於我們的文章與見解，學習如何洞察出一些過去未曾思索過的想法與創見，這些「洞見」（Insight）將是個人思考的結晶，伴隨而生的「洞察力」，亦將成為個人或團隊的核心能力。

洞察力魔法學校
經營洞察力論壇

　　為了實現這些想法，我們對《洞察力魔法學校》進行一些具有巧思的設計，除了設有「魔法部」負責統合公眾號的管理工作，亦設有「編輯部」負責文章內容的編審與排版工作（分別由團隊內的周淵及干戴緯兩位夥伴負責）；還設有五個學院，分別由五位專家擔任院長，無償地定期負責文章的構思與撰寫的任務，這五個學院分別由王瀟博士負責「領導力學院」、熊震世老師負責「卓越運營學院」、林勇智博士負責「變革管理學院」，以及由劉恬萍博士負責「創新管理學院」，我則是身兼校長與「戰略管理學院」院長的工作。2017年六月正式上線，《洞察力魔法學校》即維持五個學院輪流，每週出刊一篇文章的模式，偶而會邀請一些外部專家提供專文，自始堅持原創文章，至2022年六月，包括節慶特刊，五年來已刊出超過260篇文章。由於每週一篇原創文章的工作量太大，自2022年七月起，《洞察力魔法學校》公眾號文章暫停更新，等待進一步的轉型。

領導力學院
院徽：獅子
五行：屬土
代表色：棕

卓越運營學院
院徽：虎鯨
五行：屬水
代表色：藍

變革管理學院
院徽：火鳳凰
五行：屬火
代表色：紅

創新管理學院
院徽：獨角獸
五行：屬金
代表色：金

戰略管理學院
院徽：鷹
五行：屬木
代表色：青

　　過去五年，我在《洞察力魔法學校》公眾號一共發表過48篇、近23萬字的文章，主要刊登於戰略管理學院，另有兩篇則是發表在變革管理學院。由於公眾號所設定的目標讀者群為兩岸有志於提升洞察力的經理人員、專業人士、學校相關專業師生，以及有興趣於此課題的相關人員，因此，我在構思所負責的公眾號文章時，就打定主意，想把多年來在學校授課，以及面向企業從事策略管理教學與輔導所積累的實務經驗及創見，有系統地分享給讀者，並幫助其成長。古人云「三不朽」，即所謂的「立德、立功、立言」。自覺能力有限，前兩項在我有生之年恐難實現，立一家之言也是難如登天，如果能將自己有價值的經驗透過文章進行傳承，也算摳得著「立言」的一片小衣角吧！

　　在這五年期間的每一篇文章，從主題的設定、理論知識的吸收、資料的整理，到一篇文章的完稿與登出，都花費編輯部及我個人不少的心力，文章刊出後，有幸獲得許多正面反饋，也給予我持續執筆的動力。過程中，來自學生及昔日師長的反饋，鼓勵我將這些文章彙集出書，雖然知道這是一件值得進行的事，卻礙於平時工作繁忙，加上撰文的時間壓力，一直未能付諸實現，直到《洞察力魔法學校》暫停出刊的日子，方有機會著手，也才有此書的出版。

　　是的，這本書的內容是取材自過去五年我所發表過的文章，由於聚焦於策略管理這個大課題，自然是圍繞著策略思維、目標設定、策略展開、策略執行、日常管理這幾個主軸，進行文章主題的選定。然而，由於策略規劃一直是學界與業界重要的經營管理課題，市面上關於這類課題的書籍多偏重於策略管

理，因此，我當初的文章比較聚焦在結合策略規劃與管理的理論與實務，同時能夠啟發讀者洞察力的這兩個面向為基本定位。所以，在文章的內容與觀點的呈現上，有別於傳統的教科書、商管叢書，以及日本風格的圖文並茂卻內容簡略的標題式書籍。本書的內容著重在以理論為背景，輔以我過去的教學與輔導經驗，每篇文章獨立主題卻也環環相扣。所以，您正在閱讀的這本著作並不是一本傳統的教科書，也不同於一般的商管書籍，各位讀者可以視本書為一本在學習與研究策略規劃與管理相關課題時的資源，也可以是一本用於個人與團隊在執行策略規劃工作時必不可少的實務攻略。

▌本書章節介紹 ▌

考量各篇文章的主題相關性及有限的篇幅，本書係從曾發表過的48篇文章中，選取了其中的34篇，經過內容改寫及合併，最後整理成本書的31篇文章。由於當初公眾號的文章均以簡體字寫作，此次出書成稿的過程，除了繁簡體的轉換，還包括針對臺灣讀者閱讀習慣與兩岸用語的校正、中外專業名詞整理、圖表的重新繪製，對內容也花了許多時間進行幅度不小的改寫。最後，根據文章主題進行分門別類，最終以七個章節呈現。各章節文章閱讀重點如下：

PART1〈提升思維能力的關鍵課題〉：在這個部分，我收錄了四篇文章，第一篇介紹「思維能力」，包括思維能力在策略規劃工作中的重要性、五種重要的思維及其內涵，以及可以運用於幫助自我學習策略思維的四個階段，開啟各位對思維能力於策略規劃重要性的基本認知。第二篇文章，主要是想和各位一起探討提升策略思維的關鍵，也就是策略性提問的重要性與學習技巧；特別是如何在策略思維的前三個階段中，學習運用合適的問題形式以提升自我的思維能力。第三篇文章則透過一些實際的案例幫助各位理解，「確認問題」在學習策略思考的重要性，以及如何避免落入被現象綁架的思維盲點？透過該篇文章，可以幫助各位連結第一篇及第二篇的內容，並加強關於策略思考的認知。第四篇文章提到心智模型於思考的應用，以及改進自我心智模型的三個觀點，

希望有助於各位在面對眾多管理工具時，具有正確的認知，不會落入為學工具而學習的田地。

PART2〈策略思考者的習慣與迷思〉：這一部分收錄三篇文章，顧名思義，在本部分我想要和各位探討策略思維的自我修煉之道。關於策略思考，首先要掌握批判性思維能力，第五篇文章的內容即是著重在個人關於批判性思維的認知，以及如何掌握批判性思考以提升個人的思考能力。既然思維能力的養成與提高屬於個人成長的重要課題，在第六篇文章中，我列出八個習慣，作為各位自我學習策略思維的重要參考，換句話說，要做到自我養成優秀的策略思考家，必須掌握這八個重要習慣。第七篇文章則是舉出人們關於策略思考的迷思，或是常犯的九大錯誤，並提出可以改善的實務性作法。個人及團隊的策略思維能力，將是成功進行策略管理的核心，各位可以藉由這三篇文章來進行自我盤點，找出個人最好的學習之道。

PART3〈策略分析前的重要課題〉：收錄了四篇文章，第八篇在討論策略定位的核心意義，以及為何策略定位是我們在進行策略分析前的重要課題？當然，各位也可以從這篇文章掌握到與策略定位相關的STP理論（Segmentation – Targeting – Positioning）及策略定位（Positioning）的實務。第九篇文章將為各位介紹一個非常實用，許多人卻不清楚其本質的好工具──「價值主張」（Value Proposition）。本書將幫助各位從理論與操作實務去正確的掌握價值主張這個重要的策略分析課題，同時也介紹以價值主張為基礎的商業模式圖（Business Model Canvas）與應用於新創企業的精實畫布（Lean Canvas）兩個工具，以及如何合適地將其應用於企業的策略分析工作中。第十篇文章的主題則聚焦在如何界定顧客想要完成的任務，被稱之為JTBD（Jobs-To-Be-Done），它是企業在構思創新策略時的重要課題，本文深入淺出的說明JTBD的觀念及實務應用，同時，各位也可學習到應用JTBD的五種創新策略。JTBD的概念將支持著第九篇與第十一篇兩篇主題的學習。第十一篇文章在討論「策略草圖」，它來自《藍海策略》這本商管大作，也是構成創新策略分析工作的

基礎，本文將爲各位剖析策略草圖的理論基礎以及操作實務，可以透過策略草圖爲策略分析工作打好基礎。本部分的四篇文章，主題各自獨立，又有著環環相扣的關係，也可以視爲一個整體進行學習。

PART4〈策略與策略分析工具〉：共收錄四篇文章，第十二篇是在爲各位釐清一個「好策略」所應具備的本質，那就是所謂的「獨特性」，透過此文，希望讓讀者避免落入跟隨他人策略或聚焦於營運優化的策略陷阱，也能理解爲何豐田公司（Toyota）不怕外人參觀學習其管理體系背後的思維。第十三篇文章則是在探討，眞正的策略是否來自理性策略分析的命題；有時，事先設想好的理想策略並不一定有辦法被落實並帶來預期的好處，因爲環境與競爭是動態的；該文透過本田小狼機車（Honda Cub）的案例，再引入策略大師亨利·明茲伯格（Henry Mintzberg）關於策略的五種面向，希望能幫助各位不會落入爲分析而分析的思維陷阱，並再度理解策略思維的重要性。由於可用來幫助企業進行策略分析的工具有很多選擇，也可以從許多書籍取得相關的使用方法，因此，策略分析工具的介紹並非本書規劃的重點。列於本部分的另兩篇文章，主要是介紹兩個非常經典、非常實用，同時也是現代許多策略分析工具的發想源頭，分別是策略管理之父伊格爾·安索夫的Ansoff Matrix（第十四篇）及策略大師亞瑟·理特的ADL Matrix（第十五篇）。藉由這兩篇文章，可以認識兩位策略大師的生平及思想，並深入瞭解這兩種工具的定義與應用，這兩種工具對近數十年策略分析工具的發展有著極深的影響，有助於各位日後對其他相關策略分析工具的學習。

PART5〈策略展開實務〉：這一單元以如何正確的完成策略展開與目標分解的工作爲範圍。其中，第十六篇是關於SWOT矩陣的深入剖析，可以視爲PART4主題的延續。許多學術界及實務界的人士曾批評SWOT是一個非常低階的策略工具，然而，SWOT眞的這麼低階且助益不大嗎？又有多少人懂得正確的使用SWOT？除了SWOT，是否有人還知道TOWS這個工具呢？本篇文章可以幫助各位重新檢視SWOT及TOWS的觀念與正確的操作實務。第十七、

十八及十九這三篇文章的主題雖然獨立卻也有著高度相關，建議一口氣把它們讀完，可以幫助各位深入理解策略、策略展開、策略性目標這三項工作的本質，以及幫助企業完成這三項關鍵工作的好工具——「方針管理」（Hoshin Planning）。第二十篇則以反向的觀點，提出策略規劃工作常見的三個重要誤區，分別是「不擅長策略思考」、「錯誤使用SWOT」，以及「分不清策略目標與日常性目標」。文章內容除了說明這三項錯誤的本質，同時也提出改進建議。本部分收錄的最後一篇文章（第二十一篇），在探討企業於策略規劃及後續策略執行工作中，最常面臨到的兩難課題，也就是在理想策略的「策略承諾」與所處環境的「不確定性」之間的取捨，以及如何調整的衝突性課題；此篇文章提供了一個情境選擇矩陣（如何選擇合適的策略規劃作為），希望幫助各位從文章中理出自己的體會與洞見，該篇文章也將用來串接策略規劃（PART5）與策略執行（PART6）這兩大主題的學習。

PART6〈策略執行的成功關鍵〉：收錄的六篇文章均圍繞著策略執行的相關課題。第二十二篇所提到的「策略敘事」（Strategic Narrative）並非平時進行策略規劃工作者所熟知的觀念，透過「故事」與「敘事」的區別來切入，介紹了亞馬遜（Amazon）的「敘事備忘錄」制度，並詳細說明企業在完成策略規劃工作後如何正確的完成策略敘事，並利用它來與企業內部溝通經營策略。一個好策略，實現的關鍵在於執行，許多企業空有好策略，卻無法讓其落地；或是遇到環境的變化，卻無法善用「突現策略」（Emerging Strategy）的機會，在第二十三篇文章中，我列出了企業於策略執行階段常見的五大挑戰，希望幫助各位及早洞察出這些潛在風險，並將我所提出的建議納入到策略執行的體系中。第二十四篇則介紹最常被經理人忽略的日常管理系統，以及如何建構完整的日常管理系統以提高策略執行力，幫助策略的實現。該文為各位詳細的介紹「精實日常管理系統」（Lean Daily Management）的四個單元——領導者標準作業、可視化管理、日常當責作業，以及日常紀律。基於此文，各位可以學習相關的知識與實務性作法來架構適合於企業特性的日常管理系統，以

提高策略執行的成功率。第二十五篇及第二十六篇內容具相關性，前一篇揭開經理人對績效管理制度的迷思，要如何正確認知績效管理的價值，以及不會誤用它；後一篇則和各位討論人才策略在策略執行階段的重要角色，文中以網飛（Netflix）的人才制度為例，說明企業應該如何辨識及善用人才，並引出「人才九宮格」工具，幫助經理人跳脫基於過去表現與現有能力進行選才的績效管理思維，如果能將「未來潛能」這個因素考慮進來，方能有效識別人才、診斷人才現況，以及執行相應的人才管理作為。本部分最後一篇（第二十七篇）則是要和讀者一起探討，究竟是「組織結構支持策略」還是「策略追隨組織結構」這個策略難題。文章僅做探討並未提供標準答案，希望透過該篇文章的論述，幫助各位透析企業目前的處境。如果您能好好思索這個課題，相信可以及早洞見企業在發展策略及策略執行時所遇到的限制與挑戰。

　　PART7〈**變革管理與策略執行**〉：經研究，經理人的變革管理能力將足以影響策略執行的成敗，這是一個重要的主題。這個部分收錄了四篇文章，在第二十八篇文章中，我為各位闡述「轉型」（Transformation）與「變革」（Change）的異同，以及如何建構正確的認知，幫助企業構思策略發展所需的轉型工程以及掌握策略執行的變革挑戰。第二十九篇將介紹變革大師庫爾特‧勒溫（Kurt Lewin）的核心理論，包括「勒溫三階段變革模型」，以及基於這個模型與團體動力學所發展出來的「力場分析」（Force Field Analysis）理論，該文對力場分析的應用情境及操作方法有著詳細的說明，方便各位上手；由於勒溫的理論是許多變革管理模型的研究基礎，此篇文章可以幫助各位日後關於其他變革理論與變革模型的學習。在第三十篇，我們將探討變革管理的挑戰——人性；人有七情六慾，不論是發生於個人或團體，在在的影響著變革的實現。該文介紹了一種頗為經典的變革情緒週期理論，它結合了勒溫變革理論與來自實務的觀察，可以有效解釋及預測當人們面對變革的情緒變化與抗拒力量的來源，學習到這套實用的理論與實務應用技巧，可以提升經理人的變革管理能力。最後一篇文章（第三十一篇）是〈如何成功領導變

革〉，該文將介紹一個廣爲應用且實務導向的變革管理模型，來自變革管理大師約翰‧科特（John P. Kotter）的八步變革管理模型。文章關於該模型的發展背景、內容結構、模型應用實務，以及模型的限制與批判，都有著完整且深入的說明。由於領導力也是變革專案的成功關鍵，該文也介紹了「轉型領導力」（Transformational Leadership）的特質與學習重點。希望各位善用本部分所介紹的幾個重要的變革理論與模型，有效的管理及推動變革專案，提高策略落地與成功的機率。

▎如何使用本書▎

　　本書內容綜合了理論與實務，相信對各位提升策略管理與策略規劃的能力有所幫助。然而，讀書與學習需要方法，此處提供六個重點，幫助各位善用本書，帶來事半功倍的效果：

1. 本書可以用作教科書，也可以是一本知識工作者關於學習策略管理的商管書。本書定位在有一定基礎的學習者，包括MBA／EMBA學生、從事策略管理相關業務的工作者、企業經理人，以及有興趣於這個知識領域的個人或團體。因此，讀者在閱讀本書時可能會需要一些基本知識，雖然每篇文章均有相關理論的解說，仍有不足之處，讀者有需要時必須自行透過網路或專業書籍進行延伸學習。

2. 本書的每篇文章，其主題各自獨立但也存在著相關性，各位可以依據自己的需求，直接切入個別文章進行閱讀與學習。由於每一個PART均來自所收錄文章的相關性，因此，七個PART分別是七個大主題。學校教師或是個人讀者如果對個別大主題有興趣，亦可不需依循各PART的順序，直接跳至該PART所收錄的各篇文章完整閱讀即可。

3. 這是一本策略管理與策略規劃的實務性書籍，定位在「工作實務」與「學習攻略」，因此，本書不會強調策略管理理論的全面性。不過，全書圍繞著策略思維、策略分析、策略展開、策略執行的大架構來構思文章與章節架構，並提供深入淺出的內容說明，相信能符合系統性學習的原則。

4. 本書的31篇文章均來自《洞察力魔法學校》，自始至終聚焦於如何幫助讀者提升思考能力與洞察力。在網路發達的這個年代，知識的學習與答案的獲得已愈來愈容易。相對而言，好的問題與深入思考的能力，其價值愈來愈重要，這也是本書的宗旨。因此，在完成每篇文章的閱讀後，我都會為各位列出至少三個問題，不提供標準答案，目的是希望各位基於該篇文章內容，經由文章後面所列問題的思維引導，給自己或團隊成員進一步思考的空間。當然，也歡迎自提問題，由個人或結合志同道合的伙伴，去搜集資訊、消化與整理資訊、分享觀點，接著基於問題去討論出創意或意見。各位只要養成習慣，相信有朝一日必成大師。

5. 除了個人的學習外，本書還適合相關課程的引導式教學，也非常適合企業內部或社會學習團體的讀書會使用。由於本書的文章各自獨立，文章後面也列有值得討論的提問，因此，每次的讀書會可以挑選某一篇文章來分享及討論。由於每篇文章僅有數千字，不需要花太多時間進行導讀，反而可以鼓勵讀書會成員利用有限的會議時間分享各自的觀點，包括對於文章所列問題的看法。

6. 最後，本書更是適合我在學校及企業界開設策略規劃課程的學生。由於本書累積了我多年的學習、學術研究、管理實務及教學輔導的心得，因此，本書的文章可以作為課前預習，以及課後複習的用途，讓學員的學習不會因課程結束而中斷。當然，我在企業開設的策略規劃工作坊通常設計有課後作業與輔導，本書可以在已經非常完整的課程書面教材之外，提供更多關於理論與實務的延伸性內容，讓學習歷程更豐富。

▋致謝 ▋

這本書的完成並不容易，它歷經了五個年頭以上的歲月，當初的每篇文章，從主題的構思、相關資料的搜集到撰寫成文，都至少花掉一週的時間。本書最後成書約18萬字，比我的博士論文字數還多，說它是第二本博士論文也不為過。

　　本書能夠完成，來自許多親友的支持與協助，首要感謝的當然是我親愛的另一半劉恬萍博士，沒有她的鞭策、校稿、建設性的意見，不容易有這本書的出版。女兒孫裴在她繁忙的工作之餘，為本書的圖表美編工作，付出了許多心力，兒子孫銓也付出他的時間協助文章交稿前的校稿工作，家人的參與讓我覺得欣慰與感動。

　　這是我的第一本書，在此要特別感謝我在東海大學的碩士學位導師王本正教授，以及天津南開大學的博士學位導師白長虹院長，感謝他們對我過去在學術研究工作的指導，也是本書得以完成的基礎。也要感謝天津南開大學陳宗勝教授持續的鼓勵，讓我對出版本書一直有信心，也終於實現了我對陳宗勝老師的承諾。除了家人與師長，感謝周淵及干戴緯兩位好友當初為我在公眾號文章的編審與刊登，居於關鍵的角色。過去五年來自眾多好友及公眾號文章的讀者對我文章的肯定，也是支撐我持續寫作的動力來源。不過，如果沒有魔法學校其他四位院長兼好友（王瀟、震世、勇智、恬萍）的支持與付出，《洞察力魔法學校》絕無法撐到五年，也不會有本書的出版。如果本書能夠成功，日後也有機會將他們的公眾號文章集結成書。

　　最後，今年適逢癸卯兔年，剛好是我人生一甲子之年，一定要感謝親愛的父親孫佑敏及母親董培芳的養育之恩，讓我有幸在今年將此書獻給我的父母及所有家人。

目 錄 *Contents*

目 錄 *Contents*

圖目錄

圖目錄

PART 1

提升思維能力的
關鍵課題

「要成為傑出的領導者，我們必須讓自己成為一位策略思考者，而不僅是手段的設計者。我們還得避免將自己局限於既定的檔案流程中，我們的座右銘將是專注，但是具有彈性空間。我們著重於探索的過程，在每一天的分分秒秒中，我們都能開創出有助於達成長遠目標的可能方向。」

——約翰・D・洛克菲勒（John D. Rockefeller，1839～1937）

一、策略規劃的關鍵——思維能力

二、策略思維的核心——策略提問技巧

三、找對問題，成功一半

四、強化心智模型鍛煉我們的思考機器

一、策略規劃的關鍵 —— 思維能力

　　已故創新大師克雷頓‧克里斯汀生（Clayton M. Christensen）曾分析，為何許多成功的企業，如全錄（Xerox）、西爾斯百貨（Sears）、希捷科技（Seagate）等，他們積極地投資於可留住現有顧客的技術，卻不願投資於吸引未來顧客的其他技術？

　　他認為真正的原因，是因為這些成功的領導企業一直受縛，遵循著內部理性分析的投資流程，因而驅使他們想盡辦法接近既有顧客並設法滿足他們。這也是為何一家管理良好的企業，不太可能在為了滿足現有顧客的要求以及抵擋競爭對手而投注公司絕大部分資源的當下，敢於將資源抽離既有市場，轉移到看似不重要或目前還不存在的市場。這種思維的限制，導致企業未能在既有優良產品（或服務）的生命週期結束前，及早進行轉型。

▌我們知道有哪些未知的經營風險嗎▐

　　曾任美國國防部長的唐納‧倫斯斐（Donald Rumsfeld）曾經於2002年一場記者會答問時，提到一段名言：「……據我們所知，這個世上原本就有那些我們早就清楚的『已知的已知』（Known Knowns）；也有些事是我們現在就知道我們不知道的『已知的未知』（Known Unknowns）；但是，同樣存在著『未知的未知』（Unknown Unknowns）——這些我們並不知道我們不知道的事。」（注2）

　　其實，一位領導人及其所帶領的團隊，真正面臨到的挑戰並非那些「我們已知的未知風險」（We know what we don't know），而應該是那些「我們不知道的未知風險」（We don't know what we don't know）。所謂的「未知」（Unknown），是一種風險般的存在。現實中，「未知」又分成兩種，一種是我們已經曉得的不足之處，可能是源於知識或經驗的不足；另一種是那些存在

於我們認知範圍之外，心中不曾存疑過，或是從未想要動身去探究的「未知領域」。前者就如同古人看待生老病死，後者就如同西方大航海時代開啓之前的美洲大陸。

一般的認知，隨著時間推移，企業的知識與經驗會不斷積累，原先的未知事物也將隨之減少而轉變爲已知（Known）的組織能力，理所當然，企業的經營風險將隨之減少。然而事實卻是，會隨著時間推移而降低的是那些已知的未知風險，至於那些因爲我們的無知（或是從未認知到）卻原本就存在或正在發生的風險或機會，則不會隨著時間的推移而減少，或自動轉化爲已知。對於前者，我們把它稱爲「已知的未知風險」（Known Unknown Risks）；後者，我們則稱之爲「未知的未知風險」（Unknown Unknown Risks）。

上述兩種未知事物，構成了企業經營的風險，管理者如果只認知到「已知的未知」風險，將引導企業聚焦於既有的顧客關係、產業生態、技術發展、管理技能，寄望於不斷的學習及經驗的積累，從目前的市場競爭脫穎而出。然而，如果對手的經營假設也和我們一樣，面對著相同的未知，採取相同的因應策略，其結果終將出現策略趨同的現象，反而造成越趨激烈的市場競爭。

優秀的企業將會在減少「已知的未知」風險外，想方設法地辨識出那些會影響到企業未來發展的「未知的未知」風險，並投入資源與時間去研究與探索，將成爲企業的創新與藍海策略的來源。這也是曾經的手機世界霸主諾基亞（Nokia），其沉溺於傳統手機的品質與功能競爭（與改善），卻未能及早探索到智慧型手機的潛在機會與顧客需求。當面對完全不同訴求與經營模式的蘋果iPhone挑戰時，手足無措而快速地自神壇敗下陣來。因此，經營團隊如何對待那些未知風險，將決定企業經營成敗，也是A級企業與A+級企業的差別所在。

企業要如何有效地激發經營團隊對那些未知的未知風險進行探索？經營團隊的「思考能力」，又稱爲「策略思維能力」（The Ability of Strategic Thinking）將是核心關鍵。

▌策略思維幫助我們洞察未來▐

　　管理者發展企業策略就是要幫助其生存、成長、獲利。無論是資源基礎論者所強調的「如何有效地運用企業內外部有限資源以發展合適的競爭策略」（注3），或是如麥可・波特（Michael E. Porter）這些策略定位學派的學者所強調的「必須要優先發展出企業的市場定位以利事業策略的開展」（注4），策略思維能力皆是最重要的核心能力。

　　策略思維屬於現代經理人必備五種思維能力的其中之一，以下為這五種思維能力的重點說明：

1. 抽象思維能力（Abstract Thinking）

　　有能力從一些具體的事物中歸納出相同的特質或成分並予以分類，被稱為抽象化的過程。將這些抽象化成分進行應用，或是更進一步的基於這些抽象成分學習新知，則稱為抽象思維能力。例如：數學的1+1=2就是經由許多觀察而提取出來的抽象成分。

2. 本質思維能力（Essential Thinking）

　　所謂本質，係指某件事物成立時，一定要具備的要素。而所謂本質思維，顧名思義為跳脫問題的表象找出本質，然後依據所理解的本質去思考解決方案。以騎馬代步為例，要解決速度過慢的問題，如果從問題的表象來思考，許多人看到馬匹，因此，想到的方案是換乘一匹好馬；如果深入觀察，可能發現其本質在於載具，此時，發展出動力汽車可能是更好的方案。這兩者所欲解決的其實都是相同問題的本質，只是層次不同，產生的方案自然是天差地別。要學習本質思維，首先要學習如何打破心理慣性，培養本質思維能力必須要先培養抽象思維能力。

3. 系統思維能力（Systems Thinking）

　　所謂系統思維是指面對一項事物或問題時，能先掌握整體，再進入分析組成部件及其關聯性，再由個別部件往下拆解、分析更小的部件，藉由掌握事

物的結構與層次，才能透徹瞭解整體事物的內涵。如果把問題或事物視爲一個系統，則系統思維就是指發現該系統的模式（Pattern）或結構圖（Schema），以瞭解系統的運作方式。如同要完成一份工作月報，可以先由上而下地開展出報告的結構，採先整體再細部的方式層層展開，便於準備及提報。如要培養系統思維能力，必須具備抽象思維能力及本質思維能力，找出系統運作的關鍵特徵，以辨識出系統的模式或結構圖。一位不具備抽象思維能力的人，將難以做到系統思考。

4. 設計思維能力（Design Thinking）

設計思維是近年很盛行的一種思維能力課題，由知名設計公司IDEO所宣導。其執行長提姆‧布朗（Tim Brown）定義設計思維爲「一種以人爲本的設計精神與方法，考慮人的需求、行爲，也考慮科技或商業的可行性」。相較於分析式的理性思考，設計思維更偏重於感性分析，著重於以人爲本、快速失敗、跨領域的團隊合作、做中學、同理心的平行思考，及強調快速製作原型以加快修正的速度。設計思維的訓練已被發展出一套系統性的五步流程，能夠有效地進行產品、服務、系統、運營模式的設計與開發工作（注5）。

5. 策略思維能力（Strategic Thinking）

策略思維能力與設計思維能力在本質上最大的差別是，策略思維係從商業的角度出發，而設計思維則是從人的角度出發。策略思維當然也有一部分以人作爲思考的重點，但它的核心不像設計思維一樣專注在「人」。策略思維的能力著重在策略性，因其涉及到企業經營的層面相當的廣泛，如果經理人要做出極爲重要的決策及策略，需要能定義問題、搜集資訊、分析資訊、找出事物的本質與運作的模式、並且衡量得失以做出取捨。如果要學習策略思維，前述的抽象思維、本質思維及系統思維必然是其所具備的關鍵能力。策略思維的貢獻在於企業的策略分析與策略的落地上，反映出的作爲則在於提出經營假設、啓發策略洞見、產生策略性議題，以及發想出具創造性與獨特性的策略。我們可

以發現，前述的每一種思維能力均有其適用的範圍，策略思維能力則是一種綜合能力，絕非一朝一夕可竟其功。

策略大師大前研一（Kenichi Ohmae）在《策略家的智慧》（*The Mind of Strategist*）中提及，策略家應將策略視為長期的哲學觀，而非短期應急的權宜之計。因此，企業經理人必須學習制定策略所需的「策略思維」（Strategic Thinking）能力，並進而培養出「策略洞察力」（Strategic Insights）。

▎策略思維能力的養成 ▎

企業的經營需要經營團隊洞察出環境的變化，適時地提出具前瞻性的策略。如何藉由團隊的策略思維能力以察覺出事業經營的未知風險，此時，策略思維能力絕對居於關鍵地位。

關於個人與團隊策略思維能力的養成，有許多的方法與步驟。無論是何種，其關鍵都在於**時間**這個因素，然後搭配**自我的紀律**要求及有效的工具方法，方能逐步提升自我與團隊的策略思維能力。基於我的教學經驗與研究所得，分享英國心理學大師格雷姆‧瓦拉思（Graham Wallas）於1926年所提出的「瓦拉思創造性過程模型」（Wallas' Creative Process Model），又稱為「創造力思維四階段」，作為各位關於策略思維的學習基礎，四個階段分別為：

階段一：準備期（Preparation）

此階段的作業包括發現問題、定義待解決或需要探索的問題、搜集資訊，以及從前人的經驗中獲取知識以得到啟示。

階段二：醞釀期（Incubation）

這階段主要是冥思苦索，讓我們的心思來回於問題與所搜集到的資訊之間，包括運用傳統的知識和方法，對問題提出各種試探性的想法。這段期間絕不是以分鐘計，有時需要歷經數日、數週，甚或數年之久。

階段三：啟發期（Illumination）

經過對資訊長時間的消化與發酵後，可以得到半個想法或完整的想法，而思緒將會在醞釀成熟的基礎上脫穎而出，豁然開朗，產生頓悟。到了這個階段才能擺脫舊觀念、舊經驗的束縛，產生超乎尋常的新觀念、新思維。

階段四：驗證期（Verification）

此階段配合準備期所定義的問題，利用邏輯的力量或工具方法，檢驗前期的想法在理論上是否具備合理性與周延性。可以利用觀察、實驗等方式證明現實上的可能性，不完備處則可在此一階段進行修正。

圖1.1　瓦拉思創造性過程模型

瓦拉思的創造力模型對於我們在培養策略思維能力的學習上，能起到一個可操作性的效果。如何基於瓦拉思創造性過程模型進行策略思維的學習，我會在後續的文章中，和各位進行更深入的探討。

注釋

....

▶ 注1：原文〈思維能力——企業戰略規劃的核心〉刊登於「經營洞察力論壇」2017-08-20。

▶ 注2：這句話是唐納‧倫斯斐於2002年2月12日，因為缺乏明確證據而打算進軍伊拉克時，在美國五角大廈所召開的記者會時的回答。雖然當時大眾都表示是第一次聽到這種說法，但是，倫斯斐在他日後的回憶錄中，說明他是在1990年代從當時的美國NASA局長威廉‧格拉漢姆（William Robert Graham）那裡聽到此種說法。「已知的未知」及「未知的未知」這兩個術語如今已常見於策略管理和專案管理的領域中。

▶ 注3：一種企業策略規劃的觀點，又稱為「資源基礎觀點」（Resource-Based View，縮寫RBV），主張企業之所以有長期的競爭優勢，最重要的是其內部所擁有具策略價值性、獨特性、稀有性、差異性、無法模仿的、不易移轉的資源。因此，基於此觀點的人，偏好以企業「內部資源」為策略分析的核心。

▶ 注4：策略定位學派（Positioning School）主張企業策略的核心是獲得競爭優勢，而競爭優勢取決於企業所處產業的贏利能力，意即產業吸引力和企業於產業中的相對競爭地位。因此，策略制定的核心任務就是選擇最具獲利潛力的產業，以及思考要如何在已選定的產業中自我定位。

▶ 注5：設計思維五階段，也是構成設計思維的五個要素，它們分別是Empathy（如何運用同理心，去瞭解產品或服務使用者真正的問題）、Define（全面評估用戶所面對的困難，重新解構和定義核心問題究竟是什麼）、Ideate（團隊協作思考出解決用戶問題的「答案」）、Prototype（先設計好一個原型，再立即付諸實行，測試一下原型是否可行）、Testing（原型測試—發現問題—修改設計—造出新的原型，或是重新修正設計問題）。

思考問題

　　完成本文的閱讀，不妨再多花幾分鐘深入思考下面的問題以提升您的洞察力：

1. 對於本文所介紹的五種思維能力，各位可以花點時間到網路上去搜尋出一些相關的定義與範例，幫助自己更深一層的認識這些思維能力，並分享心得。

2. 如果各位對思維能力的養成有所興趣，建議各位到YouTube頻道去觀賞已逝的創新大師史蒂夫・賈伯斯（Steve Jobs）於2005年在史丹福大學畢業典禮時的演說，再回來對照本文所提出的四階段模型，是否有所啓發呢？

3. 本文所提到的「我們不知道的未知風險」標示著企業經理人的思維盲點，各位能否與團隊成員檢視目前的組織中，是否也不經意的處於這種風險之中？

二、策略思維的核心 —— 策略提問技巧

2012年，一位15歲的美國青少年，名字是傑克・安佐卡（Jack Andraka），他因為發明出一種早期胰腺癌測癌試紙而榮獲當年的「英特爾科學獎」。他所發明的測癌試紙僅僅透過對受測者的尿液或血液進行檢測，就可以發現受測者是否患有早期胰腺癌。

他的發明比當時美國醫界流行的測試方法便宜了**26,667倍**、**速度快上168倍**、**靈敏度及有效性好上400倍**；更比當時市場最便宜的檢測方式便宜了**28倍**、**靈敏度高出了100多倍**。最關鍵的，其準確度達到**90%**以上。知名論壇TED.com也於2013年邀請安佐卡到TED大會上，講述他當初的發明過程與心得（注2）。

大家一定很好奇，為何一位15歲的青少年可以做出如此重大的發明？其中的關鍵，其實就在於「如何問問題」這個課題上。本篇文章讓我們一起來探討提問的重要性，以及如何學習相關的技巧以增進我們的策略思維能力。

▍問問題，一個我們懂事後逐漸生疏的重要能力▍

據哈佛大學兒童心理學家保羅・哈里斯（Paul Harris）的統計，針對兩歲到五歲這段期間兒童的統計，每位小孩於此階段平均會提出約4萬個問題。這個課題也有英國專家研究過，調查發現年齡四歲左右的英國小女孩，平均每天會向她的媽媽提出約390個問題。天啊！390個問題，難怪養育幼兒的父母親大都疲憊不堪。這個研究也發現，四歲以後，那些小女孩的問題就開始變少，很多上了學的小孩，基本上就已經把全副精力放在如何學習知識及背誦答案，課堂上亂提問的小孩子反而會被視為搗蛋鬼，更讓他們不敢隨便發問。

暢銷書作家華倫・伯格（Warren Berger）在他的著作《大哉問時代》（*A More Beautiful Question*）中提出：「一個好問題的價值正在上升，而答

案的價值正在下滑」。伯格認為，在網路發達、資訊充斥的現在，谷歌大神（Google）或是度娘（Baidu）中的知識已是幾輩子學不完，然而，大神及娘娘再怎麼神，都沒辦法代替我們思考，真正能讓這些資訊為我們所用，依靠的正是我們問問題的能力。

回到安佐卡的例子上，當他13歲時，親愛的叔叔因為胰腺癌而去世，悲傷之餘，他想：「為什麼叔叔不能及早發現得到了胰腺癌？」隨後，他得知胰腺癌的測試非常昂貴，不是一般人可以負擔，一旦出現病狀而去檢測時，通常也都到了末期。因此，他進一步思索：「為什麼沒有一種不用花大錢就能快速篩檢胰腺癌的方法？」循著這個問題，他去搜集了更多的資訊與知識，終於發明出只需3美分以及5分鐘便可得知檢測結果的胰腺癌早期檢測試紙。

在TED大會的演講中，安佐卡告訴大家，**關於他研究所用到的知識，絕大部分係來自於網際網路**。這再次說明，提出了對的問題，才能決定我們如何搜集資訊及使用這些知識。

▌問問題，提升策略思考與洞察力的起手式 ▌

我們都知道，網際網路上的資訊非常完整。平時毫無目的的瀏覽只能算是一種休閒活動，一旦我們有了需求或疑問（目的）並給出適當的關鍵字（問問題）查找資訊時，無論是查詢餐廳或是旅遊景點，都可以幫助我們快速且有效地得到合適的答案。若將關鍵字比喻成問問題，這也表示，一個好問題可以幫助我們高效的達成目的。

事實上，企業面臨的風險並不是那些目前無法容易掌握的事情或環境變化的「已知的未知」風險，也就是所謂的 **"We know what we don't know"**。因為對於這些已知的未知，我們可以分配資源去搜集資訊，並逐漸積累經驗知識而掌握住它，隨著時間的流逝，那些已知的未知風險將會逐漸減少。

然而，許多企業經理人卻不知，**真正的經營風險應該是那些目前已存在，但我們根本不知道要投入資源去研究的未知風險**，也就是 **"We don't know** what we don't know" 的「未知的未知」風險。要識別出這些「未知的未知」，將考驗我們組織的策略思維能力，其中，最關鍵的就是如何問出一個好問題。

網飛公司（Netflix）創辦人里德・海斯汀（Reed Hastings）過去常常因為忘了歸還電影光碟片而必須支付滯納金。他曾自問：「為什麼我要付這筆費用？」但是，當他得知還有許多人有相同的問題時，他的疑問就進化成：「是否有一種經營方式可以不需讓消費者支付滯納金？」由此而引發了海斯汀更多的想法，進而對當時的影片出租行業做出更多的觀察，並聚焦於這個問題而去搜集更多的資訊，最終開展出「讓消費者只要加入會員並支付月費，就不收取逾期還片費」，一種顛覆的商業模式。

當然，海斯汀不滿足於現況，幾年後他又開始自問：「為何我們只提供影片的租借服務？如果我們也製作自己的影片，這種想法是否可行？」今天，Netflix的自製影片（例如：《怪奇物語》）已成為該公司的主要獲利來源，並引發了串流影片行業自製電視影集的風潮，就連Apple也投資數十億美元開始製作自己的影集，以接替App Store日漸疲弱的內容事業（Content Business）。

▎在對的時候，問對的問題▎

關於策略思考，各位可以參考我的前一篇文章，來自格雷姆・瓦拉思（Graham Wallas）的創造力思維四階段，分別是準備期（Preparation）、醞釀期（Incubation）、啟發期（Illumination），以及驗證期（Verification）。前三個階段的關鍵就在於如何提問，接著，我就來和各位一起探討這三個階段的提問形式：

第一個階段（準備期）：核心工作為盡可能的搜集更多的資訊，並且消化這些資訊以得到一些啟示。

比起漫無目的地搜集資訊，基本上是在浪費時間，我們應該要聚焦。這個時候比較合適的問題結構，**應該是「為什麼」、「為何」或「是否」等形式的問題**，可以幫助我們思索要如何進行資訊的搜集。

例如：住在舊金山市的喬·傑比亞（Joe Gebbia）與室友布萊恩·切斯基（Brian Chesky）想節省房租支出，他們觀察到在某些時候，舊金山市因為商務會議太多導致旅館一房難求，他們就想到：「為什麼我們不能讓這些人到我們這裡擠一、兩晚呢？」這個問題來自於他們注意到了一些別人沒注意到的問題，也挑戰了許多大家既有的價值觀與假設。由這個問題引發他們兩位更多的觀察與資訊的搜集，並進而產生許多創意與行動。最後，他們經由自設網站，成功地將房間內的三張床墊租給三位彼此不相識的人，並由此催生出愛彼迎（Airbnb），開創出共享經濟的新世紀。

　　事實上，在問「為什麼」、「為何」、「是否」這類問題之前，我們必須對現況進行觀察。例如：我們若觀察到生產線的良率不足、設備常常故障、產能常常掌握不住時，可以自問：「為什麼我們的生產力比不上同業的對手？」或是，當觀察到物聯網（IOT：Internet of Things）的趨勢時，也可以問：「是否我們可以藉由實施設備智慧化來提升我們的生產力？」藉著這類問題，來幫助我們開始搜集資訊並正式進入策略思維過程。

第二個階段（醞釀期）：這個階段的目的在於連結資訊、觀點，以產生創意與想法。

　　相較於第一個階段，這個階段更多的是盡可能的吸收資訊、消化資訊，並經由大腦的作用，產生一些可以進一步實驗的假想與創意。在這個階段，我們最常運用的是諸如「如果……，會如何……」的問題形式，在英文裡就是我們最常見的「What If」的問題形式。透過這類問題，可以幫助我們進行設想以及採取後續的實驗作為。

　　例如：安佐卡在自學的過程中發現奈米碳管的特性，他做了一個假設：「如果我在單面的奈米碳管上植入蛋白質間皮素抗體，是否就會篩選出胰腺癌？」因為這個假設，讓他產生實驗的需求，不過，年僅15歲的安佐卡在寄出200封電子郵件後，才得到一位教授對他的研究有興趣，願意讓安佐卡在他的實驗室進行實驗。

其實，人們一直不容易掌握「What If」的問題形式。這類問題是一種假設，卻是基於經驗或知識而來的設想，它具有不確定性，因此，才不會因為太過於肯定的語氣而讓人們不敢挑戰問題或中止於答案。當我帶領企業的主管團隊進行策略思維的訓練時，經常遇到的挑戰便是主管們在練習策略性提問時，總是習慣性的以「How（如何）」的問題形式來思考。

例如：當中國大陸在大力推廣一帶一路的大戰略時，當地企業是否需要配合擬定相關的策略？由於團隊成員並不甚清楚「一帶一路對企業策略影響的利弊得失」，有必要對這個背景進行研究。然而，常常看到主管人員所擬出的問題形式為「如何運用政府一帶一路的大戰略？」這已不是探索型的問題，會導致團隊一開始就掉入執行面的思考陷阱，失去創意發想的機會。

其實，在階段一，我們可以試著去問：「政府一帶一路的發展是否會為企業策略帶來影響？」在進行資訊搜集與分享後，便可以在第二階段問：「如果在企業內部設立一個一帶一路策略因應小組，會幫我們帶來一帶一路的機會嗎？」

這種「What If」的問題形式並不是一種肯定的結論或策略，反而可以幫助我們思考它的可行性，或是可以著手去進行實驗或試行的作為。因此，要掌握階段二的工作，必須要結合更多的創意發想工具或是學習一些有用的心智模型。

第三個階段（啟發期）：顧名思義，我們在啟發期可以對於策略方向或是問題的解決方案產生較明確的認知。

此階段所需要的是如何發揮團隊協作（Team Collaboration）的精神，對來自第二階段的創意進行分析或實驗，得以明確可能的解決方案。此時，我們可以試著提出「How（如何）」的問題形式。

例如：安佐卡在獲得同意使用實驗室以驗證他的假設後，便開始思索：「我要如何讓想法成真？」

這個階段不容易推進，因為，如果貿然地投入過多的資源去實現階段二的假設時，所花費的成本就太高了。因此，在這個階段運用最多的是一些實驗法（DOE）、初始模型法（Prototyping）、甚至3D列印等方式，或是SWOT、TOWS、商業模型分析等工具，用以協助我們快速篩選想法及假設，並得到一些具體的經驗或議題。快速失敗（Failure Fast）也是這個階段的特色。因此，**階段三會不時的回到階段二甚至是階段一**。不過，各位一定要清楚，**團隊協作（Team Collaboration）**一直是本階段的關鍵作為。

▍具創新思維的策略思考者▍

如同華倫‧伯格所主張：「問題會驅動思考，答案常中止想像。」一個好的創見是出於「無知」而並非來自於「已知」。如何探索那些「無知」或是「策略機會」、「創新機會」？掌握策略提問的技巧絕對是核心。

一個好問題能引發我們更深層次的探尋作為，再由此產生新的質疑及探索，能夠幫助我們做出改變並延伸我們的思考深度與廣度。然而，答案通常會終止這段探索的過程。如果我們一味地追求標準答案，或是遇到環境變化便窄化我們的思維直接去找出因應的作法，那麼，我們與食古不化的象牙塔老學究有何差異？

想要成為一位好的策略思考者，或是未來的領導人，如何「培養策略提問的技巧」並使其成為自己的**核心能力**以幫助組織探索未來的發展方向，或是透過策略提問而幫助組織成員的成長，這都應該成為我們的必修課題。因循舊答案已經行不通，要尋找新答案，就一定要思考符合個人與組織未來發展有價值的問題，這是成長為策略思考者的第一步。

注釋

▶ 注1：原文〈我們懂得問問題嗎？——幫助你透析戰略性提問技巧〉刊登於「經營洞察力論壇」2017-10-04。

▶ 注2：關於傑克．安佐卡的TED演講影片，各位可至以下連結欣賞https://www.ted.com/talks/jack_andraka_a_promising_test_for_pancreatic_cancer_from_a_teenager。

思考問題

完成本文的閱讀，不妨再多花幾分鐘深入思考下面的問題以提升您的洞察力：

1. 對於安佐卡的故事，是否給我們帶來一些啓發？建議各位花些時間觀賞安佐卡在TED的演講內容，並思考爲何現在社會的人們缺少這種挑戰現況假說的行爲？

2. 經由本文的介紹，關於「What If」的問題形式，是否眞的理解？是否可以針對自己的工作或生活所面臨的挑戰，提出三個有待驗證的「What If」形式的問題？

3. 是否可以運用本文中所介紹的提問方式，去思考如何澄清企業組織的目的或使命？請各位嘗試先提出並與組織成員交換彼此的問題及探索可能的答案。

三、找對問題，成功一半

我曾於1992年造訪紐約。當時紐約市治安奇差，所有遊客身上得隨時備有5塊美元，一旦遇見持刀搶劫，可以避險，否則身上將多出兩個洞。當時，入夜後的紐約地鐵空蕩無人，燈光幽暗，現在想起仍心有餘悸。

1999年因公務再次赴紐約市，卻是一個完全不同的景象，特別在治安的改善上，著實令人印象深刻。這得要多虧後來的紐約市警察局長威廉·布拉頓（William Bratton，1994～1996）。當布拉頓被任命為紐約市警局局長時，被市議會賦予改善紐約治安的重責大任。

「改善治安？」這是一個好問題，當時，大部分人認為應該優先處理重大犯罪，然而，布拉頓不這麼做。在出任市警局局長前，布拉頓是交通局局長，當時他就發現，許多重大刑案的罪犯都是由微小犯罪開始試法，而正因為那時的警方看大不看小，才讓這些小罪犯經過一步一步的歷練，終成危害社會治安的重大罪犯。因此，布拉頓當時就積極的抓地鐵小偷、牆壁塗鴉、長期逃票，甚至月臺上非法推銷的小犯罪，也看到明顯的成效。例如：每七名逃票嫌疑犯中，就有一名通緝犯；每二十名就有一名攜帶武器者。當其就任市警局局長後，根據過去經驗的總結，也如法炮製。他認為這些「小奸小惡」，正是暴力犯罪的引爆點，雖然一開始不獲市議會支持，但在他任內的確徹底改善了紐約市的治安。

這是一個非常經典的「破窗理論」（Broken Windows Theory）案例，能夠由處理重大犯罪（人們所看到的「現象」，也是大部分人所認定的問題）洞悉出「小奸小惡」才是真正要克服的問題，依靠的其實是他自己的洞察力，以及探究根本問題的思考能力。

▍笨蛋，關鍵在問題的正確性 ▍

現在的網路，其搜尋能力讓人們不費吹灰之力就能夠找到想要的答案。據統計，截至2023年2月，全球約有11.3億個網站，其中僅有約18%是活躍的，每天約創建出25萬個新網站。關於全球搜尋引擎龍頭谷歌（Google），光是在2023年1月分，其平均每秒接到33,000個搜尋指令，其中有15%的搜尋內容是谷歌以往的記錄中未曾出現過，平均每次搜尋則訪問了8頁的內容。這麼龐大的信息量，以及這麼方便的資訊搜尋作業，讓我們的生活更加簡便，也造就了谷歌母公司Alphabet Inc.（字母公司）擁有1.2兆美元的市值（注2）。

想要什麼資料、解決什麼樣的問題，上網路找就是了。難怪華人圈會有「谷歌大神」這個稱號。在大數據時代，成敗關鍵已不在於資料的取得，在於你所使用的關鍵字，也就是你的提問（問題）是否正確。

現代管理學之父彼得‧杜拉克（Peter F. Drucker）非常重視正確的提問，他曾說過：「最危險的事情，並非提出錯誤答案的下場，而是提出錯誤的問題。」由於現代人的教育水準愈來愈高，知識的普及使得知識工作者（Knowledge Worker）已成為職場的中堅，杜拉克認為，現代工作者必須要從過去習於接受上級指令而擅長於操作性思考的工作模式，積極的提高個人的價值，其中的關鍵，就在於如何識別出真正的問題。

諾貝爾獎得主阿爾伯特‧愛因斯坦（Albert Einstein）非常重視問題的正確性，藉由他的名言：「如果我有1小時拯救世界，我會花55分鐘去確認問題為何，只用5分鐘尋找解決方案。」我們可以體認出，如何確認正確的問題這項能力，早已成為眾多知識工作者的必修學分。

鴻海集團郭台銘董事長在他的語錄中，也把「預見問題、提出問題、解決問題」列為幹部必備能力之一，其中，最關鍵的能力就是「提出正確的問題」。要如何避免見樹不見林，或是盲目於投入時間與精力去解決錯誤的問題，我們需要學習如何透過合適的提問與思考，找出真正需要解決的問題，這就是本文要和各位一起探討的課題。

▍保持定力，不被現象綁住▍

不同的情境、身分、目的，都需要我們釐清問題的本質。例如：

當上級主管因為某生產機臺常常故障，要你去評估如何強化現場維修人員的能力？

當公司業績不好，新產品常常賣不好，身為總經理的你，急著要業務主管提出提振業績的辦法，否則……

客戶想要強化品質改善能力，請你幫忙規劃一個六標準差的導入計劃，身為管理顧問，要如何進行客戶需求訪談，暸解客戶的真正需求？

公司在做目標展開，部門主管承接了上級給出的年度目標，集合了團隊討論，其中，有項庫存周轉率的年度目標，大家在構思該如何開展出適當的管理指標與策略行動計劃？

COVID-19（新冠疫情）造成全球股災，面對未知的未來，周遭充斥著各種分析，我要如何判斷未來的方向，並安排合適的準備呢？

……

這些問題充斥於我們的社會、工作、個人理財、生活管理上，可怕的是，每天的手機新聞推播、LINE／微信短文、假消息、專家評論，讓我們無法沉澱、思考、辨明真假消息，更不用說要如何找出問題的本質。在學習各種問題分析技巧前，我們首先要避免將現象視為真正的問題，採用膝射式反應，貿然投入時間。例如：

生產機臺常故障，真的是維修人員能力不足嗎？

如果你接到上級指示，先不急著採取行動，而是拿出資料進行分析，或是到現場去實地走動觀察，或許可以看到是因為定期保養的週期有問題，或是現場人員的操作不一致……等「真正的」問題。

客戶想要實施六標準差，難道這真是他所需要的解決方案嗎？

許多顧問或銷售，面對客戶提出一個明確的需求，常常急著花時間進行方案書的規劃及報價。如果可以安排一次和客戶高階主管的訪談，瞭解到客戶真正想解決的問題其實是來自大客戶的要求，未必真的是要實施一套系統（這時，方案書的方向就不一樣了）；亦或客戶目前的資料搜集系統不夠完善，貿然推行六標準差將不會成功。鑒於上述問題分析的結果，幫助客戶建構一套資料搜集系統，以及基本的資料分析能力，可能才是現在客戶真正需要的方案。

　　因此，眼中所見、耳朵聽到的現象有時並非是真正要解決的問題，要避免被現象所蒙蔽，有以下幾點建議供各位參考：

1. 對於觀察到的問題，在採取行動前要先判斷這個問題是否為真正的問題？這個時候，5個為什麼（5 Whys）或是為何如此（Why So）的問句，可以幫助我們找到真正的原因（有時又稱為「根因」）。在正常情況下，根因才是我們要思考解決方案的對象，例如：美國首府的華盛頓紀念碑堆積了許多鳥糞非常難清理，經過5個為什麼的原因探求，發現竟是因為傍晚的燈光吸引了許多夜歸的鴿子，最後是延後了例行開燈的時間而解決問題，取代了原本想要實施的獵鴿行動。

2. 如果今天接收到一個來自上級的目標，或是客戶的需求，我們可以嘗試透過「完成這個目標，是要實現什麼樣的目的？」來探求一件工作背後要解決的真正的問題。當目的浮現後，有可能會產生更優先的問題或目標需要我們去解決。例如：當上級因為庫存過高而給出改善庫存周轉率的目標時，如果我們去探求該目標背後的目的時，可能發現這件事真正待解決的是產品成本的問題，進而識別出「製造費用的居高不下」，可能才是最優先要解決的問題。

3. 面對值得懷疑的現象，可以透過設定「假設」（Hypothesis）的方式，針對這個假設進行研究，用以澄清所看到的是現象或是真正的問題。例如：當業績不好，新產品賣不出去，此時我們不需急著去討論如何改善新產品的銷售，可以試著去假設其他競爭對手也一樣在面對新產品銷售不佳的狀

況，針對這個假設進行研究，若此假設為真，那麼就不是我們公司獨有的現象。真正需要我們去探討的議題，應該是市場發生了什麼樣的變化或是消費者的使用習慣是否發生轉變？當然，這兩個議題也可以被設定為新的假設，再接著去探討。

4. 有時候，當無法著手時，可以由不同的視角來看待眼前的問題（現象）。最常應用的有「鳥的視角（放大格局）」或「蟲的視角（微觀思考）」；所謂「鳥的視角」指的是跳脫目前的位子或階級思考，我常向人提及「提高兩個層級思考」。如果你是課長，上一層是經理，再上一層是處長，經常練習處長的觀點與對事情的思考模式，就是這個意思；所謂「蟲的視角」，顧名思義，即是由底層或基層的作業模式或人員的視角來看待這個現象，或許能幫助你發現真的問題。

5. 要避免人云亦云，看報紙思考的壞習慣。許多人每天被即時新聞、推播新聞、外電報導給淹沒，已習慣接收別人已成形的意見或觀點，特別是那些「專家」所言，或是無法看到原文的外電分析。如果這些資訊會影響到你的重大決策，或是管理方法，這個時候就要學習不要太早形成定見，於此同時也要練習自問「是因為什麼所產生的？」、「為什麼要如此？」、「這是真的嗎？是否有不同的觀點？」等。透過這些本質思考的自問自答，可以培養自己的見解或更深入的觀點。

6. 培養腦袋中的經驗與知識存量，這是最根本的自我提升之道。除了多看書、多與人交換意見、多思考外，還要讓自己腦中存著隨時可以拿出來的工具或模型，這種知識存量很重要，它可以方便自己快速吸收多種資訊並和人溝通。例如：面對產品行銷的相關主題，我的腦中會跑出定位理論及定位三要素（Who, Needs, How）；遇到要做客戶訪談，我腦中會浮現5W2H的問題幫助我思考；遇到油價戰，我腦中會有關於石油美元的相關理論。

┃當務之急，提升假設思考力┃

所有的一切，都起始於假設，並以假設作終結。所謂「假設」，又稱「假說」，指的是一種想法或理論，通常基於有限的資料而發想，這些發想需要進一步通過事實和經驗資料的調查，以證明、推翻、或改進該假設。用更容易理解的說法，「假設」就是一種「假定的說法」，更可視之為一種「尚未經過證明卻最接近答案的解答觀點」。在面對想要解決或待澄清的問題時，先提出可能的假設（解決方案，或是可能的問題），再經由資料搜集或分析，就是一種假設思考力的表現。

假設思考法（Hypothesis-driven Thinking）不同於我們常見的邏輯思考法，它更像是一種直覺，如果邏輯思考法最常運用的是由已知推知未知的演繹法，「白馬非馬」就是一個非常經典的例子。在工作中運用邏輯思考法，必須要依靠大量且完整的資料為基礎，周詳但費時。

而假設思考法更多的是應用歸納法，依靠的是我們平時的觀察、經驗、知識，綜合出一種規律，以及服從這種規律的假設。例如：至西元1767年，歐洲人發現澳洲前，認為全世界只有白色的天鵝，這就是一種根據當時的經驗所歸納出的假設。假設不一定正確，等到歐洲人在澳洲看到了黑色天鵝，原先的假設也就被推翻。

假設思考法在經營管理上的應用，是在看到現象想要找出真正問題、或是確認了問題準備要規劃解決方案時，都可以依據個人或團隊的觀察、經驗與直覺，快速地提出一個可能的問題或解決方案（假設），爾後再進行資料搜集與分析，對假設進行驗證。如果假設不成立，可以快速調整提出另一個假設，再進行資料搜集與驗證。

假設思考法在管理上的應用很廣，特別是管理顧問在針對企業進行現況診斷、需求訪談、方案規劃、專案輔導時。與各位分享一些自我提升假設思考的基本功，希望對各位有幫助：

1. **不要輕易接受媒體的觀點**：特別是攸關個人及企業經營的議題時。對於有

興趣的議題，可以自己先建立一個假設（或猜想），然後廣泛搜集資訊，並且與人分享看法，不堅持己見，就可以快速推進自己關於這個議題認識的程度。

2. **不要怕犯錯**：在開始練習自己的洞察力時，一定會有不正確或犯錯的時候。這都是必經的過程，沒有跌倒與犯錯的改進，哪會有超乎常人的洞察力呢？而洞察力也是成功提出假設的核心能力。

3. **多讀書多分享**：就知識的完整性而言，書籍強過雜誌，雜誌強過專欄文章，新聞可以幫助我們快速得到新的資訊（非觀點），但是，網路文章，特別是一些有很強的觀點或結論的短文，要小心，不要輕易的接受或散播。一本好的書籍，一定有完整的框架與深入的知識，這可以幫助我們建立思考模式（Mindset）或心智模型（Mental Model），有助於我們整理資訊、知識，並與人分享我們的看法。分享也是一種自我思緒整理的好方法。

4. **練習提問技巧**：提問技巧包括對既有觀點或現況的挑戰能力，以及問題結構的掌握能力。在提出假設時，最常採用的提問句是「What If」，以中文來說，就是「如果XXX，會怎麼樣？」或是對立式的問句，例如：「究竟是A還是B比較好呢？」在遇到問題時，要避免立刻使用「How」，也就是「如何」的問句，這些會限制我們的思考，讓我們跳入思維慣性的陷阱內。

▋隨時抱著問題意識做事 ▋

面對多變且資訊超載的世界，我們不能單純的依賴基於左腦的邏輯思考方法，需要搭配及藉助基於右腦的創意發想思考模式，也就是說，在設定問題或議題時，累積經驗非常重要。面對問題，我們必須要求自己具備不斷思考「真正的問題究竟是什麼？」的心態，哪怕這個問題是來自上司、老師、或是客戶。

當我們勇於挑戰問題的本質，終會發現自己的洞察力也隨之提升，將會為未來的個人成長，無論是生活、學習或工作，打下一個長遠的基礎。

注釋

▶ 注1：原文刊登於「經營洞察力論壇」2020-03-25。

▶ 注2：據查，Alphabet Inc. 的市值曾於2022年11月達到1.22兆美元的高點。

思考問題

完成本文的閱讀，不妨再多花幾分鐘深入思考下面的問題以提升您的洞察力：

1. 完成本文的學習，請自我檢視，在面對主管交辦事項時，是否具備「問題意識」的心態來看待這件任務？如果答案是正面的，請記錄下自己的思考過程，並與本文的內容進行比較。

2. 關於本文所提到的「現象」或「表象」的問題，您是否有相同的體會，請自行列舉一些日常的案例，並試著探討它背後的本質。

3. 本文提到「假設思考」，如果對該主題有興趣，請花點時間到網路上搜尋相關主題的文章，或是購買一兩本相關主題的書籍，請與夥伴分享您的心得。

四、強化心智模型鍛鍊我們的思考機器

曾被譽為繼愛因斯坦之後最偉大的理論物理學家，1965年諾貝爾物理學獎得主理察・費曼（Richard Feynman，1918～1988），大學就讀於麻省理工學院，並獲得普林斯頓大學的博士學位。剛入大學時主修數學系，就以輕鬆學習，並且善於為眾多才華洋溢的博士生解決難解的數學問題而享有盛譽。

當人們問他是怎麼做到的？費曼聲稱他的祕密武器不是他的智慧，而是他在高中時期學到的一種策略。由於費曼在高中物理課上課時太愛講話，當時，他的老師青年物理博士艾布拉姆・巴德（Abram Bader）在某天下課後將他留下來，給了他一個挑戰。

「費曼！」老師說，「你話太多，也吵得太厲害了。我知道為什麼，因為你覺得很無聊，所以我要給你一本書。你走到後面，在角落裡研究這本書，當你知道這本書裡的所有內容時，你就可以再說話了。」自此以後，年輕費曼都會躲在教室後面研究那本《高等微積分》，班上的其他人則繼續他們的常規課程。而費曼正是在研究這本經典的微積分教科書時，發展出自己的一套「心智模型」。

「那本書展示了如何區分積分符號下的參數」費曼在他的自傳中寫道，「事實證明，大學裡，教授教的內容並不多，他們不強調它，但我掌握了如何使用這種方法，我一次又一次地使用那個該死的工具。因為我是用那本書自學，所以我有自己特殊的積分方法。」

「結果是，當麻省理工學院或普林斯頓大學的人在解某項積分題目時遇到困難，那是因為無法用他們在學校學到的標準方法來做。如果是一般的積分問題，他們會找到方法。我在做積分方面享有盛譽，只是因為我的工具箱與其他人的不同，他們在把問題交給我之前其實已經嘗試了所有的工具。」普林斯頓和麻省理工學院的學生都非常出色，然而，將每位同齡博士生與費曼區分開

來的不是原始智慧。這是他看待問題的方式，因為費曼有他自己一套更廣泛的「心智模型」。

什麼是心智模型

我在企業裡教授策略思維課程時，常常會提到「心智模型」（Mental Model）並強調它的重要性，無論是在思考策略性提問，或是在進行資訊搜集及醞釀洞見的工作時，既有的心智模型常常會左右我們的思考及觀點，這是形成思維慣性的主要原因。因此，理解何謂心智模型，以及如何拓展我們的思維，是個人及組織在提升策略思維時的一個非常重要的課題。

所謂心智模型，指的是對事物如何運作的解釋。它是一個概括性的術語，代表著我們腦海中的某種概念、框架或世界觀，幫助我們解讀世界並理解事物之間的關係。用科學的話來說，心智模型被描述為「思想和行動的深層形象」。心智模型對於如何理解世界是如此的基本，以至於人們幾乎沒有意識到它的存在。總之，心智模型指導我們的感知和行為，是我們用來理解生活、做出決定和解決問題的思維工具。

例如：供需法則（Supply and Demand）是一種心智模型，它可以幫助我們瞭解經濟的運作方式；賽局理論（Game Theory）是一種心智模型，它可以幫助我們瞭解人際關係和信任是如何運作的；熵（Entropy）也是一種心智模型，它可以幫助我們瞭解無序和衰減是如何作用的。當我們學習一種新的心智模型，可以為我們提供一種看待世界的新方式。

心智模型並不完美，但很有用。例如：物理學或工程學中沒有一個單一的模型可以完美地解釋整個宇宙，但是，這些學科中最好的模型讓我們得以建造橋梁和道路、開發新技術、甚至可以去到外太空。正如知名的歷史學者、哲學家暨暢銷書《人類大歷史》（*Sapiens: A Brief History of Humankind*）作者哈拉瑞（Yuval Noah Harari）教授所說：「科學家們普遍認為，沒有任何理論是100%正確的。因此，對知識的真正檢驗，不是真理，而是實效。」

▎偉大的思維來自於一套心智模型▎

　　無論是專家或新手，在如何擴展心智模型這件事，都需要付出努力才能實現。我們都有自己最喜愛的心智模型作為心中的預設，並優先運用這些模型來解釋某事如何發生或為何發生？隨著年齡的增長並在某些領域發展出專業知識，導致我們偏愛運用我們最熟悉的心智模型。

　　問題來了，當我們的思維被某種世界觀支配時，我們會試圖通過它來解釋所面臨的每一個問題。當我們剛好在特定領域很擅長，特別容易掉入這個陷阱。我們愈能夠掌握某種單一的心智模型，這個心智模型就愈有可能會因主導我們的思維而造成失敗的結果。常見的現象就是，人們會不加選擇地將該心智模型套用到每一個他所面對的問題上。例如：全球COVID-19大流行期間，政府該不該規定民眾在公共場所戴上口罩？在美國，基於「健康」的心智模型在思考的人會說「當然！」然而，用「自由」的心智模型來思考的人則會高喊「去你的！」

　　西方流行一句諺語：「如果你只有一把錘子，那麼，一切事物看起來都像釘子。」（注2），當某種世界觀支配著思維時，人們會試圖通過這種世界觀來解釋所面臨的每一個問題（注3）。那些看起來像專業知識的東西，往往會成為我們思維上的一個限制。依靠一套狹隘的思維工具就像身上穿了一件精神層面上的緊身衣，限制了我們的認知活動範圍。當我們僅具備有限的心智模型數量時，同樣的，也限制了我們尋找解決方案的潛力。為了釋放全部的潛力，我們必須收集及學習更多有用的心智模型或是思維框架，才能不斷豐富我們的思維與決策工具箱。

　　《思考的框架》（*The Great Mental Models*）作者夏恩·派瑞許（Shane Parrish）認為，成功的人就是把大量基礎的、有限的、已建立好的、本質上不會改變的知識建檔，然後取用這些知識，來應對真實世界中無數的特定問題。許多偉大思考者的祕訣其實就是持續的學習和運用各種心智模型。

如何豐富化我們的心智模型

　　每隻眼睛都只能看到位於那一邊的東西，如果我們遮住其中的一隻眼睛，你就會失去那部分的場景。當我們只用一隻眼睛看前方時，不可能看到全貌。如同視力，心智模型提供了我們世界如何運作的內部圖像，我們應該要不斷的提高這幅圖像的畫質與視野。這意味著需要廣泛閱讀最好的書籍；研究看似無關領域的基礎知識；並向生活經驗與履歷截然不同的人們學習，才能豐富化我們的思維模型與框架。

　　心靈的眼睛需要各種心智模型來拼湊出世界如何運作的完整畫面。我們能利用到的資源愈多，關於問題與事物的認知就會愈清晰，決策的品質就會愈好。知名哲學作家艾倫・狄波頓（Alain de Botton）曾說：「正確決策的主要敵人是對問題缺乏足夠的視角。」積累心智模型的質與量就如同改進我們自身視力的過程。關於如何改進我們的心智模型，分享以下三個重要的觀點：

第一個觀點：跳脫傳統上以學術派別或學科來劃分的知識領域。

　　傳統學校教育的思維，是傾向於將知識分成不同的孤島，例如：生物學、經濟學、歷史學、物理學、哲學。在現實世界中，資訊卻是很少被劃分為明確定義的類別。

　　縱觀世界級的思想家，他們的知識往往不會局限於一隅。在他們的心中，都在避免通過一個主題的鏡頭角度來看待生活。反而，他們開展出被稱之為「流暢知識」（Liquid Knowledge）的能力，可以輕鬆自如地從一個心智模型流向下一個心智模型。要養成「流暢知識」的能力，不僅需時常學習新的心智模型，還要考慮它們如何相互聯繫。創意和創新往往出現在不同思想的交匯處。通過發現各種心智模型之間的聯繫，你將有能力找出被大多數人忽略的解決方案。

第二個觀點：盡可能學習更多有用的思考工具，以建構自我豐富的心智模型庫。

我們不需要掌握每一門學科的每一個細節才能成為世界級的思想家。存在於人類歷史所產生過的上千上百種心智模型中，僅需掌握幾十種即可讓我們得以牢牢掌握世界的運作方式。

許多最重要的心智模型來自生物學、化學、物理學、經濟學、數學、心理學、哲學等學科的重要思想。任一個知識領域都具有構成該主題骨幹的一個或數個心智模型。例如：經濟學的一些核心心智模型包括供需模型、稀缺性和規模經濟等等。經由廣泛的閱讀、經常的思考策略性提問、積累來自不同學科的基本認知，以及積極的實務應用，是我們該具備的一個重要習慣。

第三個觀點： 發揮多元思維的「Lollapalooza效應」。

所謂Lollapalooza效應，出自查理‧蒙格（Charles T. Munger）的《窮查理的普通常識》（*Poor Charlie's Almanack*）一書，指的是那些與某事物有關聯的眾多因素，經由相互同向的強化進而將彼此效果極大化的一種效應，又稱作「好上加好效應」。例如：在物理學，特別是力學，如果有多個力作用於一個物體上，就會形成合力。而合力的大小，要取決於這些作用力的相互關係。如果它們的方向一致，這個物體則會飛快的運動；如果這些作用力互相衝突，這個物體甚至可能依然靜止，不會產生運動。

蒙格認為，一旦我們能掌握多個心智模型，當我們面對重大課題時，如果能將幾個不同的模型聯合起來，就如同將兩、三種力量共同作用於同一個方向，你得到的通常不光是幾種力量之和，這時，你就能夠實現Lollapalooza效應。例如：物理學的臨界質量（Critical Mass）概念，一旦核分裂材料達到一定程度的質量，就能夠引發核爆炸。Lollapalooza效應也與多元思維的觀念一致。

要能夠得到Lollapalooza效應，關鍵就在於平時解決問題時，要盡可能用上多個理論，而且要經常使用以達到熟能生巧的效果，如果我們只是獨沽一味的使用特定幾個偏好的工具或理論，將不可避免的掉入「鐵錘思維」（Hammer Thinking）的陷阱。例如：如果經濟學家試圖採用單一種理論解決所有的經濟問題時，會發生金融風暴也不令人意外。

▎要建立心智模型而不僅是學習心智模型▎

　　無論何時，心智模型都會在我們的腦袋中默默運作。我們有時可以刻意停一下、問問自己：「我現在運用了什麼樣的框架？」、「這真的是最適合目前課題或情境的心智模型嗎？」如果答案是否定的，就應該主動的去選擇其他更好的模型或框架，或是創造一個全新的心智模型。

　　理論與工具方法都是不變的，然而，過去的學習心得、自我的認知與應用，包括個人的偏見與知識的豐富度，都是建構自我心智模型的主要影響因素。如果不求甚解的學習及套用別人的心智模型，將無法有效的應對複雜的環境，變得無所適從，或是因循苟且。

　　要能夠深刻學習理論與工具，可以學習掌握第一原理思維（**First Principles Thinking**），它是一種強調回歸基本面及找出事物核心的思考方式，包括：對複雜問題進行逆向工程、瞭解與問題有關的最基本原理、回歸本質思考等作為。例如：面對汽車產業是造成氣候變遷的主因，要減少燃油車的碳排放，傳統思維是改善發動機的燃油效能，當回歸到汽車的本質，它不過就是一種載人載物的運輸工具，開發電動汽車就是第一原理思維的產物。

　　善用第一原理思維可以幫助我們跳脫傳統的包袱，釋放創造性與可能性。如果我們從來都沒有學會拆解問題、測試自己假設的正確性，那麼，我們的知識就會來自於「別人說了什麼」，然後，終將自己困在一個老舊的思維框架裡面。

　　如今，市面上充斥著許多的策略工具與方法，有時，保持著追根究柢之心，探求這些工具方法的理論根源以及適用的場景，同時爭取應用與分享的機會，相信各位必能建構屬於自己的多元心智模型。

注釋

▶ 注1：原文刊登於「經營洞察力論壇」2022-04-27。

▶ 注2：又稱作「鐵錘思維」（Hammer Thinking），指的是那種只會用自己的觀點來解釋這個世界及解決眼中問題的思維，是一種欠缺多元心智模型訓練的現象。

▶ 注3：「世界觀」（Worldview）指的是一種人類知覺的基礎架構，透過它，個體可以理解這個世界並且與它互動，包括基本假設、價值、情感和道德等層面。本書係引用「世界觀」的概念，想要表達的是個人在看待某件事物或問題時，通常會針對其整體面有著一種先入為主的基本認知。

思考問題

　　完成本文的閱讀，不妨再多花幾分鐘深入思考下面的問題以提升您的洞察力：

1. 經過本文的介紹，對於「心智模型」是否已有較為深刻的認識呢？建議各位選擇一本探討心智模型的書，對這個觀念進行深入的學習並分享您的心得。

2. 關於您所負責的工作，能否列出常用的心智模型呢？例如：品質管制、專案管理、策略規劃……。

3. 現況工作中，常用到的A3表、8D表、PDCA……等，是否也是一種思維框架呢？為什麼是？為什麼不是？建議找幾位夥伴，大家交換看法。

note

PART 2

策略思考者的
習慣與迷思

「所有企業策略失誤的罪魁禍首，就是競相爭搶當產業最佳，跟別人走上相同的發展道路，以為自己總有辦法做得比別人好並獲得更好的成果。果若如此，這會是一場很難獲勝的競賽。」

——麥可‧波特（Michael E. Porter，2011）

五、善用批判性思維提升思考力

六、成就優秀策略思考者的八個習慣

七、破解策略思考的九大迷思

五、善用批判性思維提升思考力

　　無論是個人，亦或企業組織，思維能力的重要性已愈來愈受到重視，特別是面對當今的世界局勢，例如：新冠疫情、俄烏戰爭、兩強爭霸、科技冷戰、供應鏈脫鉤、全球通膨及經濟放緩……等。無論是在政治、經濟、軍事、科技層面，層出不窮的危機與變局，都深深的影響著我們，是風險亦或是機會？都在挑戰我們的思考力、洞察力與應變力。其中，最重要的莫過於我們的思維能力。

　　世界經濟論壇（World Economic Forum）在《2020未來職業報告書》（*The Future of Jobs Report*）中提出未來五年（至2025）最重要的十五項工作技能，前十項分別是：

1. 分析思維與創新能力（Analytical Thinking and Innovation）。

2. 主動學習和學習策略（Active Learning and Learning Strategies）。

3. 複雜問題的解決能力（Complex Problem-solving）。

4. 批判性思維和分析能力（Critical Thinking and Analysis）。

5. 創造力、獨創性和主動性（Creativity, Originality and Initiative）。

6. 領導力和社會影響力（Leadership and Social Influence）。

7. 科技的運用（Technology Use, Monitor and Control）。

8. 技術設計和程式設計（Technology Design and Programming）。

9. 韌性、抗壓性與彈性（Resilience, Stress Tolerance and Flexibility）。

10. 推理、解決問題和構思概念（Reasoning, Problem-solving and Ideation）。

　　其中，至少有六項（#1、#2、#3、#4、#5、#10），是屬於思維框架與思維能力的範疇，可見得對於個人而言，思維能力的提升已是未來競爭力的核

心。本篇文章將要和各位一起探討列於其中的「批判性思維」，希望有助於各位提升個人的思維能力。

▍何謂「批判性思維」▍

如果我們查看《劍橋詞典》（*Cambridge Dictionary*），關於「批判性思維」（**Critical Thinking**）的定義如下：

"The process of thinking carefully about a subject or idea, without allowing feelings or opinions to affect you."

如果我們查詢中文維基百科（Wiki），則會看到以下的定義：

「批判性思維，或稱批判性思考、思辨能力、嚴謹的思考、明辨性思維、審辨式思維等，是對事實、證據、觀察結果和論據的分析以形成判斷。也是積極和熟練地概念化、應用、分析、綜合和／或評估從觀察、經驗、反思、推理或交流中收集或產生的訊息的智力訓練過程，作為信念和行動的指南。」

西方關於Critical Thinking的應用起源，可以追溯至蘇格拉底（拉丁文：Socrates，公元前470年～前399年，古希臘哲學家），其最為人知的就是「蘇格拉底詰問法」（Socratic Method）。蘇格拉底強調邏輯，並擅長用一系列的問題協助一個人或一群人來判斷他們的信念，透過指出回答中的漏洞，藉此讓他們辨識自己的邏輯和認識上的錯誤，逼使一個人檢視他自己的信念和這種信念的真實性。

蘇格拉底常對人說，他的談話藝術就像是身為助產士為人接生一樣。他只是幫助人們更快、更順利的「誕生」出正確的概念及思想，所以，真正的知識源於人的內心，而不是得自別人的傳授。蘇格拉底詰問法的核心雖然是質疑，但卻側重質疑結論成立背後的假定和推理。它的形式是採用對話的方式，一步一步往前推進。其中運用了抽象思維、歸納推理、演繹推理的方法，最重要的是總結了個人的知識與經驗。

許多人誤認批判性思維就是一種質詢、辯論、找錯誤，甚至是詭辯死不認錯的一種說話的技巧。知名暢銷書《看穿假象、理智發聲，從問對問題開始》（*Asking the right questions: A guide to critical thinking*）的作者尼爾·布朗（M. Neil Browne）及史都華·基里（Stuart M. Keeley）把這種只是為了要抵制和駁倒那些與你意見不同的人，讓他們甘心服輸，無所不用其極的捍衛自己當前看法的表現方式，稱作「弱勢批判性思維」（Weak-Sense），結果反而會扼殺能與他人一同討論該議題的空間。

反之，則稱為「強勢批判性思維」（Strong-Sense）。作者認為我們應提出關鍵性問題，一視同仁地質疑一切主張，特別包括「我們的主張」。強迫自己辯證我們的初始想法，才能避免陷入同溫層效應（Echo Chamber Effect）而不自知，進而造成整個議題討論的惡性循環，變成極端兩派的對立。經由前述關於 Critical Thinking 的說明，我們可以歸納出以下幾個重點：

1. Critical Thinking 是一個思考的過程，包括推理、符合邏輯性、消除偏見、反覆的分析與修正，其目的在增加獲得理想結果的可能性。

2. Critical Thinking 是一套思辨的方法與技巧，用來檢視想法、信念或論述是否有盲點、漏洞等，以做出正確且周全的判斷。

3. Critical Thinking 的核心精神在於透過反復的問答及反思以探討事物的本質與尋求正確的結果，因此，有學者認為「明辨性思維」可能較「批判性思維」更符合 Critical Thinking 的中文意義。

▎如何培養批判性思維▎

各位讀者應該可以很輕易地查找關於培養個人批判性思維能力的文章與書籍，我在這裡幫各位補充以下六個好方法：

1. 作一位持續的學習者

一位優秀的批判性思維實踐者，一定是一位持續的學習者。學習的目的在於求知，學習者對世界和他們的職業有著天生的好奇心，沒有好奇心，不會主

動學習；沒有求知的欲望，不會有探求眞知的動力。然而，沒有一定的知識爲基礎，是問不出深入的問題。學習的形式包羅萬象，一位好的學習者會主動因應環境而調整自己的學習模式。

2. 避免陷入海綿式思維

所謂海綿式思維（The Sponge Style of Thinking），指的是那種習慣被動接受知識的人，就像海綿，對於知識照單全收，主要係運用記憶能力，狂抄猛背，並對腦海裡的東西深信不疑。海綿式思維強調單純的知識獲取結果，是一種被動式思維。相對於海綿式思維，一位好的批判性思考者必須像淘金客，不僅動用記憶力，還要動用推理分析能力，不斷質疑接收到的資訊，篩選最有效的資訊，又稱作淘金式思維（The Panning-for-Gold Style of Thinking）或是主動式思維。運用淘金式思維看待知識的學習，更能幫助我們調動深層的認知系統，有能力思考實質性的問題。

3. 掌握邏輯思維的技巧

要學習批判性思維，首先要具備良好的抽象思維能力，以此爲基礎，將能幫助我們充分學習及掌握邏輯思維技巧。基本的邏輯思維包括歸納推理（Inductive Reasoning，又稱歸納法）及演繹推理（Deductive Reasoning，又稱演繹法），它是一種分析與綜合能力的學習及應用。除了歸納法與演繹法，溯因推理（Abductive Reasoning）的學習也是一種很好的思維訓練。掌握這些邏輯推理的方法可以幫助我們建構本質思維的能力，因爲本質思維（Essential Thinking）正是批判性思維的重要支柱。

4. 學習如何正確的提問

批判性思維的核心正是**提問**（Questioning），有效的問題可以開啓人們的思維，因此，如何提出合適的問題是成爲一位批判性思考者所必備的技能。一位好的提問者，自己要先模擬過對方可能的回答，甚至可以先具備一定的答題方向，一個好的問題絕不能是一個純粹的封閉式問題（Closed Question）。我

們可以選擇開放式提問、引導式提問或是假設性提問，是故，我們應該學習掌握諸如Why、What If、How的提問技巧。最重要的，如果人們沒有豐富的知識作支撐，一定問不出一個好的問題，甚至不敢開口提問。

5. 追求事物的本質特性

如同第3點所提及，本質思維是批判性思維的基礎。因此，一位好的批判性思考者必須要清楚，掌握邏輯推理與提問技巧的目的，並不是要成為一位辯論大師或是詭辯者，而是要幫助自己與對方如何不斷的於分析、綜合與評價的過程中，深入問題或事物的本質特性，擺脫傳統與既有經驗的束縛，提高獲得理想結果的可能性。

6. 基於同理心與人溝通

為了避免讓批判性思維的過程變質成一個令人避之惟恐不及的批評與質疑局面，一個良好的溝通技巧是必備的。溝通的技巧容易學習，然而，若不具備同理心將會讓溝通或討論的結果打折扣。所謂同理心（Empathy），就是一種站在他人的立場，將心比心、感同身受的思考與溝通模式。批判性思維能力愈強，則口才愈好、反應愈快、思辨能力愈強，面對這些能力較弱的對象，要避免在言語上傷害到對方。此時，如何認知對方的立場與心態、如何反省自己的提問，將是邁向優秀批判性思考者的過程中的必要修煉。

掌握了方法，則需要持久的練習方能成為個人的能力，以下四個步驟可以幫助我們進行日常的練習：

第一步：建立邏輯。依照邏輯思維的步驟建立個人的思維邏輯，決定核心問題、搜集資料，再思考從資料中掌握了什麼？針對核心問題做出結論。

第二步：用批判性角度來思考第一步所建立的邏輯。如果一開始設定的核心問題錯誤，那麼後續如何建構邏輯都沒有意義。透過質疑核心問題，便能確認我們準備著手思考的事物是否正確。

第三步：質疑結論與根據是否以Why So（因為）與So What（所以）（注2）的邏輯互相連結（邏輯是否有跳躍的情形），以確認其正確性。

第四步：質疑位於結論與根據之間的前提或假設。前提的正確性有時會因狀況而改變，因此，必須確認它是否可以擺在目前的狀況或條件下。透過多元的觀點檢視自己的想法，便能彌補特定邏輯的矛盾或漏洞，這就是批判性思維的特色。

▎批判性思維是策略思維的基礎 ▎

策略思維是一種心理過程，當一個人試圖實現某個目標或一組目標時應用它；批判性思維則是關於分析、邏輯和推理的。而策略思維是關於計劃的，它涉及能夠理解因果關係並提前看到幾個步驟以實現某些預期的結果。

策略思維並不是單獨的存在。策略思考者通常必須運用扎實的批判性思維技能來分析和理解他們當前的情況，然後在策略思維的過程中，得以看清前方並開闢出前進的道路。在進行策略思維的同時，我們還應該應用批判性思維來辨別出一個行動計劃與另一個行動計劃的可能結果。

因此，要提升策略思維能力，必須先提升批判性思維能力。透過本文的探討，將能幫助各位更深刻的體驗批判性思維的本質與技巧，希望能為您帶來最大的效益。

注釋

▶ 注1：原文〈淺談批判性思維〉刊登於「經營洞察力論壇」2022-06-30。

▶ 注2：又稱為「So What? / Why So?」原則，這是一種在問題解決過程中，檢視結論與證據之間是否存在因果關係的邏輯思維技巧，常見於日本的問題解決相關書籍。「So What?」意思是「這些結論或觀點代表什麼？」檢視的是針對問題，經由整體資料或分類整理的內容中，所萃取出的結論或重點。「Why So?」的意思是「為什麼會這樣？」通常我們會針對前述結論去追問、檢視及確認手邊的資料，是否能支持這樣的結論？

思考問題

完成本文的閱讀，不妨再多花幾分鐘深入思考下面的問題以提升您的洞察力：

1. 經由本文的介紹，關於Critical Thinking是否有更深入的認知呢？如果有興趣於Critical Thinking，建議各位花點時間去搜集更多關於Critical Thinking的文章，並且分享您的心得或是與朋友討論您的疑惑。

2. 本文提到蘇格拉底詰問法，其中提到「助產術」（又稱作「產婆術」），建議各位花點時間深入瞭解這個概念，並且和朋友分享心得。

3. 文末提到批判性思維與策略思維的關係，是否可以基於這個主題，更深入的去探討兩者是否存在著依存關係或是因果關係？請把您的發現分享給朋友。

六、成就優秀策略思考者的八個習慣

　　每個人都能成為策略思考者（Strategic Thinker），然而，要成為一位傑出的策略思考者，就必須要找對方法並持續修煉，經過時間的淬煉與經驗的積累，才能有所成。策略思維能力的修煉，是自身的作為，它只有起點，沒有終點。在自我修煉的過程中，有八項良好的習慣，可以幫助各位有效的提升自身的策略思維能力。這八項必備的習慣分別是：

1. 時間管理。

2. 前瞻性思考。

3. 放大格局思考。

4. 挑戰既有的準則。

5. 發展與建構思維模式。

6. 掌握做決策的時機。

7. 終身學習。

8. 整合式思考。

▎習慣一：學習與實踐有效的時間管理▎

　　查爾斯・韓恩爾（Charles E. Hummel）在《急事的奴隸》（*Tyranny of the Urgent*）一書中提到：「重要的事情通常不需要在今天甚至這個星期內完成，但急事卻非得立刻行動不可。」急事的迫切性總讓人覺得它非常重要且不可耽誤，從而一步步地損耗我們的精力。然而，如果從時間的架構上來看，這種由於個人認知卻似是而非的重要性會隨著時間逐漸消失，當我們悵然回憶起有多少重要的事情被耽擱在一旁，會發覺自己已經成為「急事的奴隸」。

　　每位領導人都想要成為一位合格的策略思考者，然而，絕大部分的領導人

都避不開成為「急事的奴隸」的誘惑，因為急事總是看起來比較重要。不幸的是，如果領導人總是這麼做，終將置組織於險地而不自知。一旦領導人聚焦在眼前的掃雷事務上，將會錯失協助組織長遠發展的巨大機會，更不用提及那些會提醒其懸崖就在路徑前方不遠處的信號。

「我們需要策略思考者！」大概是每一家公司，不論規模是大還是小，都存在的抱怨。關於這項工作如此之難的一個理由，就是「從沒有人真正理解策略思維的真義」。如果我們不知道一位策略思考者該做些什麼事，那麼，要成為一位好的策略思考者將困難無比。

正如成功學大師史蒂芬‧柯維（Stephen Covey）在「要事第一」（First Thing First）的概念中所指出，傳統的時間管理注重進度、危機優先，卻讓人從此陷入與時間賽跑的惡性循環，如同那種追求更快、更賣力、更有效，做更多事的「急迫性偏執」（注2），導致生活節奏完全取決於事情的緊迫程度，往往忽略了真正重要的事。

把重要的事情擺在第一位才是時間管理的要訣所在。所謂重要的事情，是指真正有助於達成我們目標的事情，領導人必須覺悟「培養策略思維能力」才是組織真正重要的事情。所以，當我們因時間運用而感到進退兩難時，請重新檢視個人或組織的時間管理原則，學習並實踐將重要的事情放到最優先的位置，把時間留出來，並且持之以恆，終將跳脫「急事的奴隸」的陷阱。

┃習慣二：養成前瞻性思考的習慣┃

前瞻性思維（Forward Thinking）就是預見問題的能力，指的是「對未來事態的發展和對於自身的生活方式所具備的預判力、決斷力，以及付諸於行動的能力」。若用通俗一點的話來說，就是人無遠慮，必有近憂。但前瞻性思維的獲得與表現，是關於社會環境發展變化、經濟結構調整、行業資訊分析判斷的靈敏感知，這些能力都需要具備良好的知識、閱歷和經驗的積累。

許多公司習慣聚焦於當前的事務，領導人則缺乏前瞻性思考的習慣與能力，可能會讓企業遭受到來自那些願意實行創新作為的競爭對手之傷害。若要培養前瞻性思維的能力，可以從練習挑戰現況及追根究柢的提問開始。在知識與資訊搜集的過程中，要勤於總結所知與所得，另外，也要對事態的未來發展方向，練習做出個人的判斷與預測。經由這種反復的提問、資訊搜集、總結、預測的過程，一旦養成習慣必然有助於提升個人的前瞻性思維能力。要實際將前瞻性思考用於組織的策略發展工作上，我們可以採取以下行動：

1. 從您所處產業的範圍內，尋找足以在未來改變產業遊戲規則的資訊。

2. 從您目前所經營事業的傳統範圍（邊界）之外，主動搜尋有用的資訊或機會。

3. 經常探索外部環境，主動監看組織周遭所發生的事務。

▎習慣三：放大格局思考▎

俗話說：「再大的烙餅也大不過烙它的鍋。」

思路決定出路，「格局」決定結局。什麼是「格局」？所謂「格」，指的是一個人的人格品行；所謂「局」，指的是一個人的胸懷和視野，組合在一起，「格局」代表的是一個人的眼光、胸襟、膽識等心理要素的內在布局。人生的發展、企業的經營，每次踏出去的一小步，都來自一個重要想法的結果。

個人或企業的發展往往會有局限性，所謂的局限，歸根究柢就是「格局」太小，為其所限。謀大事者必要布大局。作為領導人，必須要成為一位大思想家。如果領導人沒有大格局的思維，將無法帶領事業往前推進。就算是大思想家，他也必須具備信心去實現他們的願景。要培養放大格局思考的習慣，我們可以這麼做：

1. 永遠望向生命中的光明面。

2. 勿經常拘泥於小節，時時提醒自己注重大局思考。

3. 遇到困難，提醒自己事情不會比它所看起來的狀況還要糟，困境或挫折也許嚴重，但不會更壞。

4. 在表述您的願景時，讓它簡單易懂。

5. 不要基於沒根據的假設做出重要的決定。

6. 不要只看事情是以何種方式或形式呈現在我們眼前，永遠要去關心它們未來會如何演變。

　　一旦您的「格局」大了，未來的路才會寬！

▎習慣四：學習挑戰既有的準則▎

　　「傳統的智慧」使得許多人不習慣去問太多的問題，不去思索現況形成的原因，並且常常扮演事後諸葛對結果做出評論。您若是在面對價值的挑戰及關鍵決定時，常常去附和「管理時尚」（Management Fashion）（注3）、陷入「團體思考迷思」（The "Groupthink" Myth）（注4）而不自知、或是傾向尋求安全的見解，那麼，您的團隊或組織將會很快的喪失競爭優勢。

　　一個很好的案例，是關於馬屁股和太空梭（Space Shuttle）的關係。當人們在電視上看到美國太空梭立在發射臺上的雄姿時，您可能不會對位於燃料箱旁的兩具火箭推進器產生質疑。然而，這兩具火箭推進器的容量設計卻大大限制了太空梭升天的速度，為什麼工程師不能把這些推進器的尺寸設計得再寬一些呢？

　　當一些人不願接受現況，或是不會自作聰明的去強加解釋，可能是因為受限猶他州製造工廠的生產製造能力，藉由一步一步的細究真正原因，答案竟然出乎絕大部分人的意料之外。研究發現，它的尺寸設計不是因為猶他工廠的製造能力，而是受制於用運送推進器的火車鐵軌寬度及沿路所經過的山洞寬度。然而，這是真正的原因嗎？

有心人會接著質疑：「爲什麼當初的鐵軌寬度會設計成4.85英尺？」結果竟然發現，美國鐵軌寬度係源自於英國鐵軌寬度，而英國的鐵軌標準源自於早期的電車軌道，電車輪子間的寬度設計則沿襲自當時馬車的輪距，馬車的輪距又受限於當初英國馬路的轍跡（車輪輾過留下的痕跡），深究其因，英國馬車的輪距其實源自於古時候羅馬戰車的輪距。最後一個問題就是，兩千年前羅馬戰車的輪距又是如何決定的呢？

　　答案是，由兩匹戰馬的馬屁股寬度而決定的。是的，曾是世界最先進的美國太空梭的火箭推進器，其設計的尺寸竟然是由兩千年前的兩匹戰馬屁股間的寬度來決定的。歷史慣性的力量是多麼的強大，要衝破由慣性形成的規則又是多麼的艱難啊！

　　具批判性思維的思想家會質疑每件事，才有機會挑戰既有準則所形成的慣性思維。要打破人爲的慣性思維或既有準則，我們可以這麼做：

1. 重新界定問題以找出事情的眞相，也就是識別出問題的根因（Root Causes）。
2. 質疑目前的信念及思維模式，包括您自己現在的思模維式。
3. 在組織或與團隊進行決策時，提醒自己要拿掉操作性及制度性的偏見。

▎習慣五：發展思維模式 ▎

　　未知事物（Unknown）常常會嚇到我們。面對它，我們經常會忍不住想要嘗試是否能找到一個快速的（卻往往是錯誤的）問題解決方案。一位好的策略思考者會在發展出自己的觀點前，從許多來源中綜合出有用的資訊。也就是說，優秀的策略思考者必須要因應問題而挑選合適的思維模式，對症下藥的去解決問題。

　　所謂的思維模式（Mental Model，又稱作心智模型），指的是人們思考事物（或是解讀問題）的方法及看待事物的心理框架。思維模式能協助我們解決問題，前往我們想要抵達的目的地。一個好的思維模式既好用又強大，價值非凡，然而成功的關鍵在於，我們得要選擇正確的模式，以及要學會如何運用它。

許多人受限於經驗與知識，甚至於偏見，當面對未知事物時，受到既有的思維模式所制約，而採取了錯誤的方式來思考並解決問題，或是沒有能力學習到新的模式，以至於遇到問題而無計可施。可見得，思維模式的學習與運用能力，對於一位合格的策略思考者是多麼的重要。在建構及養成個人的思維模式上，我們可以這麼做：

1. 遇到問題，從多種資料與資訊來源中，嘗試找出共同的模式。

2. 鼓勵團隊其他人做相同的事。

3. 面對主流的（團體、組織或社會）思維模式，針對這些模式存在的假定（或假設、假說）提出質疑，並且花時間同時測試多個不同的假定。

4. 採用不同的模式去進行反面查證式的驗證作為，避免受到既有思維模式的制約。

▋習慣六：掌握「做決策」的時機 ▋

許多領導人或領導團隊在面臨重要決策時，常常會陷入「分析癱瘓」（Analysis Paralysis）的情境。所謂分析癱瘓，指的是個人或團體因為過度分析或是過度思考而導致行動或決策陷入反覆與左右為難之境，因而無法及時採取行動或做出決定。可能是在面對一個被視為過於複雜且可能導致更大問題的情境；也有可能是認為離更加卓越的解決方案只有一步之遙而陷入無止境的追求，卻忽略了報酬遞減的道理。無論何者，結果是領導人遲遲無法做出決定，導致組織面臨無法估計的損失。

策略思考者面對重要決策必須搜集許多的資料與資訊，但他們有可能無法在時間期限內掌握到百分之百。因此，他們必須要事先發展出一套決策流程並且遵循它，在期限前做出「足夠好」的決策。以下幾項作為可以幫助我們養成適時做決策的習慣：

1. 謹慎地架構決策內容，確保能深入到問題的核心。

2. 在決策過程的速度、嚴謹度、品質及靈活性之間求取平衡，可以將決策的完美性保留給更具有權力的人手上。

3. 願意面對不完整的資料或資訊，在團隊意見分歧時表明自己的立場。

▎習慣七：立志成為終身學習者 ▎

世界持續地快速運轉，有時更在加速中，無論是科技、生活型態或是社會發展，讓個人或企業無時無刻不在面臨著轉型所帶來的變革挑戰。21世紀以來，911事件、2008金融海嘯、COVID-19、氣候變遷……，無不為我們帶來巨大的改變。

一位合格的策略思考者應該要有目的地決定想要搜集何種資訊，但是，也勿奢望能在很短的時間內把知識的不足填補完成，這需要時間、技巧與意願去學習、實踐與體會。所謂「不進則退」，更何況是要立志成為一位優秀的策略思考者。我們必須知道如何學習、時時學習，養成終身學習的良好習慣。要培養終身學習的好習慣，我們可以這麼做：

1. 建立一個適合自己的學習計劃，包括想要探討的課題、檢視現有的資訊來源、建立新的資料與資訊搜集管道，並且適時的調整個人的資訊搜集計劃。

2. 不要擔心目前例行的學習對象或目標有何不妥，反而應花心思把那些平時被您排拒在外的事物找出來。

3. 慶祝我們的成功與失敗（基於正面與積極的觀點），因為它們會提供您可以洞察未來的機會。

▎習慣八：成為整合式思考者 ▎

真正的策略思考者，應該擅長「整合式思考」（Integrative Thinking），面對問題及隨之而來具有對立觀點的選擇方案，不會貿然陷入二選一的困境。

整合式思考來自於著名商業思想家、多倫多大學Rotman管理學院前院長羅傑‧馬丁（Roger Martin）的名著《決策的兩難》（*The Opposable Mind*）。馬丁認為，在如今的時代，面對人類社會更為多元和複雜的變化，資訊已然超級飽和，各個領域暫時達成的平衡局面會不斷地被打破，無論是商業組織還是我們個人，很容易發現自己處於一團亂麻之中。面對複雜問題，一流的智商必須要學習如何在腦袋中同時容納兩個相互矛盾的觀點，以建設性的方式處理彼此對立的觀點，不以犧牲一方為選擇另一方的代價，而是以創新的形式消除兩種觀點中的對立之處，新的觀點應同時包含對立觀點的某些因素，且優於兩種對立觀點，並從中得出彙集兩方優勢的解決方案，這就是「整合式思考」

　　整合式思考者勇於接受複雜性，並且遠離「簡單化」和「專業化」，因為整合式思考最重要的一點是：「絕不退而求其次。」因此，在面對複雜問題時，相較於總是要從選項A或選項B中做出選擇，好的策略思考者要習慣於從有限選擇中找出第三個（例如：選項C）或是更多的創新方法。為了培養整合式思考的習慣，我們可以這麼做：

1. 尋求較不明顯但具潛在相關連的思考方向或考量點。

2. 嘗試看到問題的全部面向或核心目的，不要一下子跳入到特定的或主觀的面向而不自知。

3. 時常練習如何找到一種自我調適的方式，將過去習慣的傳統反應先放到一旁，然後領導組織成員去思考或創造出是否存在著一個「第三選項（Option C）」。

好的策略思考者要能日新月異

　　我的母校天津南開大學的校訓是「允公允能、日新月異」，所謂「日新月異」，其核心精神是寄望每個人不但要能接受新事物，而且要成為新事物的創始者；不但要能趕上新時代，而且要能走在時代的前列。我認為，這完全可以作為策略思考者的寫照。

孔子曰：「學而不思則罔，思而不學則殆。」世局多變的今天，如何成為一位優秀的策略思考者，已成為現代經理人不可迴避的挑戰。本文所提出的八個習慣，雖然不必如上古時期君主「商湯」刻在「盤銘」上的「苟日新，日日新，又日新。」般，天天反省自新，但也希望這八項習慣，可以提供給有志於提升策略思維能力的個人或團隊，一個有跡可循的路徑，時時作為自我修煉提升的參考。

注釋

▶ 注1：原文分上下篇，分別於2021-12-15及2022-2-16刊登於「經營洞察力論壇」。

▶ 注2：急迫性偏執，是一種偏執（Paranoid）的行為表現。這類「病人」的特徵是：喜歡忙碌、喜歡解決突發狀況。他們愈忙愈有安全感，認為忙碌才代表了重要、有意義，認為閒著沒事做是一種恥辱。

▶ 注3：管理時尚指的是在一段時間裡企業界所狂熱追求的管理模式、工具方法或思想潮流。例如：曾經流行過的TQM、六標準差、精實生產、變形蟲組織⋯⋯。它們是被前衛經理人經常掛在嘴邊，被各種論壇、研討會及出版物所熱捧的時髦主題。為了跟上時代發展的步伐，人們常不自覺地被管理時尚綁架，依樣畫葫蘆般的學習或實施，卻收效甚微。

▶ 注4：「團體思考迷思」又稱作「團體迷思」、「群體思維」（Group Thinking），較著名的應用與模型的研究來自於政治心理學家歐文・賈尼斯（Irving L. Janis）。這是一種心理學現象，指的是團體在決策過程中，由於所屬成員傾向讓自己的觀點與團體一致，因而令整個團體缺乏不同的思考角度；或是當個別成員提出不同觀點時，遭到其他團體成員的忽視及隔離。團體迷思的存在，將影響團體進行客觀分析，並導致團體作出不合理、甚至是很離譜的決定。

完成本文的閱讀，不妨再多花幾分鐘深入思考下面的問題以提升您的洞察力：

1. 第一個習慣談的是關於時間管理與輕重緩急之分，這項習慣列於八個習慣之首，因為它很重要，也決定著關於後續七項習慣是否能在各位有限的時間中得以付諸實行，請依據習慣一的描述，再輔以查找到的相關資料，是否有助於您重新檢視個人的時間管理呢？請分享心得。

2. 本文關於馬屁股與太空梭推進器設計的故事，是否令您覺得有趣？關於既有準則成為慣性思維的制約因素，在學術界有許多的研究，其中之一是知名的「路徑依賴理論」，建議花點時間去收集相關的案例，並試著分享給朋友或團隊成員。

3. 要提升個人「前瞻性思考」的能力，其中，最重要的技巧就是提問。具有深度的提問技巧，有助於設定問題、鼓勵進一步的思考。建議您針對個人或組織的未來發展，列出三項有助您進一步搜集資訊的問題，並與團隊成員分享。

4. 完成本篇文章的閱讀，是否覺得學習成為一位好的策略思考者，並不是一件困難的事？對於您而言，在這八個習慣中，哪一項比較簡單，可以立刻著手實施呢？請與團隊成員分享。

5. 關於最後一個習慣「成為整合式思考者」，我們談到了所謂整合式思考者的特性，這需要一種較高層級的思考訓練，如果您對於這種思考模式有興趣，可以再花點時間去搜集相關的信息，並且分享您的看法與心得給您的團隊。

七、破解策略思考的九大迷思

我們都知道，要能產出好策略，有賴於經理人及領導團隊的策略思維能力及關於產業與環境變化的洞察力。然而，許多經理人及組織在運用策略思考於組織策略分析、目標展開，甚或策略執行時，不可避免的因為對於策略思考的錯誤認知而誤用，反而未蒙其利、先受其害。

本文將討論關於進行策略思考常見的九大迷思（誤區），以及要如何破解這些迷思？有助於各位提升個人及團隊的策略思維能力。

▌迷思1：專注絕對績效▐

許多組織以為，只要專注於做自己最擅長的事，就不必擔心競爭對手正在做什麼。

▌事實是

· 在商場上，你的績效表現並不是絕對的，例如：任何時候都會出現所謂的「史上最佳產品」；今天的米其林三星餐廳可能明年就降了一顆星或掉出榜單等常見的例子。

· 通用汽車（GM）及Kmart曾經位居該行業全美第一；奇異公司（GE）曾經績效表現全美最佳；一方霸主的柯達（KODAK）如今安在？

▌破解迷思可以這麼做

· 時時將我們的進展（例如：經營績效、核心能力、市場表現等）與其他的組織進行比較。

· 如果資源許可，可以自行開發系統監測及記錄外界商業情報的變化（例如：市場、顧客、競爭對手、技術、法規、政經情勢等），並開放給經理人使用。

・當某些內部因素（諸如業務、研發、生產）被公認爲是組織的強項時，應找出機會詢問團隊成員，我們要如何與業界最傑出的對手一決勝負。

▎迷思2：陷入錨定效應而不自知▎

一般人會傾向以第一印象或先前已取得的資訊做出決定。例如：採用前一年的計劃作爲今年策略規劃的起點，就是典型錨定效應（Anchoring Effect）的展現。

▎事實是▎

・真正的策略思考必須要求領導團隊持續不斷地以嶄新的觀點來看待所有的假設、信念和資訊，僅僅調整去年的計劃，將會扼殺任何發現新洞見的機會。

・如果組織是先訂好預算再進行策略規劃，將導致被來自既定預算或來自預測的「數字」抑制團隊策略思考的空間與應有作爲。

▎破解迷思可以這麼做▎

・培養個人及團隊開闊的心胸，積極思考所有可用來分析未來狀況的起始點或基準點，不要局限於習慣上的錨點（Anchor Point）。

・對於相同的議題，鼓勵擁有不同背景的專業人員或幹部來幫忙審視。

・在策略思考的過程中，一旦出現錨點，應立即確認，以書面的形式指出來並做成書面紀錄，提醒所有人注意。

▎迷思3：迷信標竿學習的效果▎

許多組織認爲，如果學習或複製有著成功典範企業的作爲（包括制度、思想、文化、策略）必能爲組織帶來同樣的成功。

▎事實是▎

・策略思考的第一條法則便是敏銳度，成功產生洞見的要件之一，便是瞭解組織內外部的現況與發展情勢。如果不去瞭解成功案例的背景情境、支撐他們

成功的策略系統，以及系統內外部關鍵資源的互動關係。完全照抄的結果，可能淪為畫虎不成反類犬的境地。

· 追求管理時尚（Management Fashion）似乎已成為現代管理顯學（或是潮流）。例如：管理學華X、管理學GE、阿米巴（Amoeba）經營……等，然而，到頭來，有多少家企業因而失敗，卻無人願意深入探究。

破解迷思可以這麼做

· 標竿學習（Benchmarking）並非一個不好的管理作為，然而，組織必須明確界定作為組織標竿學習的對象與實務範圍（例如：系統、經營模式、策略……等），不應照單全收。

· 描述作為組織標竿學習對象的最佳實務（Best Practice），其發生的背景或當時的情勢，與我們組織目前所處的情境進行比較。

· 描述作為組織標竿學習的標的（最佳實務的範圍，例如：企業經營、產品、制度……等）必須具備什麼樣的策略生態系統？以及在這系統內所牽涉到各方關係為何？

迷思4：確認偏差

　　確認偏差（Confirmation Bias）是一種邏輯偏誤。指的是人們習慣於選擇性地找尋有利的資料和資訊來支持自己心裡「既存的信念」（已有的想法或假設，有時還包括回憶的內容），並且忽略或排斥那些看似矛盾或持相反證據的一種心理狀態。

事實是

· 每位搭飛機的乘客都要經過機場安檢。經研究，若告知安檢人員危險物出現的機率為50%，作業的歷史錯誤率僅有7%，當他們得知真實作業的危險物出現率數據只有1%時，他們心中認知的資料錯誤率將驟升到30%。

・如果某些物品或資料不在人們心裡的預期中，將導致他們在工作執行中疏於積極的將其尋找出來。

破解迷思可以這麼做

・為避免此種認知型的偏誤，可以在團體討論時，將每種見解的論據以清單的形式記錄下來。

・承認過去採取某種見解的理由或依據，並思考是否存在相反的動機。

・引進外部人士來為團隊介紹不同於現有認知的其他見解，提供團隊成員嶄新的觀點或尋找新洞見的動機。

▌迷思5：深信自己的預測能力▐

　　在商業的經營上，領導人及其團隊容易高估自己對於事件的預測能力。面對事件的發生，太過於著重自己關於過去曾發生過的戲劇性事件或資料上的記憶。此外，人們對於「平均值」有著不可理喻的信任。

▌事實是

・股市的漲跌可以預測嗎？經過實驗，有些時候，連猴子的預測結果都會比股市專家來得準確。

・新聞報導出現鯊魚咬死人的事件，經常造成人們恐慌。事實上，這類事件發生的機率可能遠比社會裡一般原因的死亡事件還低。

・曾經，有一位統計專家在徒步涉水渡河時淹死了，當時，他告訴旁人，他估計那條河的水深「平均」是一公尺。

▌破解迷思可以這麼做

・**排除過於自信的現象**：可以取用極端的例子作為阻擋團隊過度的自信，並且設下討論的範圍，藉此來估算價值判斷的變動幅度。

・**跳出回憶的陷阱**：花時間找出該事件的資料或事實，讓思考及推論奠基於客觀的基礎上。

· 不要迷信平均值：在討論或分析的過程中，盡量使用多種來源或平均值以外的資料，而不是依靠單一數字作為判斷的依據。

迷思6：避免盲從不敢犯錯的團體迷思

通常，組織的策略思考和策略規劃是在集體參與的環境中完成。當一群同樣背景的人在沒有太多外界資訊，並且承受著要與團體的思考和決定一致的高度壓力時，很容易壓垮那些嘗試進行客觀思考或想要提出異議的少數成員。這種常見的情境就是團體迷思（Groupthink）偏誤。

事實是

· 外科醫生因為有程序上及情感上的難處，所以不允許幫自己或親人動手術。
· 有些企業會援用外界資源來主持策略研討會，想經由局外人的觀點，客觀地質疑與會者的反應，以消弭團體迷思的影響或避免陷入群眾盲目的結果。

破解迷思可以這麼做

· 在會議討論前可以指派團隊中的一位成員擔任提出異議的角色，在團體討論時，他／她負責採取與大多數人相反的立場（注2）。
· 主動利用外界的資源以確保有客觀的事實，並獲得不同的觀點或意見。
· 在策略研討會時，邀請其他部門的人列席，例如：邀請行銷、研發、IT、人事，目的在經由列席者提供團隊全新的觀點。

迷思7：光環效應

在進行策略思考時，一般人習慣性地會根據對整體的初步印象來得出某些特定的結論。這種以偏概全的認知偏差將會造成嚴重的決策風險，光環效應（Halo Effect）又譯為暈輪效應、月暈效應。

事實是

· 經理人想要仿效某些成功公司的部分組成要素（例如：該成功公司的組織架構、領導方式、經營策略、變革手段等），卻不清楚這些所謂的成功要素，是否真的與該公司的成功明確存在著關聯性。

· 由於來自書籍或商業雜誌的大量報導，導致許多人對某些成功企業或知名領導人產生盲目的崇拜而不自知。

· 有些經理人習慣將自己過去獲致成功的手段直接應用在當前面臨的新挑戰上，即使前後事件的所處環境、情勢與成因並不相同。

破解迷思可以這麼做

· 應謹慎地評估所使用的資料來源，充分瞭解個人或團隊存在認知偏差的程度。

· 善用視覺化的圖表或工具，系統性地來展示所涉及到的觀察或問題，以便確認出可能的原因、結果，以及非預期性的後果。

· 在面對重要決策並提出行動建議前，多花點時間瞭解事件背景或問題發展的環境情勢，並且回想策略思考的過程及當時的處理原則。

迷思8：保持現況、一動不如一靜

　　東西沒壞就別修。人類習於趨吉避凶，因此討厭冒險。因為，一旦離開安全的現況就會暴露在風險中，有可能招致失敗。所以，人們總是滿足於現況，覺得一動不如一靜，但不幸的是，有時現況反而會是最差的選項。

事實是

· 據研究，人們在獲益時偏好規避風險；在損失時則偏好追求風險。規避風險的行為常常發生在人們優先選擇確定的結果，而不是那個相對較多報酬的賭局中。

- 一般而言，損失的威脅對決策的影響，大於可獲得等價收益的機會。例如：賭局#1確定可獲得800元收益，賭局#2則有85%的機率可得到1,000元收益以及有15%的機會一分錢未得。猜猜看，一般人們的選擇會是哪一個賭局？

（多數人會偏向於收益確定但回報率較低的賭局#1）

▋破解迷思可以這麼做

- 將團隊的注意力集中在想要獲得的結果，並以此作為衡量現況和其他選項的標準。

- 仔細討論及檢視放棄現況需要的實際改變，有時，團隊會發現，現實可能不如大家想像中的那麼痛苦。

- 花時間探索現況以外的一系列選項，完整地列出所有可能的行動方案，以及伴隨著該方案而來的好處，將有助於跳出現況的思維。

▋迷思9：沉沒成本效應，反正頭都已洗下去了 ▋

　　人們傾向於為先前的決定辯護，即使在面對新的處境已站不住腳。理性看待人們顧及沉沒成本（Sunk Cost）的原因，是他們不想被別人認為太浪費。在組織通常的價值認知裡，抵制浪費的原則是一種好原則。

▋事實是

- 賭徒在損失大量賭金的賭局中，絕大部分的決定，會是加碼試圖扳回，而不是設定停損止賠退出。

- 當一間企業的組織文化會懲罰犯錯時，縱使執行中的投資計劃已明顯無用，經理人仍會持續原規劃中的投資作為。因為，只要投資計劃沒有終止，就可避免令人難以面對的檢討及批判。

- 在管理實務上，沉沒成本與決策的制定應該毫不相關。

· 卡內基美隆大學商學院行銷學助理教授克里斯多福・奧利沃拉（Christopher Y. Olivola）在知名期刊 *Psychological Science* 關於沉沒成本的研究：「愛情是個經典例子。你們在一起愈久，分手愈困難。」

▋破解迷思可以這麼做

· **利用新的檢驗法**：從今天開始，不考慮過去的決策，集中心思想想往後要如何充分利用資源？

· 邀請局外人對既有決策及後續較佳的策略選項提出見解與意見。

· 花時間評價目前組織內關於決策制定的文化與環境互動的類型，是有助於承認過錯後繼續向前的文化？還是一種會引導人們「不計一切代價堅持到底」，成為沉沒成本謬誤的幫兇呢？

　　策略思考能力是一段永不終止的旅程，值得我們花上一輩子去修煉。重要的是組織要能夠面對挑戰、洞察出未來的變化，這需要群體的智慧及洞察力。希望本篇文章所列出的九個迷思，能為各位讀者及您的組織，在養成及提升策略思考的旅程中，提早發現及避開這些陷阱，讓策略思考成為個人及組織的持久核心競爭力。

注釋

▶ 注1：原文〈破解戰略思考的九大迷思〉刊登於「經營洞察力論壇」2021-11-10。

▶ 注2：與此相同的概念有「第十人法則」或「惡魔擁護者」。相傳在猶太社會中，面對重大事項的討論，當第一個人因為主觀因素認為一件事是對的，第二個人沿著相同的思考也得到相同的看法，到第九個人也是持著相同看法時，第十個人（惡魔擁護者）就必須要提出反面的意見，指出其中存在的矛盾與不合理之處。在好萊塢電影《末日之戰》（*World War Z*）便呈現出這個情節。

　　完成本文的閱讀，不妨再多花幾分鐘深入思考下面的問題以提升您的洞察力：

1. 本篇文章列出了策略思考常見的迷思，建議和您的團隊一起，一一的檢視您目前所在的組織，是否存在著這些迷思？請分享觀察所得，以及可能的成因。

2. 所謂「好的策略要有獨特性」，綜合本篇文章的觀點，是否有助您理解為何有許多企業因為無法跳出策略現況或陷入從眾心理，以致於欲求好策略卻不可得？請分享您的心得。

3. 關於「沉沒成本效應」的這種決策或思考模式，許多組織大至策略分析，小至部門管理，其實都會出現這種現象，建議您花點時間檢視一下您的部門與作業流程，是否存在著這種看似理所當然卻不合理的辦法或審查原則？如果答案是肯定的，是否有什麼樣的改善作為可以分享給組織的領導決策層呢？

note

PART 3

策略分析前的
重要課題

「您可以為任何東西定位，一個人、一樣產品、一位政治人物，甚至是一家公司。」

——賴茲 & 屈特（Al Ries & Jack Trout，《定位》）

八、淺談策略定位

　　「定位」的概念其實在策略及行銷領域早已被運用多時，但是，真正被用於市場行銷與策略管理的領域裡，是由艾爾‧賴茲（Al Ries）及傑克‧屈特（Jack Trout）兩位行銷策略專家，於1982年所出版的暢銷名著《攻心：定位策略》（*Positioning: The Battle for Your Mind*），使「定位」成為市場行銷的專用語彙，「定位」的英文字是「Positioning」，既可視作動詞，也可視作名詞，具有較豐富的內涵。

　　我們較常聽到「定位」或「定位策略」的探討及觀念，大多是在市場行銷的相關書籍中，例如：「品牌定位」、「產品定位」、「競爭定位」等行銷策略的討論中。其中，最有名的定位理論的應用，就屬源自於溫德爾‧史密斯（Wendell R. Smith），於1956年所提出，而由現代行銷學之父菲利浦‧科特勒（Philip Kotler）所發展及完善的「STP法則」（Segmentation-Targeting-Positioning），以及與之搭配，源自於傑羅姆‧麥卡錫（E. Jerome McCarthy，1960），著名的「4P行銷組合經典模型」（Product、Price、Place、Promotion）。定位策略能夠協助我們完善組織策略分析的工作。本篇文章就要和各位一起聊聊「定位」，以及與其相關的各種觀念與話題。

┃STP法則與4P行銷策略┃

　　科特勒所發展的STP法則，其核心內容摘要如下：

1. **市場區隔（Market Segmentation）**：又可稱為「市場細分」，係指整個市場必須隨著消費者的需要、行為、習慣等差異，由消費者的角度，分類為不同的細分市場（Segment，或稱「子市場」）。例如：星巴克依據消費者的行為，將潛在客戶劃分為經常享用的咖啡愛好者、有時會喝咖啡的消費者，以及從不喝咖啡或偶而為之的傳統消費者等三大類。

2. **目標市場選擇（Market Targeting）**：通過市場區隔的分析後，我們再從中選擇自己與市場相對應的產品或服務，並挑選可以滿足消費者需求的一個或幾個細分市場。例如：星巴克在中國市場，優先選擇了沿海及經濟發達地區（地理類別）的18～55歲、願意與時俱進、有生活品味、追求自我個性展現的高等教育人群（人口、心理類別）為當初進入中國所選擇的目標市場。

3. **市場定位（Market Positioning）**：分析目前手中的資源，依據消費者在乎的產品／服務屬性（Attributes），比較競爭對手、評估自身在市場中的位置，用以找出最具優勢的部分，並以「一句話」來說明產品或品牌和競爭對手之間的區隔及差異，這個過程稱之為「定位」。例如：星巴克在中國的市場定位為「精品咖啡專賣店」，品牌的定位為「消費者在辦公室及住家以外的第三空間最佳選擇」（如圖3.1）。

圖3.1　星巴克在中國市場的定位分析

科特勒認為，企業完成市場定位分析後，可以根據產品（Product，例如：星巴克中國除了主打咖啡飲品，店內還提供特色音樂以及咖啡相關用品的產品組合策略）、價格（Price，例如：星巴克中國以白領階層及都會成年人均可負擔得起的奢侈品來定價）、通路（Place，例如：星巴克中國選擇目標客戶流量大、能夠直接引起注意，而且符合精品消費的商業區地段展店）、推廣（Promotion，例如：星巴克中國偏好採用發售熟客券、會員卡，不選擇大眾媒體廣告，並且積極參與慈善事業以提升企業形象的方式）。4P策略又稱為行銷組合策略（MM：Marketing Mix），是將STP分析結果，具體化市場定位的行銷手段。成功關鍵在於企業所定義的市場定位是否符合獨特性原則，而達到讓目標消費者認同並願意選擇的溝通效果。

經由前面星巴克中國的STP分析，我們應該更要瞭解，在行銷實務上，一個好的品牌定位不容易被定義及落實，因為，企業必須在品牌及產品的特性、提供給消費者的好處、策略的獨特性上，能夠有效的和消費者溝通，不用貪多，但要發揮創意，並且這個組合策略必須難以被競爭對手模仿。

科特勒也提及：「沒有一種定位是永遠適用的，隨著顧客、競爭對手、科技及經濟的變化，企業必須重新評估其主要品牌的市場定位。」這也說明，品牌或產品的定位分析是一種動態的工作，必須因應環境的變化而適時的調整，才得以應付多變的市場考驗。

▍定位在策略分析的早期應用▍

在經營策略的實務領域裡，定位的概念也被廣泛地應用。一般而言，「策略定位」（Strategic Positioning）的分析對象，通常為一個事業（Business）或事業部（BU：Business Unit），經由「策略定位」的分析與定義，組織可以進一步完善策略規劃的作業，引領組織實現願景與中長期的突破性目標。

對於多事業／多產品線的集團或企業而言，「波士頓矩陣」（BCG Matrix）就是一個「策略定位」的應用。波士頓顧問公司（BCG）於1969年所

提出的「成長與市占率矩陣」（又稱作PPM：Product Portfolio Management），
對集團內的多個事業／產品線，經由相對市占率與市場成長率所構成的一個簡
單的2×2矩陣，定義出個別事業／產品線是位於「明星事業」（Stars，高成
長率／高市占率，具有相當大的成長潛力，值得加碼投資）、「金牛事業」
（Cash Cows，低成長率／高市占率，著重現金回收並減少投資）、「問題事
業」（Question Marks，高成長率／低市占率，必須進一步分析是否需要提高
風險投資），或是「落水狗事業」（Dogs，低成長率／低市占率，可以考慮撤
資或退出策略）（如圖3.2）。

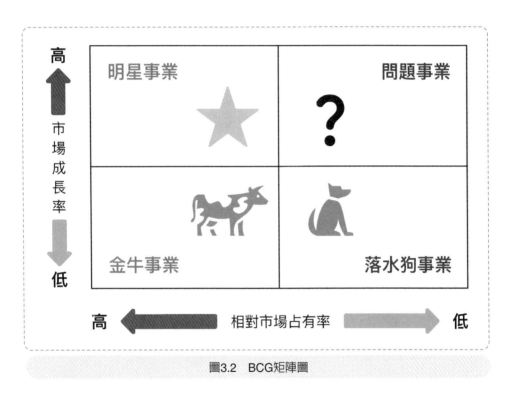

圖3.2　BCG矩陣圖

　　BCG矩陣透過兩個維度，可以將集團所擁有的多個事業體／產品線，定義
出一個清楚的相對定位，集團再參考每個事業體的定位及所建議的策略方向，
進行相對應的策略分析。由於它簡單易懂，當BCG矩陣一面世，便得到當時許
多集團企業的採用。

與BCG矩陣類似的定位型策略分析工具，還有著名的GE矩陣（GE Matrix 或Mckinsey Matrix，又稱作麥肯錫矩陣。一個以市場吸引力及競爭地位所構成的3×3矩陣，如圖3.3）、安索夫矩陣（Ansoff Matrix，一個由產業生命週期及市場競爭地位所構成的5×4矩陣，可以參考〈經營策略之父安索夫和他的武功大法〉一文）等，分析的對象都是事業／產品線，於完成定位分析後，企業策略分析團隊再依據這些策略工具所建議的策略方向，發想出合適的策略選項（Strategic Options）。請注意，經由眾多策略分析工具所得出的結果，不可直接視為明確的事業投資策略。上述工具都是「策略定位」概念較早期的應用。

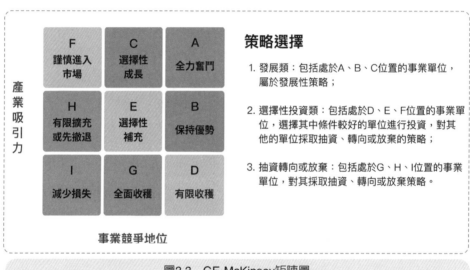

圖3.3　GE-McKinsey矩陣圖

▍波特的策略定位主張 ▍

前面的「策略定位」分析，均適用於企業對於多個事業／多產品線的投資或發展策略，至於單一事業體本身的策略規劃，則有競爭策略之父麥可・波特（Michael E. Porter）於上世紀80年代所提出，基於「策略定位」的一套完整策略分析架構，已成為數十年來企業進行策略規劃與分析的主要模式。

波特在他所建構的競爭策略理論體系中，認爲企業的競爭策略必須具備三個要件，分別是：⑴所處市場的定位分析（策略定位）；⑵差異化及競爭優勢的選擇；⑶與競爭對手間的競爭情勢分析。其中，策略定位的分析工作可以幫助企業重新規劃新的定位（包括在既有市場或是進入新的市場）、擬定組織的發展目標、選擇合適的運營模式。

一個合理的策略定位分析結果，將會帶領組織成員透過不同的思維，有效的創造出具競爭力的價值主張（Value Proposition）與獨特性的策略。策略定位的重要性，參考以下「臺鹽」的案例可以容易的理解。

「臺鹽」成立於1952年，原本是一間以生產海鹽爲主要產品的國營企業，當初的名字是「臺灣製鹽總廠」，簡稱「臺鹽」。「臺鹽」曾經有著一段輝煌的歷史，只不過，隨著時代的變遷，「臺鹽」的海鹽產量與生產成本無法與外來的產品競爭，當政府開放鹽類產品進口，很快的，「臺鹽」失去它的競爭力，並且虧損連連。

1993年，新任董事長就任，即帶領公司高管進行組織轉型工程，思考公司未來的經營方向。經過內外部環境分析，均認爲生產海鹽已無競爭力，雖然「臺鹽」擁有許多臺灣周邊靠海的鹽場，卻不能轉爲他用或是土地開發。然而，當董事長提到，「臺鹽」有著那麼多年的海鹽製造經驗，熟悉海洋資源的應用，爲何不能開發海洋深層水，或是提煉海藻的膠原蛋白，生產高經濟價值的產品？很快的，許多高管提出反對聲音，因爲公司名稱是「臺灣製鹽總廠」，當然是要經營與海鹽有關的事業！事業定位限制了組織成員的思維可見一般。

好消息是，董事長提出把公司改名爲「臺鹽實業股份有限公司」，仍然簡稱「臺鹽」，公司的定位可以改變爲「海洋相關實業」。沒想到，這個小改變一舉轉變了大家的思維。公司在1995年完成改制，如今的「臺鹽」，不僅開發出許多海洋深層水相關產品，也推出了廣受女士喜愛的面膜。接著，「臺鹽」運用海洋的專業知識與經驗，踏入生物科技產業，甚至經營「臺灣鹽業博物館」，讓企業的營業額年年成長。

參考「臺鹽」的例子，也可以理解當初美國鐵路業者（固守原來「鐵路運輸」的定位）為何無法與新興起的高速公路競爭，以及，亞馬遜（Amazon）為何可以由網路書店跨入到網路商店（它的新定位是「網路世界最大的商店」）。策略定位不是固定不變，而是應該隨著經營環境的變化，以及本身能力的調整，進行策略定位的創新。

▌策略定位三構面▐

波特認為，企業在經營的工作上，必須要先界定它到底是一間什麼樣的公司？目前是處於哪一個產業？然後才能在產業中找出合適的定位。企業可以經由下列三個構面去思考策略定位（如圖3.4）：

1. **以產品種類為基礎**：思考策略定位時，以某種單一的產品或服務為主，而不是根據企業選擇了哪些顧客群來作定位。例如：趨勢科技（Trend Micro）由於有暢銷的PC-Cillin防毒軟體，企業就定位為「全球最專業的網路防毒品牌」。

2. **以需求為基礎**：係指服務特定的顧客群，以滿足他們所有或大部分的需求為主要目的。例如：寶僑（Procter & Gamble）將知名品牌海倫仙度絲（head & shoulders）所屬的洗髮精事業，定位為「治療頭皮屑的專家」。

3. **以接觸方式為基礎**：藉由不同的接觸管道來區隔顧客，對不同的顧客群採不同的方式來接觸。例如：許多企業針對線上銷售及實體店面銷售設計不同的產品及營業模式，又稱為「線上線下整合」（O2O：Online to Offline）策略。

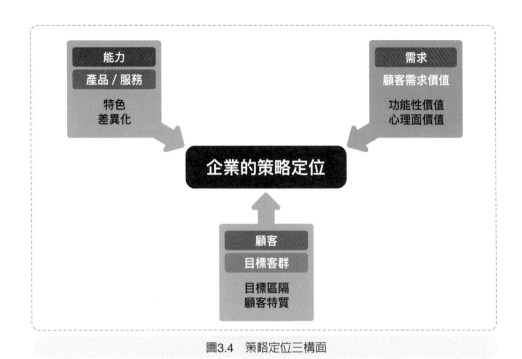

圖3.4　策略定位三構面

　　策略定位的關鍵在於差異化，因此，關於產業的定義、範圍與命名並不需隨眾起舞，因為它並沒有標準化的答案。企業必須自己發揮創意及策略思維，給出符合企業經營所需的答案。

　　波特非常重視策略定位，他認為，經營策略的目的在於讓企業提高獲利，因此，企業必須⑴選擇可以獲利的市場；⑵和競爭對手相比，要鎖定可以獲利的位置，否則，付出再多的努力也只是白費。企業發展出好策略的第一要件，就是決定企業的策略定位。在選擇了想要的策略定位後，發展出好策略的第二要件就是掌握差異化（或獨特性）的原則去發展策略，也就是，企業必須要與競爭對手在策略的選擇及營運的活動上有所區別，就算定位正確，如果和競爭對手在經營策略上沒有差異，競爭將會日趨激烈，掉入「策略同質化」（Strategy Convergence）的陷阱，以至於無利可圖（注2）。

┃是定位（Positioning）還是位置（Position）┃

　　科特勒所發展的STP法則，是從市場行銷策略的角度出發，主要的分析對象是企業的產品或品牌，其中的定位分析，著重在產品與品牌在市場（Market）競爭地位的選擇，對於所選擇的品牌定位或產品定位，必須符合獨特性的原則。當然，科特勒和賴茲＆屈特所提及的「定位」（Positioning）觀念，其應用並不會局限在品牌及產品的行銷分析工作上。

　　至於GE矩陣、BCG矩陣及安索夫矩陣這些策略分析工具，所分析的對象是集團所擁有來自相同及不同產業的事業／產品線，藉由簡單明瞭的策略分析工具，確認出這些事業／產品線在分析矩陣上的「位置」（Position），再依據分析工具所提供的參考策略，對這些事業／產品線的未來發展，規劃出集團／企業的整體策略。

　　競爭策略大師波特是經濟學博士，他從產業分析的角度切入，針對某一個定義明確的事業／產品線，分析其所處的產業（Industry），定義出該事業／產品線具備競爭優勢的地位，這個地位必須符合獨特性的原則，該事業或企業再依此策略定位，進行策略選擇並設計出可與之搭配的組織活動體系，波特稱這個爲策略適配（Strategic Fit）。由此觀之，波特的競爭策略體系其實非常的完整且龐大，其中，「策略定位」居於一個關鍵的位置。

注釋

▶ 注1：原文〈淺談戰略定位〉刊登於「經營洞察力論壇」2019-01-30。

▶ 注2：又稱爲策略趨同。由於產業激烈的競爭環境，導致企業在規劃策略時，或許是決策層的從眾心理；或是盲目的複製標竿學習的對象；或是面對環境的不確定性而投機取巧；亦或是迎合投資者而選擇眾望所歸的策略，無論何者，都會造成企業的經營策略喪失創新性與獨特性，更加激化行業內的競爭態勢。這種反復循環的結果，將削弱行業的平均利潤率，隨之而來就是殘酷的優勝劣敗。

完成本文的閱讀，不妨再多花幾分鐘深入思考下面的問題以提升您的洞察力：

1. 策略定位與SWOT／TOWS分析密切相關，企業在進行策略規劃作業時，究竟是要先完成SWOT／TOWS分析再進行策略定位，還是反過來，先完成策略定位才能進行SWOT／TOWS分析呢？請分享您的洞見。

2. 參考星巴克的案例，可否就2018年星巴克在中國市場開展外送服務的這項策略行動，試著分析當時星巴克的市場定位有哪些調整？

3. 定位的工作僅適用於企業的經營嗎？可否用於個人的職涯或個人事業的發展上？請花點時間思考這個問題。

九、「價值主張」的本質與實務

　　許多人可能都聽說過「價值主張」，有的人是來自商管書籍的閱讀，有的人是在與市場、品牌、創新、經營策略相關的工作或學習的環境中，聽過「價值主張」這個專業術語。不過，我們真的理解「價值主張」的內涵嗎？懂得如何正確地運用嗎？在進一步的探討「價值主張」的概念前，各位可以先思考一下，我們對「價值主張」是否存在著以下的疑問？

　　「價值主張就是指企業所提供的產品或服務嗎？」

　　「如果價值主張就是產品或服務的代名詞，它又是如何主張價值呢？」

　　「價值主張中的價值，究竟該由誰來定義才作數呢？」

　　「價值主張應該理解成一句話、一張價值清單、還是一份作業呢？」

　　「價值主張的分析與界定，對於我們的事業策略有什麼樣的影響呢？」

　　如果您心中關於「價值主張」存在著前述的任一個問題，相信本篇文章能幫助各位解開心中的疑惑。

▎定義「價值主張」▎

　　「價值主張」譯自「Value Proposition」。據說，價值主張（VP）一詞是由麥肯錫（McKinsey）的兩位顧問麥可・蘭寧（Michael J. Lanning）及艾德華・麥可斯（Edward G. Michaels）於1988年所寫的一篇公司內部文章〈企業是價值傳遞系統〉（A business is a value delivery system）所提出。在該篇文章中，他們將「價值主張」定義為「一份清晰、簡單的聲明，說明公司將會提供哪些有形及無形的利益給顧客，以及將向每位顧客群體收取關於這些收益的大

致價格」。由這個定義可知，價值主張作爲一種聲明，明確地確定顧客從供應商處購買特定產品或服務將獲得哪些好處。

參考維基百科（Wikipedia）內容：「價值主張是指個人或企業對於提供的產品或服務能爲顧客作出的承諾價值，這種承諾價值必須建立在滿足顧客或潛在顧客需求上，並達到個人或企業獲利的目的。除此之外，提出價值主張的用意，在於檢視或分析個人或企業對於收益（Benefits）、成本（Cost）及顧客價值（Customer Value）之間的變化情形。」

也有研究認爲，公司的價值主張至少要包括下列三個重點：

1. 你的產品或服務如何解決／改進問題？

2. 顧客期望的好處？

3. 爲什麼顧客應該從你那裡而不是你的競爭對手購買產品或服務？

經由前述三個問題的探討，我們可以瞭解，一個適當定義的價值主張，應該可以告訴目前及潛在的顧客，爲什麼他們應該與你而不是你的競爭對手做生意？並從一開始就揭示你的產品或服務。

許多企業會將他們所提供的產品或服務的價值主張寫成一份簡短有力的「價值主張宣言」（Value Proposition Statement），並且把它張貼在網頁上和顧客溝通，例如：

谷歌雲端硬碟（Google Drive）：「無論身在何處，都能立即存取檔案」

Spotify "Music for everyone"

──摘錄自Google及Spotify官方網站

▌顧客價值主張（CVP）▌

　　由於價值主張的重要性，如今已經被許多領域的專家廣泛運用，包括策略、行銷、創新，因此，似乎不存在一個唯一且具權威的定義。不過，我們還是可以透過反向結論的角度來界定價值主張的輪廓。我們可以說：

「價值主張不是單純的一組產品或服務」

「價值主張不只是一組價值清單」

「價值主張不是由產品及服務提供者來定義」

　　在有些場合或書籍中，價值主張又被稱作「顧客價值主張」（Customer Value Proposition，簡稱CVP），顧名思義，價值主張分析的源頭始自顧客。價值主張的概念亦源自於「價格―價值模型（Price-Value Model）」（如圖3.5），由這個模型，我們可以推論得知：

「顧客價值＝效益／成本（包含風險）」

　　圖3.5中的產品B較產品A的價格較低，然而，產品B較產品A在顧客心目中有著較高的價值，這代表著，產品B較產品A具有較高的顧客價值，所有價值主張分析（CVP）的工作也是基於這個概念在進行。

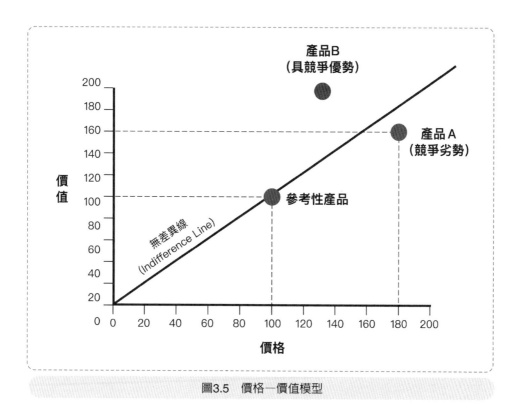

圖3.5　價格─價值模型

在企業替其產品／服務創建顧客價值主張的工作時，我們可以參考保羅·菲菲爾德（Paul Fifield）所提出的六個關鍵提問，來幫助我們進行這項工作：

1. 誰是我們的目標顧客？（定義顧客群體）

2. 這些目標顧客存在著什麼樣的需求沒有被滿足或是有什麼樣的問題沒有被解決？（Jobs-To-Be-Done，注2）

3. 關於那些需求或問題的情境描述（消費行為／時機／地點／情感／情緒）？

4. 顧客將會如何使用這些產品或服務？

5. 我們所提供的產品或服務具有獨特性嗎？（USP：Unique Sales Points，獨特銷售點）

6. 為何顧客偏好我們而不是競爭對手呢？

┃商業模式與價值主張┃

現在的商管理論與實務領域中，最常運用價值主張（VP）或顧客價值主張（CVP）的領域就屬創新的相關工作，其中，又以商業模式（Business Model）創新或設計更為人所知。因此，接下來就以商業模式創新如何進行價值主張分析為範圍進行探討。

談到商業模式創新，大家一定對亞歷山大‧奧斯瓦爾德（Alexander Osterwalder，以下稱「奧氏」）的《獲利世代》（*Business Model Generation*）這本大作不會陌生。在《獲利世代》這本書中，奧氏提出「商業模式圖」（Business Model Canvas）作為商業模式的思考、建構、分析、創新的核心，經典的商業模式圖（如圖3.6）共有九個要素，它們依序是：

1. **顧客細分（CN）**：定義所面向的顧客群組並分析其需求。

2. **價值主張（VP）**：透過什麼產品和服務，用以解決顧客的問題並滿足其需求？

3. **通路（CD）**：如何與目標顧客（TA：Target Audience）交流，以傳遞價值？

4. **顧客體驗（顧客關係，CX）**：敘述組織與特定的顧客之間是什麼樣的關係？

5. **收入流（R$）**：敘述組織自目標顧客（TA）獲得的收入。

6. **核心資源（KR）**：敘述為了執行商業模式所需要的資產，包括實體資產以及非實體資產，如人力資源等。

7. **主要活動（KA）**：敘述能夠不斷創造價值，並提供給顧客的重要活動。

8. **重要合作夥伴（KP）**：敘述對組織的活動而言至關重要的外部合作夥伴，如供應商、策略聯盟……。

9. **成本結構（C$）**：敘述事業在營運時將會產生的必要成本。

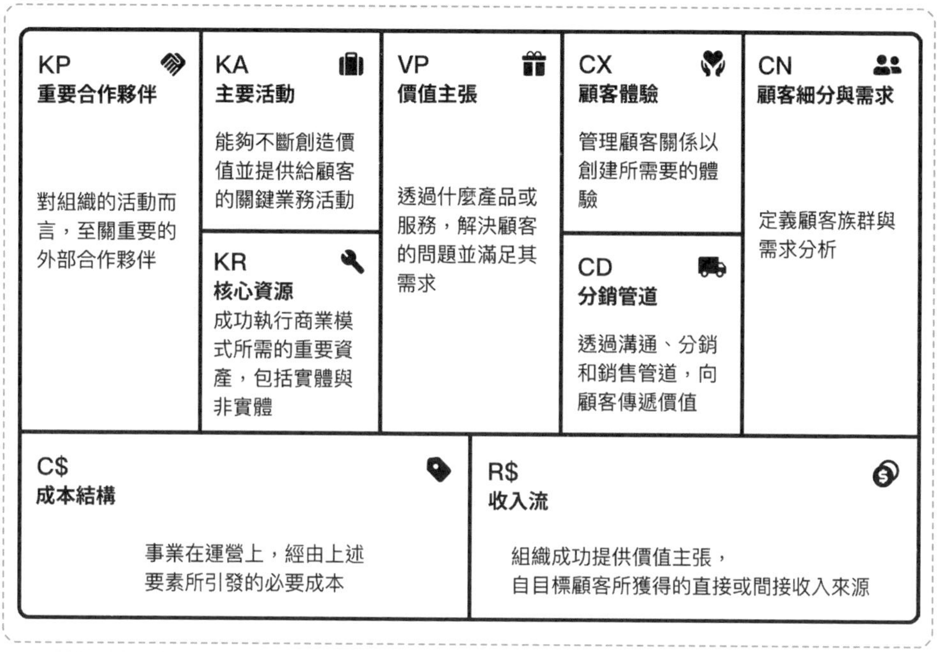

圖3.6 商業模式圖（Business Model Canvas）

　　透過上述九個要素的分析，商業模式的設計者可以做到：

1. 研究現有的商業模式或是分析一個新的情境。

2. 找出價值缺口及創新的機會。

3. 設計新的商業模式。

4. 模擬與評估商業模式原型（Prototype）的實施。

5. 管理及修訂新的商業模式。

　　在商業模式創新的過程中，價值主張分析扮演了一個非常重要的角色，為了避免許多讀者誤解價值主張僅是單純的產品或服務，因此，奧氏又出版了一本《價值主張年代》（*Value Proposition Design*），專門來解釋及說明價值主張的分析與設計工作。在《價值主張年代》這本書，奧氏提出了「價值主張圖」（Value Proposition Canvas），藉以進一步的闡述價值主張的本質。有興趣的

讀者可以閱讀這本書，本篇文章旨在強化如何理解價值主張，幫助各位明瞭價值主張的核心意義，以及正確的進行價值主張分析。

▌如何掌握價值主張圖▌

關於如何在進行商業模式創新前，有效的完成價值主張分析，則可以善用奧氏所提出的價值主張圖（樣稿如圖3.7），在實務上，各位可以基於以下八個重點，進行價值主張圖的製作與分析作業：

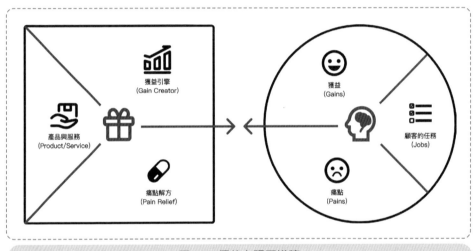

圖3.7　價值主張圖樣稿

首先，參考圖3.7，奧氏的價值主張圖包含了右側的顧客素描（Customer Profile）和左側的價值地圖（Value Map），價值主張圖就是商業模式分析中的顧客細分（CN）與價值主張（VP）兩個要素的綜合分析。由奧氏的價值主張圖可以瞭解，在進行商業模式設計時，價值主張絕不等於產品或服務本身，也絕不只是一系列的價值清單，它必須要和顧客需求分析一起進行。這符合我們關於價值主張的定義，也是企業在進行價值主張分析時的重要認知。

第二點，在進行分析作業時，必須要先定義我們的目標顧客（TA），然而，在商業模式設計時的顧客細分，不應局限於傳統人口學的觀點（以年

齡、性別、收入、地區等的分類），建議基於克雷頓‧克里斯汀生（Clayton M. Christensen）所提出的JTBD（Jobs-To-Be-Done）觀點，這是由顧客需求（Needs）所啓動的顧客細分，也能呼應顧客素描作業的操作。

第三點，在完成顧客素描的作業時，其中的「顧客任務」（Customer Jobs），其概念就是「顧客想要完成的任務」或是「想要解決的核心問題」，也就是顧客的JTBD。例如：用於家門口的割草機，其種類因功能而有上百種的選擇，自最便宜的款式到最高級的全自動割草機，如果由JTBD的觀點來分析，它們的核心用途不就是「想要保持庭院裡的草坪在想要的高度」這個JTBD嗎？拿鐮刀、基因科技下永不長高的草似乎也可以實現，不一定非得要割草機。由此觀點，企業所提供的產品或服務，或是我們所謂的問題解決方案，只有在幫助顧客完成他「想要完成的任務（JTBD）」的基礎上，才是有意義的。當我們能眞正的定義出顧客的JTBD後，後續的價值主張分析與產品／服務的創新工作才能有重點。

第四點，進行JTBD分析時，我們可以利用「5個爲什麼（5 Whys）」的方法去深入挖掘出眞正的顧客需求或核心的JTBD。在最常被識別出的功能性任務（Functional Jobs，指的是當顧客使用我們所提供的產品或服務時，顧客可以運用其核心功能所具體解決的問題點，例如：使用割草機可以完成的「割草」任務）之外，還可以考慮不同層面的JTBD，例如：社交性任務（Social Jobs，顧客在使用我們所提供的產品或服務時，希望別人如何看待自己，例如：當某位女士提著一只LV皮包所想要展現的個人形象）、個人感受性任務（Personal Jobs，顧客在使用我們所提供的產品或服務時，他們個人所得到的感受，例如：早晨刷完牙後的口腔可以吐露清新的味道爲人所喜）、或是輔助性任務（Ancillary Jobs，顧客在購買或消費產品／服務的過程中，同時想要完成的任務，例如：產品消費完成後需要處置不用的產品或包裝）。雖然，我們大部分的時候是以功能性任務爲主，然而，如果更進一步的就其他類別的待完成任務（JTBD）進行分析，有時也能爲我們帶來意想不到的洞見。

第五點，完成顧客素描的作業時，除了JTBD，其實還包括目標顧客（TA）在使用目前的產品時，期望獲得的利益或好處（Gains），奧氏在書中提到四種類型的獲益（包括：必要的、預期的、渴求的、意料之外），我們可以套用在著名的狩野模型（Kano Model，如圖3.8）來理解顧客所期望的獲益，及他們要被處理的優先程度。例如：被歸類到「必要的」的顧客期望獲益，就落在狩野圖的「基本的」（Basic）這條曲線，代表此類需求若未能被滿足，將會造成顧客的不滿意；而被歸類到「預期的」獲益類別，可用狩野圖的「績效好的」（Performance）這條直線解釋，代表這些獲益的滿足程度，將決定我們與對手的競爭結果；至於被分類到「意料之外」的獲益類別，也就是落在狩野圖「愉悅的」（Excitement或Delight）這條曲線，代表這類獲益可能會讓顧客感到意想不到的滿意，但也不是最優先要被滿足的期望獲益（因為若未被實現只會讓顧客沒有感到滿意而已）。

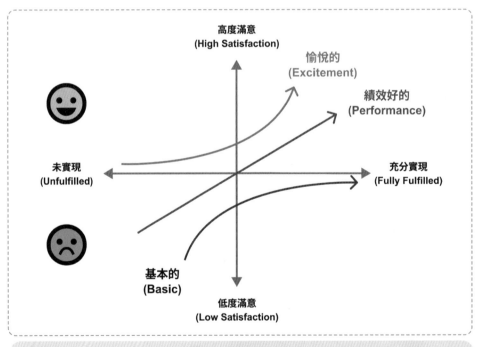

圖3.8　Kano Model

第六點，關於痛點（Pains），就比較容易理解，那就是顧客在使用既有產品或服務時，所造成的不便、其他損失、或是壞處。例如：採用燃燒蠟燭來解決照明（JTBD）的問題時，可能會帶來二氧化碳（影響健康）、使用時間太短（造成替換成本高、不方便）、亮度不足等痛點。這也是一種針對產品或服務的使用結果（Outcomes）分析。通常，瞭解顧客的痛處，會是我們在進行產品或服務創新的點子來源。

第七點，完成顧客素描分析後，即可著手進行價值主張圖的繪製，相較於顧客素描圖，價值主張圖就比較簡單，包括企業想要提供的產品或服務（現有的，或是新設計的）、這些產品或服務可以給顧客帶來或創造出哪些好處（獲益引擎Gain Creators），以及可以幫助顧客解除哪些痛點（痛點解方Pain Relivers）？重點是：⑴不要想著你的產品或服務可以一次滿足所有的顧客期望獲益或是解除所有的顧客痛點；⑵價值主張圖所分析出來的「獲益引擎」或「痛點解方」僅是價值主張分析中的一環，而非價值主張圖的全部範圍；⑶如果是創新的產品或服務，價值主張圖分析可以優先於顧客素描的分析工作。

第八點，完成價值主張圖的左右兩邊分析後，必須要進行「價值適配（Fit）」的比對與分析，才能識別出企業的產品或服務可以為顧客帶來的價值。此時，我們必須思考：⑴所識別出的價值是否具備獨特性；⑵我們所主張的價值及所具備的能力，是否有足夠的理由吸引顧客拋棄競爭對手而選擇我們的解決方案（產品或服務）；⑶完成價值主張圖及價值適配分析後，必須要再回到商業模式圖，由整體商業模式的觀點來檢視價值主張的結果與價值（如圖3.9）。

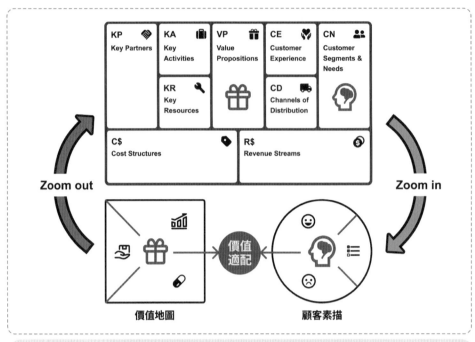

　　奧氏的商業模式圖，因為其完整性，已成為許多人在進行商業模式設計與創新的工作時的主要作業依據。其中的關鍵，就是價值主張分析的完整性，希望本文所整理出來的八個重點，能夠幫助各位掌握價值主張分析的工作。

▍精實畫布與價值主張分析 ▍

　　各位如果想要更進一步的理解價值主張分析的核心，可以參考由艾許‧莫瑞亞（Ash Maurya）在《精實執行》（*Running lean*）針對新創公司團隊所設計的精實創業畫布（Lean Startup Canvas），又稱為新創公司策略畫布（Startup Strategy Canvas）。由於莫瑞亞的精實創業畫布專注於新創公司（組織規模小、不完整），因此，更容易聚焦在價值主張的分析作為。

　　精實創業畫布（如圖3.10）也是九個要素，但與奧氏商業模式圖的不同之處，在於其要素1～4其實是奧氏價值主張圖的擴充，並且強調「不公平競爭優

勢」（Unfair Advantage，或門檻優勢）的核心競爭力及「價值主張宣言」的呈現（關於要素3的概括性描述）。精實畫布九要素的簡要說明如下：

要素1及要素2：顧客最在乎的不是解決方案，而是他們的問題。先釐清他們想要解決什麼問題（JTBD），這些問題對使用者重不重要？顧客的痛點在哪裡？創業者通常很容易一頭栽進某個特定解決方案，這是創業初期最大的風險。

要素3：列出主要的產品與服務中，足以吸引顧客向你們而不是向其他人購買的獨特性之處，獨特性只要存在，可以在日後不斷演進。

要素4：描述你所提供的解決方案及其核心功能，好的解決方案必須要和顧客的問題綁在一起。

要素5：通路是要引領你接觸潛在的顧客，但是初創事業一開始的重點不在於擴張，而是學習，不需要一開始就把事業搞很大。

要素6：對於新創公司而言，應該先找到能給出強烈承諾的顧客，能讓你在最短時間內學習到如何把產品做好的反饋。

要素7：新創事業不要急著思考大規模的營運方式，聚焦在目前的時刻，讓你在把錢燒光之前，有時間及有機會做出正確的產品。

要素8：設計出好用的關鍵指標（Metrics），即時評估目前的執行狀況，得以適時的採取行動。

要素9：英文Unfair Advantage，直譯為不公平的競爭優勢，也就是足以阻礙競爭對手的進入障礙，新創團隊必須識別出本身所具備讓他人無法輕易複製或獲取的獨特能力或資源。

　　透過精實畫布，相信可以幫助各位更深入的理解價值主張，以及如何進行有效的價值主張分析。

<table>
<tr>
<td>關鍵問題
列出顧客希望被解決的前三大問題

①</td>
<td>解決方案
列出前三大功能
④

關鍵指標
要評估的關鍵活動
⑧</td>
<td>獨特價值主張
陳述你為何與眾不同且值得購買的清晰並具有說服力的單一訊息
③</td>
<td>不公平競爭優勢
無法輕易被複製或達成
⑨

通路
接觸顧客的路徑
⑤</td>
<td>顧客區隔
目標顧客

②</td>
</tr>
<tr>
<td colspan="2">成本結構　顧客取得成本
　　　　　經銷成本
　　　　　人事成本　　⑦
　　　　　營運成本</td>
<td colspan="3">收益來源　收益模式
　　　　　顧客生命週期價值
　　　　　收入、毛利　　⑥</td>
</tr>
</table>

圖3.10　精實創業畫布

回歸價值主張的本質

　　經過本篇文章的說明，相信各位對於價值主張不會再停留於單純的產品或服務的認知層次。雖然本文僅探討商業模式設計中的價值主張分析作為，各位仍應當瞭解，一個好的價值主張絕不是一個列滿我們自以為是的產品或服務的價值清單，而應該切實的由顧客的角度與觀點，再探討真正想要完成的任務或要解決的問題（JTBD），配合對於顧客使用產品或服務的預期結果（Outcome Expectation）分析（注3），幫助我們識別出真正的業務與創新機會。

　　只有當我們將產品或服務，真正的視為能解決顧客問題或是帶來期望獲益的解決方案時，才能回歸到價值主張的本質，幫助我們做好企業經營或創新策略的工作。

注釋

▶ 注1：原文〈剖析「價值主張」〉刊登於「經營洞察力論壇」2019-08-28。

▶ 注2：Jobs-To-Be-Done（簡稱為JTBD），為已逝創新大師克雷頓・克里斯汀生（Clayton M. Christensen）所提出的一套理論。JTBD中的Jobs可以解釋為「任務」、「工作」或「問題」。JTBD的中文譯名可以為「顧客想要完成的任務」或是「顧客想要解決的問題」。其實，JTBD並非一個全新的概念，它與傳統行銷學中的Needs、Wants、Desire非常相似，只不過，JTBD更為直觀。經由JTBD的分析，可以深挖出顧客購買產品或服務的真正目的（也就是Jobs），可以不被既有的解決方案（產品或服務）所綁架。依克里斯汀生所言，顧客購買的不是產品與服務，他們是在「僱用產品與服務來實現自己需要或想要完成的任務」。

▶ 注3：此處係指顧客在使用既有或潛在解決方案（產品或服務）來完成他們的JTBD時，對於這些解決方案所呈現出來的功能與價值，存在著什麼樣的預期？這種「預期結果」，也可以作為顧客對於銷售方所提供解決方案是否滿意的一種測量方式。

思考問題

完成本文的閱讀，不妨再多花幾分鐘深入思考下面的問題以提升您的洞察力：

1. 關於價值主張分析中的核心是由探討顧客想要完成的任務（JTBD）為啟動點，您是否花點時間去搜集關於JTBD的一些文章或說明，然後，建議與其他朋友或同事分享您的觀點，或舉例說明。

2. 許多企業將價值主張精練成一段短文，又稱為價值主張宣言，您如果有興趣，是否可以花點時間去搜集一些企業的價值主張宣言，特別是網路型企業，然後，為您參與的產品線或事業思考您們自己的價值主張宣言。

3. 既然價值主張是商業模式設計的核心，是否可以花點時間，針對您所處的事業，繪出您們事業的價值主張圖，並進而延伸出所處事業的商業模式圖。

十、剖析JTBD思維與創新策略

在市場變化萬千的21世紀，創新策略已成為企業獲取成長的必修課。創新有快捷的方式嗎？有的。只要能掌握到正確的方法與策略，肯定會加快創新成果的產出。本文將向各位讀者介紹如何以JTBD為核心，進行企業創新策略的發想。

▌一個拖拉機的案例▌

這是一個來自過去我在創新教學中所得知的真實案例。這家企業是一間非常著名的美國農耕機製造商，進軍印度市場多年，產品賣得不上不下，當時的團隊一直在思索要如何進行產品的改良與創新，以便加速在印度市場的推廣。

我們都知道，印度的農業是以小農為主，與美國廣闊無比的大農場式經營（農地大、旱地作物、自動化程度高、資本集中、貸款方便）大異其趣。一開始，這家美國農耕機企業的基本構想是將美國市場暢銷的設備賣到印度（屬於初級的國際化策略），並配合「靈活動人」的市場行銷策略（例如：行銷4P策略與廣告），希望在人口眾多且以農業為主的印度市場大展身手。然而，策略構想雖好，卻事與願違，該公司各式各樣的好設備在這個新市場裡一直都賣不好。

某天，公司的市場行銷團隊與產品設計團隊到印度鄉間進行例行的田野調查（Field Survey），希望藉由實地觀察使用者的使用方式來探討創新的機會。這個團隊由印度的城市前往農地，在過程中，他們發現了一個有趣的現象。這個調查團隊看到了什麼呢？那是一個在美國看不到的情景。

他們在現場看到一位農夫開著一輛剛買不久的拖拉機（Tractor），正在由住家前往耕地。如圖3.11所示（此為示意圖，非當時的產品），當時，一般用於農事的拖拉機通常前後輪大小不一，後輪比前輪大，這種型式的拖拉機，後

輪上方設計有後輪蓋，通常設計為半圓弧形，除了防止地上的髒污被行駛中的
輪子帶起來，也讓產品看起來美觀又大方。

圖3.11　半圓弧形後輪蓋的拖拉機設計（示意圖）

然而，他們卻看到一群人坐在左右兩邊的後輪蓋上，由於後輪蓋是半圓
形，坐起來肯定會不舒服。更不可思議的是，這位拖拉機車主，在前往目的地
的路途中，竟然在沿途上上下下的載客，同時還向「乘客」收取一些費用。

調查團隊一路跟隨觀察，並在農夫抵達目的地後，很好奇地向他詢問細
節。農夫告訴他們：「在印度鄉下並非家家都有交通工具，我每天都要前往農
地，反正是順路，讓他們搭個順風車，另外收點油錢多少有一點補貼，只不
過，車子的後輪蓋不好坐就是了。」

這個資訊太珍貴了！調查團隊發現在印度鄉下，拖拉機不僅是要滿足它原
本拖拉、牽引其他設備的核心用途（功能），原來還可以「順便」用作載客的
交通工具。這就是一個客戶不會對銷售方說出口的需求，不同於當初產品設計
的動力、外型、尺寸等基本功能，這個需求卻是真實存在，而且產品在這方面
的設計令人不甚滿意（坐起來不舒服）。

因此，該公司做了一次小幅度的改進，將較常使用於印度鄉間的拖拉機產品型號的後輪蓋板上部，由原本的半圓形外觀設計成平整的形狀，方便「乘客」乘坐，同時還可以選購安裝軟墊及用作靠背的柵欄。結果，這個新設計在印度市場大受歡迎。

圖3.12　平整的後輪蓋設計（示意圖）

▌什麼是JTBD（Jobs-To-Be-Done）▌

JTBD理論（**JTBD Theory**）（注2）是由已故破壞式創新大師克雷頓・克里斯汀生（Clayton M. Christensen）於1997年在暢銷書《創新的兩難》（*The Innovator's Dilemma*）裡提出而為世人所知曉。JTBD就是Jobs-To-Be-Done的簡稱，直接翻譯可以解釋為「顧客想要解決的任務或工作」，這裡的Jobs泛指任何人想要解決的問題或是想要達成的任務。

JTBD理論認為，顧客因為存在想要完成的任務或想要解決的根本問題，因此，需要「僱用（Hire）」特定的產品或服務來完成這件任務。另外，如果現有的產品或服務無法很好的幫顧客解決他們的問題（或是無法充分滿足他們

的需求），那麼，就存在創新的機會。克里斯汀生教授最常舉的例子，莫過於速食餐廳的「奶昔產品創新案例」。

當時，克里斯汀生的研究團隊發現，過去依照市場行銷學教科書，將消費者依性別、年齡、消費能力等人口學的角度所做的顧客區隔（Segment），其實是不管用的。結果，當他們依據消費者的核心需求來觀察，發現許多在每天一大早購買奶昔的消費者想要解決的問題是「如何在長途開車上班的時間內能排解路程上的無聊（JTBD）」。所以，他們想要一種方便食用、有點飽足感、不易弄髒手，同時又可以吃得久的食物，這些都是消費者對於這種商品的「預期結果」（Outcome Expectation，簡稱OE，又名預期產出結果），預期結果是消費者對於不同產品／商品／服務（解決方案）表現好壞的評價標準（例如：奶昔相比紅茶，因為濃稠而較有飽足感）。

依據所定義出的JTBD及OE進一步分析，他們發現奶昔僅是其中一種解決方案，它的競品（競爭對手）應該是香蕉、貝果、優格等等（卻不是另外一家速食餐廳）。他們又發現，下午的消費者以帶著小孩一起上餐廳的父母居多，這群父母親的目的（或是想要完成的任務）其實只不過是想扮演小孩眼中的好父母（JTBD），所以，他們藉著奶昔來完成這項任務（當然還有其他的產品可以完成這項任務，例如：薯條、遊樂場……）。到速食餐廳幫小孩買一杯奶昔似乎是一種好的選擇（解決方案），不過，許多父母覺得一杯奶昔容量太大，小孩要喝完一整杯奶昔要花太多時間讓他們枯等，而覺得煩惱（一個不滿意的Outcome，即完成食用的耗時過長，以致父母在餐廳待太久）。

克里斯汀生團隊的發現，與傳統行銷學所談論的需要（Needs）、想要（Wants）及欲求（Desire）的理論是一致的，但JTBD的理論不會讓我們掉入Needs-Wants-Desire的定義之辯中。同時，傳統行銷學的需求分析是基於顧客聲音（VOC：Voice-of-Customer）的理論而來。然而，顧客的需求不僅限於他們自己已知或是願意告訴我們的那些，還應該包含那些連顧客自己可能都不知道、或是說不出口的潛在需求。JTBD理論可以較現有的需求理論更清楚且更

容易幫助我們完成創新需求的分析。以拖拉機為例，顧客可以用它來順路載客（不同於產品主要用途的新JTBD）；或是顧客對產品表現是否滿足的屬性結果要求（Outcomes），例如：坐起來要舒適些。

這是因為JTBD理論可以幫助我們跳脫過去只專注於因人口屬性而做的顧客區隔方式。JTBD理論也能讓我們不會跳進大數據的漩渦中（容易被大量資料迷惑但仍掉入平均值分析的錯誤結論），能真正專注於核心需求／任務（JTBD）的確認，並且評價現有解決方案（產品或服務）的功能或產出（Outcomes）是否符合預期，而不至於迷失在各種花樣的創新工具的迷霧中。例如：在奶昔的研究案例中，正因為瞭解了早晨那群為了開車不無聊（JTBD）的消費者，他們需要的產品要能持久（Outcome 1）、車途中方便拿取（Outcome 2）……，這些屬性都尚未被當時的各種解決方案（不同類型的產品、不同的速食餐廳……）完全滿足。研究團隊最終的方案之一，就是將不同口味的果乾加入到奶昔中，並由消費者自己挑選及製作專屬的果乾奶昔，耐吃又有趣（和珍珠奶茶的概念異曲同工），進而提升了該餐廳早晨的奶昔銷售量。

JTBD理論最早源自於哈佛大學行銷學大師希奧多・李維特（Theodore Levitt）在他1960年的著作《行銷短視症》（*Marketing Myopia*）中所提及的觀念。他說：「人們不是要買一個1/4英吋的鑽頭，他們真正想要的是一個1/4英吋的洞。」當我們把顧客真正「想要解決的問題或任務」（JTBD）瞭解清楚了，就不會掉入「競爭對手與產品分析」的作業陷阱中。

▎如何運用JTBD理論進行創新策略分析 ▎

創新是一種極耗資源，同時也是失敗率非常高的企業活動。正因這種特性，在所有企業都朗朗上口「創新帶來企業成長」、「企業沒有創新就沒有明天」的現代社會中，如何讓創新活動更有效，已成為企業不斷追求的靈丹妙藥。

創新的解藥，包含過去及現在非常流行的TRIZ（萃思）、平行式思考、設計思維、破壞式創新等，無不吸引著許多企業爭相學習，成為現代管理實務的一股顯學。然而，誠如克里斯汀生在檢討自己的理論時曾提及：「破壞式創新理論（Disruptive Innovation Theory）的核心，是對傳統創新理論競爭性回應的研究。」也就是說，早期關於創新理論的研究在幫助企業明瞭可能遭到對手哪些顛覆的行為，如何避免採取錯誤的回應策略，並無法告訴企業如何創造出顧客想買的產品或服務。但是，許多企業不明白這個道理，而盲從於發展各種「所謂的」破壞式創新策略，把破壞式創新當成企業創新的萬靈丹。

克里斯汀生認為，相較於許多創新工具僅著重於創新的過程如何使創新方案有效，JTBD理論卻可以幫助企業有效進行創新策略的發想，減少創新的投入成本以及減少失敗的可能性。基於JTBD理論的研究更可以幫助企業找出顧客願意說出口及不願說出口（或無法說出口）的需求，進行完整的分析。我在企業傳授創新課程多年，充分認同克里斯汀生的見解，本文最開始的拖拉機案例，就是JTBD理論的功效之一。

關於運用JTBD理論進行創新策略的分析架構也有許多種。包含從新市場／既有市場與JTBD的分析、也包含了著名的商業模式圖（Business Model Canvas）中的顧客價值主張（Customer Value Proposition）分析。

由於篇幅有限，本文僅介紹來自知名創新管理暢銷作家安東尼·伍維克（Anthony W. Ulwick）在他2016年的著作《JTBD用途理論與實務》（*Jobs To Be Done: Theory to Practice*）所介紹的創新策略分析架構，也稱為「JTBD創新成長策略矩陣」（Jobs-To-Be-Done Growth Strategy Matrix）。

伍維克的「JTBD創新成長策略矩陣」分析過程，第一步是要求企業對現有產品／服務（包含市場上的競爭對手產品，或企業想投入的新類別產品）的所有JTBD與其屬性的預期結果（Outcomes）必須進行完整的需求分析。透過這個創新需求分析，企業將對該類產品的需求在既有市場中為顧客所接受的程度進行清楚的研究（就如同奶昔的案例般），在完成顧客對這些需求在其心中

的重要程度與滿意程度的調查後，可以計算出創新機會值（注3），然後將這些JTBD及Outcomes（產品屬性）歸納成三大類創新機會，並標示於「創新機會方格」（Opportunity Landscape，如圖3.13）。

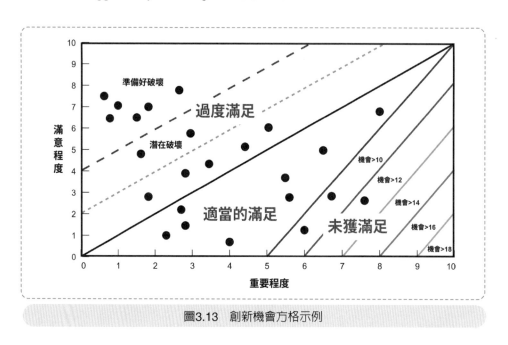

圖3.13　創新機會方格示例

這三大類創新機會分別是：

過度滿足（Over-served）：這些JTBD或Outcomes被顧客視為低重要度但現有解決方案卻已讓顧客有著水準以上的滿意度，對於這類低重要度、高滿意度的機會，我們可以考慮採用破壞式創新策略。例如：優步（Uber）對於大城市計程車叫車服務模式的破壞。

適當的滿足（Served Right）：顧客在乎（重要）的屬性滿意度高，不在乎的屬性亦未過度強調或提供，位於這類別的JTBD或Outcomes，其重要度與滿意度相互匹配，因此，並非我們優先考慮的創新機會。例如：智能手機上的社交App所提供的功能或是手機Wi-Fi連網的速度。

未獲滿足（**Under-served**）：目前市場中的產品或服務所提供的功能或屬性，被顧客視為重要，卻未能得到滿意的解決，這種高重要度、低滿意度的類別，將是優先進行創新的機會。例如：早期手機照相的功能與價格比、螢幕的大小與手握尺寸比。

各位如果有興趣作進一步的瞭解JTBD／Outcome分析及機會方格圖的使用，可以參考克里斯汀生所著《創新的兩難》這本書。在經過前述的JTBD／Outcome需求分析後，企業在進行創新專案前，可以先完成創新機會的分析，確定現階段創新的優先方向，才能確保資源的有效運用，以及創新專案的成功。

┃JTBD創新成長策略矩陣┃

伍維克所提出的「JTBD創新成長策略矩陣」是以兩個維度並區分成五個主要策略。兩個維度分別是：

Y軸：是否強化功能或性能的表現，或提供更多或較少的功能與性能：分成完善任務（Get Job Done BETTER）、減少性能（Get Job Done WORSE）兩個水準。

X軸：是否增加產品或服務（解決方案）的收費；分成增加收費（Charge MORE、減少收費（Charge LESS）兩個水準。

圖3.14　JTBD創新成長策略矩陣

取材自 *Jobs To Be Done: Theory to Practice* 一書

由這兩個維度定義出五個主要的創新策略：

1. 差異化策略（**Differentiation Strategy**）

如果企業選擇提供較好的性能並且增加收費的產品／服務，那麼，企業應該鎖定那些未獲滿足的顧客作為目標顧客群進行創新。由於現有市場中的解決方案未能滿足他們的需要，因此，這些顧客願意多付出以換取更好的產品或服務來解決他們的問題。這時，我們可以採取「差異化策略」。

差異化策略在實施時，企業所提供的產品或服務一定要與現有的產品或服務有著明顯的區別或改進，才能吸引顧客付出更多代價來購買企業的解決方案。例如：當雀巢（Nestlé）推出咖啡膠囊（Nespresso's Coffee）及膠囊咖啡機時，雖然售價高，但因為提供了更為便利與口味更佳的義式咖啡，為雀巢創造了巨大的營收。

2. 主導型策略（**Dominant Strategy**）

　　如果企業選擇以較低的價格提供較多的功能或是性能較好的產品／服務，伍維克認為此種策略適用於所有類型的顧客，他稱之為「主導型策略」。

　　採取此類型策略必須要讓顧客明顯感受到功能或性能的提升，以及足夠明顯的價格差異。例如：Google的搜尋引擎服務，提供了強大的網路搜尋功能並且完全免費的服務，讓當時的霸主網景（Netscape）、雅虎（Yahoo!）都立刻敗下陣來。

3. 破壞型策略（**Disruptive Strategy**）

　　如果企業選擇提供較差的性能或較少的功能進行產品／服務的創新，那麼，這種創新將是適合於那些被既有解決方案過度滿足（Over-served）的顧客，或是尚未使用既有產品或服務的顧客（Noncustomers）。在克里斯汀生的分類定義中，這類非顧客（Noncustomers）是指那些無法接觸到現有解決方案的族群，或是那些存在著待完成的任務（Jobs），但是沒能力承擔現有解決方案的族群。

　　若企業進行JTBD／Outcomes機會分析時發現有這麼一群顧客存在，則企業可以提供一套新產品或服務，讓這群顧客能以更低的代價開始採用，以解決他們既有的問題（JTBD）。但有一點，那就是在一開始，這種新的產品或服務的功能或性能絕對比不過現有解決方案。

　　例如：當初Google剛推出線上文檔服務（Google Docs）時，相較於微軟的Office軟體，Google Docs既簡單又缺少許多功能，但是，它卻能為那些買不起微軟Office的消費者（或是那些不願意被微軟綁架的消費者）提供簡單的線上版文書編輯功能，而且免費。日後，Google逐漸強化Google Docs的功能與方便性（包含與微軟的檔案相容及檔案共享），雖然現在仍然是免費，可是卻已成為安卓系統的檔案編輯器的基石，強化了安卓產品消費者的信心。

4. 分立型（離散型）策略（Discrete Strategy）

　　這個策略類型指的是企業提供較差的解決方案（功能與性能），但卻收取較高的費用。其實這是一種有限的策略選擇，僅適用於那些不具替代方案選擇能力的顧客，屬於非常特殊的策略選項。

　　當企業選擇分立型策略，代表著企業的目標是對準那些有著限制性（Restricted）選擇能力的顧客，他們存在著要解決的問題或任務（Jobs），但可選擇性有限，並且願意付出高價來完成。例如：候機室內的乘客如果想要用餐或購買飲料，商品的標價皆較市面上來得高，就是明顯的例子。

5. 持續型策略（Sustaining Strategy）

　　許多產品／服務在市場中的定位不上不下，策略大師麥可・波特（Michael E. Porter）稱之為「卡在中間」（Stuck in the Middle）。意謂企業僅能提升一小部分的功能或性能以維持既有售價，或是做一些改進以降低售價。

　　這種創新屬於持續性創新的範圍，適合於維繫現有顧客的消費，但對於吸引新顧客入門沒有太多貢獻，這不是一個很好的創新策略，卻為許多市場中的現有企業所採用。例如：Apple過去推出新款iPhone，增加新功能卻維持原售價即為一例，然而，一旦Apple有突破性的創新，則會增加售價（例如：當其推出5.5吋螢幕手機或推出Face ID臉部識別功能時）。

　　因為許多企業都有同時存在著不同的產品類別（或產品家族），因此，上述的創新策略比較適合以產品類別或產品家族來進行思考。如前所述，基於JTBD思維為核心的創新策略也是有著不同的模型與見解。

　　我們都知道，好的策略模型能幫助我們進行策略分析與思考。俗語說：「萬變不離其宗」，只有當我們真正掌握問題的本質時，這些策略模型就是最好的助力。而本文所介紹的策略模型其本質就是JTBD（Jobs-To-Be-Done）理論，有興趣的讀者可以基於本文再深入的探討。

注釋

▶ 注1：原文〈如何藉由JTBD思維進行創新戰略〉刊登於「經營洞察力論壇」2017-11-15。

▶ 注2：在克里斯汀生等人所著的*Competing Against Luck*中文版，把JTBD Theory（Theory of Jobs To Be Done）翻譯成「用途理論」，由於JTBD與「用途」不容易直接做聯結，因此本書仍繼續使用「JTBD理論」，不過，我盡量在敘述中帶入「用途」的概念，方便各位日後的學習。

▶ 注3：依伍維克及克里斯汀生的解釋，任一個產品／服務不會僅有一個JTBD，每一個JTBD被顧客評價出的滿意度與重要度可經由李克特5點量表（5-Point Likert Scale）設計的問卷獲得，再將被評為極其滿意及非常滿意（5分及4分）所占百分比視為得分（例如：合計有75%的顧客評價為5分的極滿意與4分的滿意，因此該項JTBD的滿意度得分為7.5分）。然後依「機會 = 重要程度 + 最大值 [(重要程度–滿意程度), 0]」的公式，計算得出創新機會值。

思考問題

　　完成本文的閱讀，不妨再多花幾分鐘深入思考下面的問題以提升您的洞察力：

1. 本文提到的奶昔案例中，關於「作為一個孩子眼中的好父親／母親」這個JTBD，您認為的解決方案有哪些？請與您的朋友分享見解（有興趣的讀者可以在網路上查詢〈奶昔的創新〉相關文章）。

2. 小米當初推出的手機被許多人稱之為「破壞式創新」，經過本文的探討後，您是否認為它仍屬於破壞式創新的典範？如果是，請與其他人分享您支持的意見；如果您不認為，請列出您的見解，並分享給其他成員。

3. 對於五項創新策略，您是否可以再舉出一些案例出來？並與其他團隊成員分享及討論。

十一、創新策略的好工具 —— 策略草圖

　　暢銷書《藍海策略》（*Blue Ocean Strategy*）的兩位作者金偉燦（W. Chan Kim）及芮妮・莫伯尼（Renée Mauborgne）認為，企業不必陷於低成本或差異化的策略選擇，應該要找出自己的獨特性，才能避免陷入「紅海市場」的競爭困境。本篇文章要為讀者介紹一個能夠幫助企業思索既有事業突破與創新策略的好工具，就讓我們一起來探討吧！

▍什麼是「策略草圖」

　　「策略草圖」（Strategy Canvas），有人譯為「策略畫布」、「策略布局圖」，是由金偉燦及莫伯尼兩人在《藍海策略》一書中所提出。本文將使用「策略草圖」的用詞。

　　所謂「藍海策略」（Blue Ocean Strategy），指的是企業可以經由一定的步驟與方法，發想出兼顧低成本及差異化的經營策略，跳出圍繞在價格（低成本）及功能（差異化）的「紅海競爭」（Red Ocean Competition）困境，帶領企業找到不存在或極少競爭對手且有利可圖的新現實，由於是屬於企業自行定義的市場（或市場區隔），有別於過度競爭、血流成河的「紅海」，因此稱之為「藍海市場」（Blue Ocean Market）。

　　「策略草圖」是一種簡單但功能強大的視覺化市場分析方法，它由兩個軸所構成，其中，列於水平軸（X軸）的是「關鍵競爭要素」（Competing Factors），列於縱軸（Y軸）的是客觀認定或主觀期待的「績效（或價值）水準」。工作團隊可以通過這個分析工具來瞭解特定市場中，既有或潛在的競爭對手（企業或品牌），就其產品、服務或解決方案（可以簡單理解為「價值主張Value Proposition」）為顧客所提供的價值現況進行評價。將每一個被列入的分析對象（產品、服務或解決方案）其價值評價結果繪製成折線圖，稱之為

「價值曲線」（Value Curve）；所有分析對象的價值曲線圖被放在同一張畫布上，則構成策略草圖（如圖3.15）。

透過策略草圖，我們可以瞭解本身與比較對象間在策略構想的異同處，並透過對現有價值主張進行診斷，以發現未開發過的創新機會，進而發想出低成本及差異化兩者得以並存的發展策略，有效提升顧客價值並創造利潤。

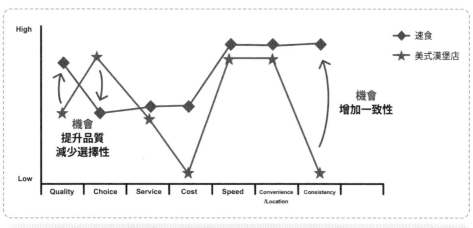

圖3.15　策略草圖（Strategy Canvas）示例

六個步驟完成「策略草圖」

工作團隊可藉由六個步驟（如圖3.16）完成一份現況分析的「策略草圖」。這些步驟說明如下：

圖3.16 策略草圖操作步驟

步驟1到步驟3：主要是定義出列於水平軸的關鍵競爭要素

什麼是關鍵競爭要素呢？競爭要素指的是產業內的對手們（包括自己）。為了與對方產生差異化或有效地競逐市場，會對其產品、服務或解決方案進行投資或資源投入，其中的關鍵項目，即是我們所定義的關鍵競爭要素。這些競爭要素的目的，主要係滿足顧客的需求、提供顧客價值、或是替各自的價值主張帶來差異化。

關鍵競爭要素可以是產品與服務的重要屬性（Attributes）或參數（Parameters），而且是顧客挑選價值主張提供者的考量關鍵。因此，必須由客戶的角度來說明。例如：在分析手機產品時，「產品的厚薄」會是顧客重視的一個關鍵屬性，若由顧客的角度，寫成「細薄度」會比「厚度」來得更為貼近顧客的觀點。也要避免專業用語，像是，鞋子的「舒適度」就比用「中底的厚度」的表達來得恰當。「方便使用」就比「尖端的IT科技」來得合適。另外，來自顧客對於產品與服務的消費體驗之預期結果（Outcome Expectation）

或獲益（Gains）也會是很好的思考點，例如：容易操作、耐久性、服務好等。雖然，「價格」比較像是供應方的用語（對顧客而言，比較合適的用語會是「負擔能力」），金偉燦及莫伯尼仍然建議以「價格」來描述這項競爭要素。

步驟1及步驟2的工作重點，是在確認分析的對象，組成合適的工作團隊，並且藉助團隊的合作，發想及歸納出待選的競爭要素；通常我們會使用親和圖（Affinity Diagram）來進行步驟2的名單匯總。在步驟3，我們接著依優先度及重要性篩選出關鍵競爭要素；金偉燦及莫伯尼建議關鍵競爭要素最好是界於5～12個之間，其中，價格通常列成第1順位（由圖的左側起算），因為其他的競爭要素為顧客帶來的是價值（Values）。

步驟4：決定比較的競爭對手

繪製策略草圖的目的之一，即是透過與競爭對手在關鍵要素的表現（由顧客的角度）進行評價，透過對彼此的價值曲線進行比較及觀察，來診斷目前的競爭態勢，作為策略創新的基礎。在有限的空間上，我們並不寄望將所有的競爭對手列於其中，因此，可以參考以下的原則挑選比較對象：

1. 建議將業界領導品牌／企業優先挑入。

2. 包括本身，最好限制在三家（或品牌）以內，避免圖形過於凌亂。

3. 如有需要，可將業內具不同競爭策略的對手、業外強而有力的新競爭者、或是具有不同解決方案的對手挑入。例如：廉價航空龍頭「西南航空」就把「自行駕車」放入比較，因為兩者都是在解決短程商務旅行。

步驟5：評價及比較關鍵競爭要素

策略草圖的縱軸（Y軸）表示的是關鍵競爭要素的績效表現（水準）評價，一般我們會進行評分，建議使用李克特5點量表（5-Point Likert Scale，也可用其他的分數區間，如10分制）：0分代表不具備或完全不足、1分表示非常

低（低）、3分表示平均（中）、5分表示非常高（高）。

　　團隊進行評分時可以採用團隊共識決或是平均值，兩者均可。只是，若採用平均值，最好去除偏離較大的異常值，以免所得到的平均值沒有代表性。在與競爭對手作關鍵競爭要素的比較時，請盡量從顧客的角度，要避免以本身組織（或供應商）的主觀性角度來進行績效的評價及給分。

步驟6：繪出現況策略草圖

　　將每個比較對象的績效水準得分由左而右連成一條折線，所有折線繪製於同一張頁面上，就完成了一張策略草圖；通常，「價格」會被置於X軸的左邊第一位，這代表著其右邊的各要素即是顧客在付出價格後所獲得的主要結果，或是所得到的價值。所連接起來的這條折線，我們稱之為價值曲線，代表著該企業對於既有價值主張的策略布局與選擇。

　　舉個例子說明：一間汽車保養廠想要分析業界的競爭現況，得到了10個關鍵競爭要素，由左而右分別是：⑴價格；⑵便利性；⑶態度；⑷速度；⑸作業品質；⑹店鋪整體狀況；⑺創新能力；⑻技術先進性；⑼同點覆蓋率；⑽品牌知名度。他們分別挑選了一間「高端品牌」及一間「普通品牌」業者，共三家進行比較，經過步驟1至步驟6，完成「汽車保養廠策略草圖現況分析」的繪製，如圖3.17所示。

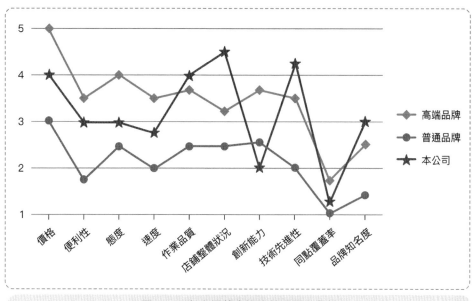

圖3.17　汽車保養廠策略草圖現況分析

　　完成策略草圖的繪製後，**步驟7**則是分析作業。我們若診斷現況策略草圖，可以發現：如果每家業者的價值曲線輪廓都不盡相同，那麼，代表著大家各取所需即可。然而，事實並非如此，許多時候產業內的價值曲線會出現與業界領先者一致的現象，只是在績效水準的得分有差異。這代表市場業者呈現「策略趨同性」（Strategy Convergence）及競爭性，出現這種在相同路徑上競爭的現象，最終將陷入「紅海」的災難而無法自拔。工作團隊於完成「策略草圖」後，可以將個人觀察的結果及洞見寫下來，擇期進行分享。

┃ERRC策略行動框架┃

　　金偉燦及莫伯尼在《藍海策略》所提出的理論裡，認為價值創新的策略思維是在引導企業辨識出，在傳統的競爭範圍內，顧客或買方所共同重視的競爭要素有哪些，然後重新建構既有市場的關鍵要素。藉助他們所提出的四項策略行動框架，可幫助我們思考降低成本及提高差異化的策略選項（Strategic Options），目的在同時達到差異化和低成本，為客戶和企業本身創造突破性的

價值。這四項策略行動框架簡稱為ERRC，分別是四項分析行動的英文縮寫：消除（Eliminate）、減少（Reduce）、提升（Raise）及創造（Create），如圖3.18。以下就針對ERRC的內涵，為各位進一步的說明：

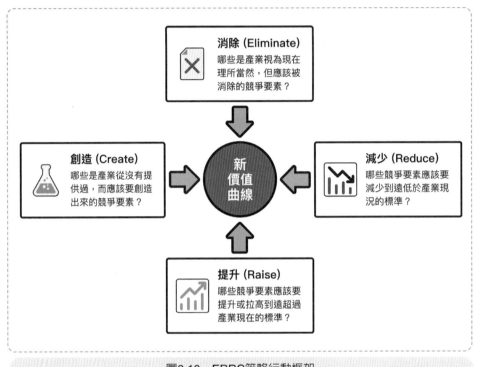

圖3.18　ERRC策略行動框架

E：消除（Eliminate）那些理所當然但應被去除的要素

我們可以思考有哪些競爭要素是產業視為現在理所當然的存在，但其實是不必要的，而且不會帶來很多價值，應該可以從我們的價值主張中去除？

例如：在太陽馬戲團（法語：Cirque Du Soleil）的創新案例中，經過產業競爭要素的診斷後，他們發現，一向被認為馬戲表演不可或缺的動物表演，因為當時世界上反對利用動物表演的聲浪日益高漲，再加上兒童觀眾因為電視、電玩等其他遊戲的風行而減少，主要的顧客變成以成年人為主，而動物表演為

成年人創造的娛樂效果並不重要。因此，太陽馬戲團決定去除動物表演的競爭要素，這個策略也為他們減少了因飼養動物、維護和運輸的相關成本。

另一個例子，就是蘋果首次推出iPhone手機時，淘汰了當時所有手機都必備的實體鍵盤，而改成觸控螢幕的輸入。

「消除」要挑戰的對象是理所當然、大家都如此的競爭要素，一旦選擇了「消除」行動，可以帶來成本降低的好處，也可以刺激出創新的作法，提供後續思考「創造」行動的好機會。

R：減少（**Reduce**）那些被過度設計或服務過度的要素水準

在這個行動裡，我們要分析出哪些競爭要素應該要減少（或降低）到遠低於產業現況的標準？這些競爭要素有時太過於競爭，也太耗成本，透過「減少」行動，可以藉以降低市場競爭仍然需要的成本。

例如：傳統馬戲團常以危險的動作及高難度特技雜耍刺激現場觀眾。激烈的競爭下，當時業界往往必須創造更多刺激有趣的噱頭來壓倒競爭者，成為行業經營的成本困境。然而，太陽馬戲團選擇減少馬戲表演的驚險與刺激的橋段，另闢戰場，再加上現代劇場表演節目，吸引到那些原本不看馬戲的顧客。

曾經風靡一時的任天堂Wii，也是一個很好的例子。在索尼（SONY）的Play Station及微軟（Microsoft）的Xbox帶頭提升遊戲的畫面擬真程度與高畫素時，任天堂（Nintendo）的遊戲機Wii則選擇將「圖形處理能力」這個競爭要素的水準，降低到遠低於市場的其他產品。因為對於他們的目標市場（兒童和老年人）來說，一流的圖形效果對於遊戲的滿意度並不重要。低於平均水準並帶有漫畫圖像的圖形顯示，反而對其目標顧客更具吸引力，同時也大幅降低了產品開發成本與遊戲售價。

有時，「減少」的行動策略也是「破壞式創新」（Disruptive Innovation）的創意來源。

R：提升（Raise）那些顧客當下被迫妥協而不得不接受的要素水準

「提升」行動的適用對象，是那些當前無法滿足市場需求的關鍵競爭要素，一旦決定要提升該競爭要素的水準，就應思考如何拉高到遠遠超過產業目前的標準。

例如：當許多馬戲團業者為了節省成本而放棄使用帳篷時，太陽馬戲團卻選擇反其道而行。他們認為，帳篷在觀眾心中是馬戲團的象徵符號與他們對馬戲團的既定印象，因此決定保留帳篷為表演場地，但是，他們同時捨棄過去的硬板凳及簡陋內裝，把帳篷裝飾的非常精美，大幅提升表演環境的品質與場地的舒適度。

當初蘋果的iPod也提供了一個很好的例子，蘋果為iPod設計了iTunes，方便消費者購買想要的音樂，並且讓消費者很輕鬆的將所有音樂存在電腦中，也可以很輕鬆的將電腦中的音樂移動到iPod，相較於當時的MP3裝置，蘋果讓消費者透過簡單的操作，很輕鬆的管理他們的音樂與播放機。後續蘋果的App Store也是這個概念的延續，所創造的利潤已逐漸凌駕手機硬體的利潤。

「提升」是相對較容易的策略行動，要注意的是，如果操作不當，它會增加成本，卻無法產生真正的差異化。

C：創造（Create）出能夠超越現有價值並吸引潛在顧客的要素

經由深入瞭解市場的現況，以及顧客未說出口的需求；此處的分析對象包括現有顧客、隨時可能離我們而去的現有顧客，以及那些「非顧客」。分析的結果可以幫助我們發現存在著哪些競爭要素是所處產業從未提供過，而我們應該要創造出來，這也是一種創新策略的來源。有時，搭配「消除」行動策略，也可以作為創新的創意來源。

例如：在過往，馬戲團的表演只是一個又一個單獨且無關聯的表演橋段，為了打造有別於傳統馬戲團的節目內容，太陽馬戲團向百老匯取經，在傳統馬戲表演中增加了舞蹈、歌曲和原創音樂等元素，並把特技表演串成充滿起承轉

合情節的節目。精心設計出主題、故事，以及與之相襯的馬戲特技，增加了整體娛樂價值，並吸引了許多成年婦女觀眾。

再看另一個網飛（Netflix）的例子，隨著「隨選視訊」（Video On Demand）及「影音串流」（Video Streaming Services）平台的興起，當時著名的業者HBO轉型自行製作高口碑美劇及電影，吸引了許多新的訂閱者。那時，美國有線電視每週播出一集高水準的戲劇，成為當時業界的競爭要素。為了商業競爭，Netflix也開始構思自製戲劇節目，深入瞭解到消費者已經對每週一集的觀影模式感到厭倦，寧可等全劇在有線電視頻道播畢後，再到隨選頻道一次看完。Netflix觀察到這種潛在需求，當他們於2013年推出第一部自製美劇《紙牌屋》（*House of Cards*）時，便做出將全劇一次上架的決定，創造話題也吸引了許多新的訂閱者。隨著Netflix大量自製高品質節目的推出，當時這個一次上架的策略幫助Netflix快速推升至產業龍頭地位。「一次上架的模式」也創造出「追劇」（Binge-watch）這個時髦的動詞。

▍策略草圖的案例與限制 ▍

我們以本文中的太陽馬戲團例子來說明ERRC，當時的產業龍頭是一個名為玲玲的馬戲團，經過產業現況分析，定義出價格等8個關鍵競爭要素，並將當時的產業龍頭「玲玲馬戲團」（Ringling Brothers Circus）及「地區馬戲團」為比較的對象，繪成「太陽馬戲團」的策略草圖。

經過市場分析，透過ERRC行動策略，太陽馬戲團保留了傳統馬戲團的三個核心元素，帳蓬、小丑、傳統雜耍，「**消除**」了場內叫賣及動物表演，「**減少**」了驚險刺激的表演，「**提升**」了表演場地的品質及舒適性。透過「**消除**」明星演員及動物表演，卻「**創造**」出富有主題的節目及同時有多套不同主題的節目得以在世界各處表演。由圖3.19的新版策略草圖，可以看到這些競爭要素的變化。最終，由於吸引到原來不看馬戲表演的全新顧客群願意花上比傳統馬戲團門票貴上好幾倍的金額，來體驗前所未有的娛樂表演（注2）。

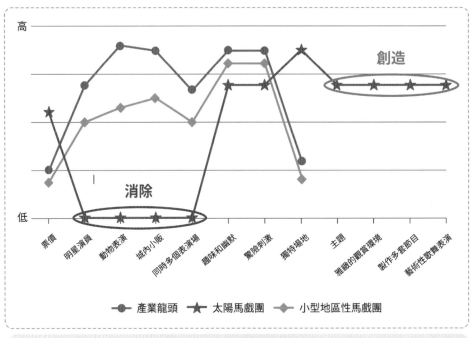

圖3.19 太陽馬戲團策略草圖

取材自 *Blue Ocean Strategy* 一書

　　簡要來說，我們可以理解，「消除（E）」與「減少（R）」代表的是降低相對於競爭對手的成本，而「提升（R）」與「創造（C）」代表的是促使組織或品牌創造出大幅躍進的顧客價值。「策略草圖」及「ERRC策略行動框架」不僅用於企業策略創新的工作上，對於產品與服務的創新工作，也有著非常好的應用，大家可以試試。

　　雖然這個工具簡單易使用，它也有許多的限制，最大的限制就在於：工作團隊必須依靠自己對於市場的觀察，以及對於「目標顧客」與「非顧客」的瞭解，才能產生足以影響競爭要素的策略，否則，僅憑團隊的腦力激盪，靠著既有的經驗與認知，將無法產生足以採取行動的策略創新。

注釋

▶ 注1：原文〈戰略創新的好工具——「戰略布局圖」〉刊登於「經營洞察力論壇」2020-09-30。

▶ 注2：本文中的太陽馬戲團案例，部分內容取材自《藍海策略》。此外，雖然該公司近年由於新冠疫情的衝擊曾經出現財務危機，但不影響我們關於其創新案例的學習。

思考問題

　　完成本文的閱讀，不妨再多花幾分鐘深入思考下面的問題以提升您的洞察力：

1. 經由本文的介紹，相信您已能夠基本掌握策略草圖及ERRC的內涵與操作步驟，建議您邀集團隊成員，以您的產品，或是自市場挑選一位創新者，試著用本文的工具，完成他們的價值曲線及策略草圖，並分享心得。

2. 本文提到，策略草圖係由金偉燦及莫伯尼在《藍海策略》這本書所提及，如果各位有興趣，建議重溫一次這本經典書籍，搭配本文，或許可以有新的體會與心得可以分享。

3. 關於ERRC的四個行動策略，是否可以和您的團隊，利用時間，再各舉出1～2個可以說明ERRC內涵的真實案例？並藉以更能深入的掌握ERRC？

note

PART 4

策略與
策略分析工具

「沒有盡善盡美的策略決策，人們總要付出代價。對相互矛盾的目標、相互矛盾的觀點及相互矛盾的重點，人們總要進行平衡。最佳的策略決策只能是近似合理，而且總是帶有風險的。」

—— 彼得・杜拉克（Peter F. Drucker）

十二、好的策略要有獨特性

　　許多朋友看到兩岸有些顧問公司舉辦海外企業參訪團，參訪的內容深淺不一。但是，凡是到過日本豐田公司（Toyota）參訪的朋友們，都對豐田公司「關於他們的豐田式生產的介紹知無不言」覺得印象深刻。

　　他們都問了我一個相同的問題，那就是：「爲何豐田要那麼『無私的』把他們的管理方式告訴我們，並對我們進行指導呢？」這是一個好問題，不曉得各位對於這個問題會有什麼樣的見解與看法？

▍營運效益的提升不是一個真正的策略 ▍

　　類似的問題也常發生在我的工作上。我多年來指導許多企業導入精實六標準差系統（Lean Six Sigma，簡稱爲LSS），各位也都知道，精實生產源自於豐田式生產系統（Toyota Production System，簡稱爲TPS），而六標準差則源自於摩托羅拉（Motorola），並由奇異公司（GE）當時的CEO 傑克‧威爾許（Jack Welch）將它發揚光大。有許多企業在實施LSS後獲致了許多好的結果，當然，也有更多企業是以失敗或中斷爲結局。

　　當我向許多企業高階主管及主辦單位介紹LSS時，最常被問到的問題是來自企業高階主管關於「那些成功企業如何實施LSS？」的詢問。面對這種問題，我心中的矛盾在於，是要詳盡的介紹知名企業如何實施LSS的案例，還是要聚焦於分享企業成功實施LSS的眞正關鍵及洞見？

　　上述企業參訪或是成功案例的學習，其實都是企業在追求成長與成功過程中的必經之路。就如同，如果有人想要學習「何謂創新？」，是否去報名參加2017年在中國大陸幾個大城市非常流行的「設計創新」影片分享會，或是參觀頗有成效的企業，就可以一探成功企業如何實施創新的作爲？這些觀摩式學習其實有一個名稱，稱之爲標竿學習（Benchmarking）或是最佳實踐（Best

Practice）。這種學習模式，對於一些新的管理方法或是好的管理系統，算是一種不錯的學習步驟。如果與見習對象之間的管理能力與經營效益存在較大的差距，直接向對方學習並複製一些作法也是不錯的開始；畢竟，「先求有再求好」也是一種有效的管理作為。然而，對於一些有一定規模的企業，在面臨著較大的內外部競爭壓力時，如果想要為自己尋求出未來成長的競爭策略，或是想藉著實施一些先進管理工具或方法以實現成長或提升經營效能時，最好在進行最佳實踐式的複製貼上前，先好好省思策略的本質。

首先，我們來聊聊策略（Strategy）及策略規劃（Strategy Planning）的內涵與定義。我在授課時會先告訴學員，策略其實指的是如何實現目標的作為，因此，如果組織有了未來的目標，那麼，策略規劃就是在回答組織要如何（HOW）實現這個目標的相關作法。

不過，這可能是一個比較狹義的解釋。如果由廣義的角度來看，策略規劃的範圍應包括策略思維（Strategic Thinking）、策略分析（Strategy Analysis）、目標訂定（Objective Setting）、策略展開（Strategy Deployment），以及策略執行（Strategy Execution）等一系列的工作。

有趣的是，有時候策略與目標會雙雙對對地出現，例如：如果組織有一個三年目標，那麼，年度目標也可以被視為實現三年目標的策略。總經理關於年度目標的作法，對他而言是總經理策略，但對於其所屬的部門主管而言，定義總經理策略的成功指標與目標，卻可以被設定為部門主管的目標。這種逐級展開（Cascading）的特性，也是目標管理（MBO）或方針管理（Hoshin Planning）的特質。

其次，大家一定很好奇：「什麼樣的策略才是一個好策略呢？」策略大師麥可·波特（Michael E. Porter）在1996年於哈佛管理評論的一篇知名文章〈策略是什麼？〉（What is Strategy?）中提到，競爭策略所要探討的，其實是關於差異性（Difference）的問題。所謂的差異性，波特認為：「企業所從事的活動，必須要選擇與競爭對手不同的方式來執行，或是實施與競爭對手不同

的活動，否則，策略不過是一句行銷口號，禁不起競爭的考驗。」因此，波特說：「策略定位（**Strategic Positioning**）的本質是在選擇與競爭對手不同的活動。」

▌好策略的本質在於差異化 ▌

我們現在回過來探討並分析本文一開始所提出來的日本豐田工廠參訪的案例。對於參訪者而言，如果參訪的目的是在瞭解豐田式生產或是精實生產的精神，亦或是實施的樣貌，那麼，我相信在豐田「無私的」幫助下，應該可以值回票價，並且可以對豐田生產系統能有完整且深刻的印象，幫助企業堅定實施的決心。同樣的，如果企業組建最佳實踐的企業參訪活動，只要挑選的對象是合適的，同時也注重行程前的準備及事後的內部回饋分享，相信也能夠達到管理方法的學習效果。

不過，這馬上又延伸出來一個問題，那就是關於某些管理方法是否要導入企業施行，或是要如何成功實施的問題。關於是否要於企業導入某些管理方法，如LSS、ERP（企業資源規劃系統）、QCC（品管圈）……，這些可以降低成本、增加效率、提升品質的管理工具或方法論，包括基於此所建立的管理系統。波特認為，如果企業在品質、交期、成本等層面上還不如競爭對手時，不要想太多，趕快去做吧。因為，這些管理工具是企業營運的基礎，企業營運體質不改善就等於落後、沒有競爭力。不過，波特也表示，企業實施了這些管理方法，不代表就可以超越你們的競爭對手或是具備獨特的競爭力。天下沒有這麼便宜的事，因為這些提升品質、交期、成本的管理方法僅能算是營運效能的提升，而營運效能的改善並不能算是「真正的策略」，除非能把它做到極致。

進一步說明，如果在產業內大家一股腦兒的只做相同的事，只追求相同的營運效能作為，最後，彼此將是無差異的存在，最終將走向相互毀滅的地步。波特稱這種現象為「競爭合流」（Competitive Convergence），也是一種

策略趨同（Strategy Convergence）的表現。到最後，這個產業將會出現許多併購以減少產業內的競爭壓力。2011年日本松下（Panasonic）將旗下的三洋電機（Sanyo）白色家電事業部門賣給海爾（Haier），就是產業內一個血淋淋的案例。其實，波特還提出了三個基本策略（Porter's General Strategies），由於篇幅限制，我們這篇文章暫不觸及。

什麼是策略適配（Strategic Fit）

再來談談，為何豐田願意對外推廣他們的管理模式，同時，也不怕大家「偷學」呢？

在波特曾經研究過的許多成功及失敗案例中，他最常舉的例子就是西南航空（Southwest Airlines）如何在80年代美國航空業不景氣時還能持續成長及獲利。他將西南航空的成功歸因於其獨特的自我市場定位（西南航空為注重價格和便利的旅客提供服務），具備一組獨特的內部活動系統，而這些活動系統能夠很好的相互適配或契合（Fit）（又稱作「策略適配Strategic Fit」）。

例如：當時西南航空的機型只有波音737（目的在讓維修團隊的作業單純），還加上機上不供應餐點、不轉運行李、不飛長程航線，再搭配選擇二線城市的航站、可以讓飛機在落地15分鐘後開放登機……等策略作為。此外，還有許多的措施及活動，圍繞在其市場定位，並良好的契合在一起，無法被分別的看待及切割。這些策略的結果呈現在良好的勞資關係、較低的成本及較高的效率上，得到良好的獲利。（如圖4.1）

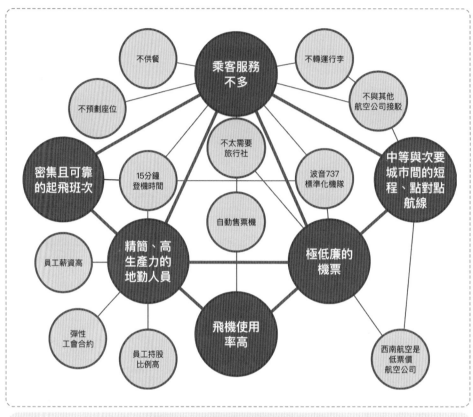

圖4.1　西南航空策略活動系統圖

取材自*What is Strategy?*一書

　　那麼，看到西南航空的表現這麼好，競爭對手要怎麼辦？挖角西南航空的高階主管或團隊嗎？或是複製西南航空的勝利模式？還真的有企業這麼做，美國大陸航空（Continental Airlines）就仿效西南航空也開闢了點對點的低價航線；而美國航空（American Airlines）也在當時成立了一家專飛區域性航點的美鷹航空（American Eagle）；然而，由於他們只複製了西南航空的一部分內部活動及策略，以至於僅落至東施效顰而無法獲利。

思考屬於自己的獨特性活動與作為才是好策略

　　回到豐田的案例，豐田公司是否會擔心，萬一有競爭對手也參觀了他們的工廠，從而學會了他們的豐田式生產，並進而超越他們呢？答案是「從不擔憂」。因為，豐田的精實生產不是繫於某一個部門或某一位專家，而是已融入其企業文化，並且關於整體供應鏈體系的一個管理系統。競爭對手如果完全複製，成本將會非常的高，也是一件吃力不討好的事。更何況，豐田還在不斷的自我提升與進步。

　　因此，各位應該也可以猜到我對於企業詢問關於成功實施LSS問題的答案吧！我的答案就是：「如果企業在品質、交期、成本的競爭力與對手還有很大的差距時，應該毫不猶豫的要思考何時盡早的實施LSS以提升自我的營運效能。」至於如何有效實施LSS？這是一個真正的策略議題，也是企業必須要認真思考的課題。

　　請停止再去複製別人的成功模式，應該要好好檢視企業本身的現況與資源，慎重的設定出一個可以挑戰的中長期目標，擬出符合企業特色的實施方案。堅持下去，並且啟動相關的功能與設立配合的機制，這才是應當有的策略思維，也能真正創建圍繞在這個目標的各種策略活動，最終才能擁有屬於自己企業的「獨特策略」。

注釋

▶ 注1：原文〈好的戰略要有獨特性〉刊登於「經營洞察力論壇」2017-12-20。

完成本文的閱讀，不妨再多花幾分鐘深入思考下面的問題以提升您的洞察力：

1. 如果各位對這個主題有興趣，建議可以去找到波特於1996年的文章〈策略是什麼？〉，並分享您的心得給朋友或團隊成員。

2. 關於時下流行的創新課題，企業如果要考慮導入創新的活動或制度時，是否也可以運用本文所分享的關於策略適配的觀念呢？

3. 關於定位及適配的概念，雖然談的是企業組織，是否也可以運用在個人的職涯發展呢？

十三、超級小狼的啓示 —— 策略分析是有極限的

　　日本本田公司（Honda）於1958年以年產28萬5千輛摩托車稱霸日本，1959年時，本田公司決定以摩托車開創美國市場。那時的美國人崇尚大排氣量的摩托車，只願騎乘500 c.c.以上的中大型摩托車，如知名的美國本土廠牌哈雷機車（Harley-Davison Motor Company），以及來自英國的凱旋機車（The Triumph Cycle Company），當時英國凱旋機車最暢銷的車款是TRIUMPH Bonneville T120 650 c.c.。

　　本田創辦人本田宗一郎及合作夥伴藤澤武夫，在考慮了美國人的使用習性後，特地選擇了Dream及Benly兩款大排汽量，各兩款不同車把造型的中型摩托車進軍美國市場。然而，由於美國人喜歡使用摩托車長途行駛，本田的四款車子不堪長途騎乘的負荷，在第一年的半年內僅賣出170輛。

　　本田經過努力分析，發現在當時的美國存在著尚無競爭對手的小型摩托車市場，於是，推出了排氣量僅有50 c.c.的本田小狼系列摩托車（Honda Cub，又稱Super Cub C50、本田50）。這個系列的摩托車特點在於方便（例如：在日本拉麵店打工的小弟可以單手操控不須換檔）、大眾化（例如：日本女性穿裙子也能騎車）、容易上手（許多日本年輕人的第一輛摩托車）以及價格親民（295美元一輛）。在美國市場推出的廣告海報上，衣著端裝、面帶微笑的人們輕快地騎著摩托車，這個畫面也顛覆了美國人對摩托車的刻板印象。不僅如此，本田小狼在美國市場的大賣也帶動了本田中大型摩托車款的銷售，到了1966年，日本本田一家企業就占了美國摩托車市場的63%，不僅打敗了英國凱旋機車，還把哈雷機車給拉了下來，哈雷機車將近破產，並在1969年賣掉控股權。

圖4.2　本田小狼（Honda Super Cub C100，1962）

圖片來源：Honda全球官網文章 "Establishing American Honda Motor Co. / 1959"

　　後來，英國政府委託波士頓顧問公司（BCG）分析了這場戰役，得出的結論是：「日本本田（Honda）善用經驗曲線（Experience Curve，經由累積的生產與銷售量曲線，可用以預測未來成本與價格的減少趨勢），採取成本領導策略（Cost Leadership Strategy），成功創造出新市場（美國的小型摩托車市場），再利用新市場的經驗曲線，以席捲另一個區隔的市場（中大型摩托車市場）。」這簡直是一個「理性定位策略」的代表作，這份報告還成為了哈佛大學及其他院校中相當著名的個案研究案例。

▌成功背後的故事 ▌

　　這個漂亮的成績，真的是日本本田（Honda）經過完整理性的市場分析，運用STP理論（Segmentation-Targeting-Positioning：市場區隔—目標市場選擇—市場定位）而達到的成果嗎？（關於STP，可以參考〈淺談策略定位〉這篇文章）。

1984年，任職於麥肯錫顧問公司（McKinsey & Company）的李察‧帕斯卡（Richard T. Pascale）博士訪問了那時候美國本田的六位管理幹部，得到了驚人的結論。其實，當時本田對於進軍美國市場並沒有明確的策略。一開始，他們是憑著本田宗一郎的直覺，認為美國市場偏好中大型摩托車，從而對於他們推出的305 c.c.及250 c.c.大型摩托車非常有信心。後來，由於美國消費者的使用習慣（距離長、速度快），本田的大型摩托車時常拋錨，導致本田公司對此劣勢一籌莫展。同時，本田當初派任的兩位幹部常常騎著1958年日本上市，只是被運到美國來讓幹部代步的50 c.c.本田小狼（Honda Cub），穿梭於超市及洛杉磯街頭跑業務。因為它的方便及靈巧非常引人注目，常常會被當地人詢問在哪裡可以買到這款車，雖然也有商家（當時的零售業龍頭西爾斯百貨Sears）出面想要代理這款摩托車，本田卻因為原先的策略目標係鎖定銷售中大型摩托車而感到興趣缺缺。

　　直到最後，由於大型摩托車的銷量下滑嚴重，本田日本總部才開始重視這個意料之外的機會，再加上美國年輕越野車迷的喜愛，才不得不正式啟動50 c.c.摩托車的銷售計劃。由美國的中產階級開始，帶動了品牌知名度，最後帶動了大型摩托車的銷售，甚至帶起了後來本田進軍美國汽車市場的發展。

▍計劃趕不上變化▍

　　帕斯卡博士認為，BCG因為看到本田的成功結果，就以為其中的原因和策略發想的過程也一定很了不起。但就事實而言，BCG犯了一種所謂「月暈效應」（Halo Effect：又稱作光環效應，意指人們容易因為別人局部的好，以偏概全的認為這個人的其他特質都是好的）的偏見。繼續深入探討這個案例會發現，本田的領導人本田宗一郎及藤澤武夫當初只是因為日本人的收入不高（當時上班族起薪平均每月8,500日圓），消費不起55,000日圓一輛的Super Cub，所以想外銷；又因為想挑戰最難的市場，所以選擇了美國市場；再因為不想被美國人瞧不起，所以放棄了當時在日本最暢銷的小型摩托車；同時，僅憑直覺就

將銷售目標定為當時美國從歐洲進口摩托車的10%銷售量。帕斯卡博士歸納了本田的案例，將它稱之為「本田效應」（Honda Effect）（注2）。

同樣的，那時也有許多學者經過研究後，將本田的案例與1980年的「日本第一」旋風綜合起來，認為以本田、佳能、豐田為代表的日本企業之所以能夠在這些難以進入的市場（策略定位）上突破障礙，主要是因為這些日本企業具有競爭對手難以超越的某些「核心能力」；這又是「本田效應」的一個例子。

對於本田小狼的案例，加拿大的策略學者亨利‧明茲伯格（Henry Mintzberg）也有自己的一番見解。明茲伯格認為，大多數組織均會對組織的未來發展，在一開始形成所謂的策略計劃；然而，真正可行的策略並非是經理人關在辦公室裡，運用那些有名的策略分析工具進行精明的競爭分析而得來的。本田的優勢不在於那些領導人的聰明才智，以及完全的「理性」思維。反而是，他們運用了他們的常識，不固執於那些「理性」思考，因此掌握了來自試錯（Try and Error）的學習機會。

本田在美國成功的故事，突顯出組織內每一個策略的形成與演化，其實都有一個典型的過程。明茲伯格認為，組織最後實現的策略，通常來自兩個完全不同的源頭。第一個是主要的源頭，我們稱之為「想要的策略」（Intended Strategy），係來自於你看到的機會而且下定決心追求的目標，就像是本田想要進入美國大型摩托車市場，因而擬定出他們認為可行的對策，這個可行對策我們也稱之為「慎思的策略」（Deliberate Strategy），希望它可以按部就班的達成目標，成為「實現的策略」（Realized Strategy）。不過，現實往往是磨人的，有很大的機會，想要的策略因現實因素而淪為「未實現的策略」（Unrealized Strategy）。（如圖4.3）

第二個源頭，則是原定計劃和策略在被執行時會遭遇到意料之外的問題與機會，例如：本田的大型摩托車高於市場可接受的拋錨修理費用，或是突然浮現的小狼機車（Honda Cub）的銷售機會。這種問題或機會出現後，其實是會讓人左右為難的。為了解決這些意外冒出來的問題或機會所採取的策略，我們

稱之爲「突現的策略」（Emerging Strategy），經過組織重複試錯，這種策略將會逐漸成熟。然而，組織領導層要下定決心採用這些突現的策略並調整既有的對策與行動，是需要時間思考及學習的，一旦下定決心進行策略調整，這些突現的策略最後就成爲新的愼思策略，反較原先的想要策略更有機會實現組織目標（注3）。

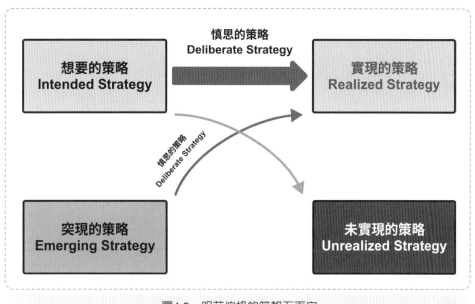

圖4.3　明茲伯格的策略五面向

▍應急策略也會成爲好策略 ▍

　　已故創新大師克雷頓・克里斯汀生（Clayton M. Christensen）在他的著作《你要如何衡量你的人生？》（*How will you measure your life?*）中也提到過沃爾瑪百貨（Walmart）的案例：創辦人山姆・沃爾頓（Sam Walton）的第一家沃爾瑪店開在阿肯色州的羅傑斯城，他的第二家店沒有選擇在鄰州的曼菲斯這座大城市，而是選定在同一個州的本頓維爾鎮；其眞正的原因是他太太不願搬家，並且，如果第二家店離第一家店很近，可以方便相互調貨及支持。因爲這

個意料之外的成功，讓沃爾瑪後來發展出只在小鎮開設大型商場的大策略，不但方便總公司的管理和支持，也避免了與其他折扣零售商進行削價競爭。

這個成功的商業策略根本不是沃爾頓在創業之初就想到的，而是經過後來不斷修正、演化而形成的策略。就如同亞馬遜（Amazon）將總公司開在西雅圖，並由網路書店轉型成為網路商城、進而租賃它的運算能力、並逐漸發展成為數位時代的電子商務巨擘。有多少成功的策略是因為原本的深思熟慮而得到的呢？包括我們的人生，又有哪些成就是我們在幾年前就已經規劃好的呢？

▎策略思維與組織學習才是發展好策略的核心能力 ▎

許多關於策略管理的書籍與文章，對於成功或失敗的案例都分析得頭頭是道。但是，有多少人真正的能洞察出這些案例背後的真實故事呢？許多經理人都上過MBA課程，學了相同的工具與方法，甚至包括相同的策略分析步驟，循著這些相同的模型，經理人如果不能養成思考的習慣，怎麼能得到不同的策略呢？

案例及方法都是過去到現在的產物，由於人們總習慣把現在及過去視為必然，隨著現在看到的結果（好的業績、成功的產品、成功人士），進而輕易地接受了它們的歷史。例如：大眾對於Apple創辦人史蒂夫·賈伯斯（Steve Jobs）的脾氣與才氣因為Apple的成功而肯定；或是因為股價的變動而對Amazon的傑夫·貝佐斯（Jeff Bezos）亦或是特斯拉（Tesla）的伊隆·馬斯克（Elon Musk）的經營能力有好的評價。這種月暈效應的現實展現，使人們容易受到結果的蒙蔽而產生偏見，讓自己的判斷力與分析力受到影響。

提出「六度分隔理論」（Six Degrees of Separation）的社會學家鄧肯·華茲（Duncan Watts）在他的著作《為什麼常識不可靠？》（*Everything Is Obvious*）就提到過，學習避免犯下重大失敗的三個作法：

1. 不從過去（成功）學習。

2. 不要只看（成功的）結果。

3. 不要自己評價自己。

　　正如同我常常向合作的企業提及的，「**策略分析工具是死的，重點在於使用的人（組織、團隊）**」。這些策略工具的最大作用，其實是在幫助我們個人及團隊的思考，看清現在及未來的各種可能。因此，能夠讓策略分析工具發揮作用，回歸成功策略的本質，還是在於我們的思維能力。

　　那麼，如何訓練自己的思維能力與批判能力，避免人云亦云式的認知呢？我認為，領導人必須積極的培養組織中共同學習與分享的氛圍，從當下學習，相信前線員工的知識，快速嘗試錯誤，彙集眾人的智慧，才能真正的帶領組織面對未來的挑戰，思考出適合自己組織的未來策略。

注釋

▶注1：原文〈超級小狼的啟示：戰略分析是有極限的〉刊登於「經營洞察力論壇」2018-09-12。

▶注2：「本田效應」（Honda Effect）係由帕斯卡博士於他的文章〈戰略視角：本田成功背後的真實故事〉（Perspectives on Strategy: The Real Story behind Honda's Success），針對BCG關於該故事的外部視角，以及美國本田經理人的內部視角所出現看似矛盾的解釋而提出，他認為西方的顧問、學者和管理人員偏愛對現實的過度簡化和對事件認知的線性解釋。雖然這些學者、顧問也承認策略的產生必須考慮「人為因素」。但是，那些商學院的戰略案例、顧問報告、戰略規劃文件以及大眾媒體的報導，可以發現人們普遍傾向於忽視組織試驗、適應和學習的過程。雖然相反的情況可能更接近真相（本田經理人隨著實際的狀況而彈性調整作法），我們仍傾向歸因於連貫性和有目的的合理性解釋而忽略那看似不合理的真相。這就是「本田效應」的真正意義。

▶注3：此模型係參考自明茲伯格所發表的〈深思熟慮與緊急應變的策略〉（Of Strategies, Deliberate and Emergent）一文。

　　完成本文的閱讀，不妨再多花幾分鐘深入思考下面的問題以提升您的洞察力：

1. 如果您有興趣，可以上網或翻閱書籍去查閱本田小狼摩托車的案例，您會發現不同的來源有不同的說明。這是否能引起您的好奇心去查找出一個最完整的內容出來呢？在這個過程中，您有什麼樣的心得，可以幫助您日後的資訊搜集作業？

2. 文章中提到月暈效應，主要是指人們容易以局部的認知擴大到對全部的認知，產生以偏蓋全的偏見。您是否有興趣花點時間，對於這個理論去深入的研究一下，再回顧自己平時的人際關係、領導管理、以及對於事物新知的吸收上，有無存在此種偏見？以及要如何避免它呢？

3. 關於「突現策略」的成功案例其實還有很多，您是否願意花些時間從組織內部找到一些案例，分享給您的團隊，並且審視一下目前的組織，是否具有正向的學習氣氛，幫助我們不要過早的排除掉可能的好策略？

十四、經營策略之父安索夫和他的武功大法

　　2018年8月2日，中國市場的星巴克（Starbucks）決定與阿里巴巴（Alibaba）合作推出外送咖啡的服務，正面加入由瑞幸咖啡（luckin coffee）為首所帶起的一場互聯網咖啡市場大戰（一種依託網路及App，經由線上下單、線下門店自提或外送的咖啡外賣營業模式）。從策略的角度，各位看到了什麼？

　　星巴克中國加入互聯網咖啡的競爭行列，是因為原先以第三空間定位的咖啡市場被侵蝕了？還是因為「以方便性著稱的互聯網咖啡業態」的興起創造了一個新的市場，提供了星巴克一個成長的機會？企業追求成長是不變的道理，在快速創新的時代如何找出成長的機會，絕對是現代企業最為重視的課題。

　　在本篇文章，我將為各位介紹一個有用的策略分析工具——安索夫矩陣（Ansoff Matrix）。這個工具可以很好地幫助大家思索企業成長課題，並且可以理解這場互聯網競爭戰背後的策略內涵。在介紹這個工具之前，我們來一次追本溯源，去認識一下這位現代策略管理之父——伊格爾‧安索夫的生平，以及他的偉大貢獻。

▌兼具理論與實務的現代策略管理之父▐

　　伊格爾‧安索夫博士（Dr. Igor Ansoff，1918.12.12～2002.07.14），出生於海參崴，父親是俄裔美國人，當時為美國駐蘇聯外交官，母親是俄羅斯人。他在1936年和家人一起從當時的俄國移居美國。安索夫是數學、現代物理學雙碩士，後來又獲得了應用數學的博士。取得學位後，他曾在加州蘭德智庫研究所（RAND Corporation）服務六年，在這期間，安索夫參與許多軍方的大型專案，發揮了他的數學專長，同時，在軍事情報及策略分析的工作上亦有所表現。這六年的工作，讓他認知到，組織會因為追求合理性及可預見性

決策而產生限制，無法有效的因應外界環境變化（也就是所謂的「組織短視症Organizational Myopia」），進而學到他發展策略管理架構的第一課，也成為他日後最為關注的議題之一。安索夫接著加入洛克希德公司（Lockheed Corporation，1995年和Martin Marietta合併為洛克希德‧馬丁公司Lockheed Martin Space Systems Company），後來調到洛克希德電子公司擔任計劃部門副總裁，最後又成為工程部門的最高階經理人，讓連年赤字的部門轉虧為盈。

1960年代，歐美經濟大躍進。1957年歐洲六國（法、德、義、荷、比、盧）建立歐洲經濟共同體，自此歐洲成為巨大市場，歐洲各國的海外收益比率提高，許多企業也開始摸索成長策略和長期計劃。在市場和事業多樣化的複雜情況之下，如何擬定「不單是延伸現況」的事業策略和計劃？成為了當時學術界與實務界最關心的課題。

安索夫於1963年決定從洛克希德公司退休，轉換身分成為卡內基工學院的教授，並於1965年發表了他最重要的著作《企業策略論》（*Corporate Strategy*），對企業的策略規劃與發展這個問題提供了解答。安索夫日後又受邀到歐洲任教了六年，最後回到美國。

▌安索夫對現代策略管理的影響 ▌

安索夫在他的策略管理理論裡，將企業決策分為了策略面（Strategy，產品和市場）、管理面（Structure，如何設計組織和資源配置）和制度面（System，如何編列預算和控制管理）三種，這也是為後人所熟知的「3S模型」。他認為，經理人必須在這三個層面做決策，其中，因為經營策略是「連結現在和未來」的方針，因此，他認為策略面的決策是最重要的，也是最高階經理人的主要職責。這成為如今所有策略模型共同的思考方式，而他的「3S模型」，也成為了日後著名的「7S模型」（圖4.4）的基礎（注2）。

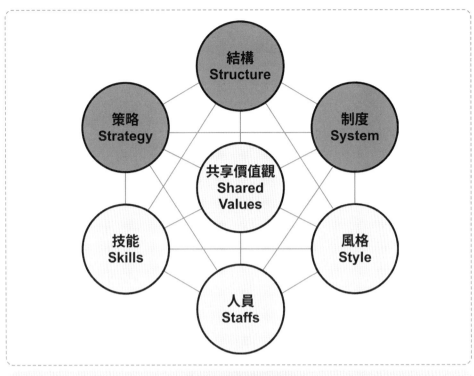

圖4.4　麥肯錫7S模型

　　當時很多歐美企業都擁有許多的事業體，有的以部門形態，有的以獨立子公司的形態存在，於是，安索夫將經營策略分成兩大類：

第一類：決定各事業方針的「事業策略」（**Business Strategy**）

第二類：管理、統合整體事業策略的「企業層級策略」（**Corporate Strategy**）

　　企業層級策略主要決定事業體（Business）要往什麼方向發展，最終決定什麼樣的事業組合對企業發展幫助最大，我們也稱之為「事業組合管理」（Business Portfolio Management）。這種思考事業組合策略的方法，也是日後著名的「BCG成長與市占率矩陣」（又稱為BCG矩陣）的原型。

　　安索夫同時提出了四大策略要素，認為企業必須要先思考本身的核心事業、深入瞭解環境的特性（波特五力分析的原型）、追求「以綜效化為基礎的多角化」，以思考企業未來發展的方向。若領導人要以策略性的方式管理企

業，不僅要適應外部環境，還要重視內部要素；不僅要擬定策略，還得重視執行和控制；不僅要重視外部環境的具體面（如技術、經濟景氣指標等），還要重視軟性面向（如政治、法律等）。

安索夫的策略管理理論是後來許多著名策略理論的原型，例如：麥可‧波特（Michael E. Porter，競爭策略大師）、克雷頓‧克里斯汀生（Clayton M. Christenson，破壞創新大師）、金偉燦（《藍海策略》作者）、麥肯錫7S模型（Peters & Walterman）、波士頓矩陣（BCG）等眾多優秀的專家學者，都可稱作安索夫的弟子。學習策略管理，我們能不對這位策略管理之父有著深入且全面的認識嗎？

安索夫矩陣（Ansoff Matrix）

安索夫博士於1957年發表於《哈佛商業評論》的「安索夫矩陣」，又稱為「產品市場成長矩陣」（Product/Market Growth Matrix）、「安索夫成長向量矩陣」（Ansoff's Growth Vector Matrix）。它是由產品及市場（或是客戶）兩個維度所組成。

既然稱之為產品市場成長矩陣，顧名思義，安索夫矩陣主要被用來思考一個組織（一間企業，或是一個事業體）本身的成長策略。透過安索夫矩陣進行分析，可以產生各種可能的策略選項（Strategic Options）或策略議題（Strategic Issues）。請注意，進行安索夫矩陣分析時，不能期望一下子就產生出具體的策略，這是為何稱其產出為策略選項（可以視為待定或待深化的策略）或策略議題（需要進一步分析與討論的重要事項）的緣故。

安索夫矩陣（如圖4.5），由市場（或顧客）及產品兩個維度所組成，分成四個象限，並且為組織定義出不同的成長策略，分別如下：

1. **市場滲透策略（Market Penetration Strategy）**：以既有產品在既有市場（或顧客群）競爭的策略。

2. **市場發展策略（Market Development Strategy）**：以既有產品，拓展到新市場（或新顧客群）的策略。

3. **產品發展策略（Product Development Strategy）**：針對既有市場（顧客群），開發新產品的策略。

4. **多角化策略（Diversification Strategy）**：或稱之為多樣化、多元化，係針對新市場（或新顧客群）開發出新產品的策略，又區分為「相關多角化」及「非相關多角化」策略。

圖4.5　安索夫成長矩陣

　　在安索夫矩陣中，「產品」可以包括實體的產品或是無形的服務，「市場」則包括各種分類標準下的市場（例如：地理分類、年齡性別分類），也可以置換成特定的顧客群。

　　安索夫矩陣的真正目的，是為企業的未來成長提供一些可以思考的策略選項或策略議題（主要是策略選項），因此，我們萬萬不可一股腦兒將四個象限的意見全部實施。我們也知道，以風險而言，市場滲透策略的風險最低且最容

易實施，而多角化策略則是最需要創意且風險最高的，這是各位在使用安索夫矩陣時要特別注意之處。接著，為各位詳細的說明這四項成長策略。

1. 市場滲透策略

組織選擇市場滲透策略的目的，是希望運用現有的產品來擴大市場占有率或增加銷售量。基本上有四種思考方向，分別是：爭取競爭對手的客戶、改進產品的品質或服務的水準、吸引現有市場區塊中的非使用者，或是增加現有客戶的使用量（產品或服務）。

例如：iPhone在安卓的App市集裡，開發了一款「轉移到iOS」的App，讓安卓手機的使用者，順利的將資料傳送到iPhone，無痛轉換到蘋果手機，成功的爭取安卓陣營的用戶。

在思考市場滲透策略時，各位可以多花點心思去探討客戶是否還有哪些未被滿足的服務或品質（Unmet Needs）？例如：必勝客（Pizza Hut）為了要讓外賣客戶享受到更美味的披薩，特別設計了一款外送盒，據說可以將披薩的溫度較傳統外送盒升高15°F（約8.3℃），讓外送服務更美味，從而增加了外賣生意。另外一例就如星巴克中國決定增加咖啡外送服務，以滿足在家購物的消費者。

2. 市場發展策略

這個策略顧名思義，就是當既有的市場（或市場區隔）無法滿足企業的成長目標時，必須要思考如何開拓新的市場。這時，我們可以考慮進入一個新的市場區塊（例如：由男性刮鬍刀市場進入女性除毛市場）、開發出現有產品或服務的新用途（例如：手機取代數位相機），或是進入新的地理區域（例如：「星巴克進軍中國」等，企業的國際化或外銷均屬此類）。

另舉一例，優步（Uber）的初期商業模式是想取代計程車及專車接送的市場，然而，在這個競爭激烈的市場下，成長不易。因此，當看到外賣市場正蓬勃興起時，趁勢利用既有的運送服務資源，推出優食（Uber Eats）以搶食這個

商機。而美團（中國大陸外賣龍頭）、Uber Eats這些外賣服務的推陳出新，已經嚴重的侵蝕兩岸速食麵（泡麵）的市場。因為，外賣服務及速食麵都在滿足相同的顧客需求，那就是「方便與即食」。

在思考市場發展策略時，必須要掌握兩件事，那就是既有產品或服務是在解決什麼樣的核心需求或問題（JTBD：Jobs-To-Be-Done），以這個需求（Jobs）為主軸去尋找那些未被滿足的市場（或顧客群）。當然，必要的調整或設計絕對是不可少的作為。

3. 產品發展策略

這項策略聚焦在如何為既有的市場（或顧客群）提供新產品，以滿足他們新的需求（JTBD），在這裡所指的新產品，與既有的產品相比，必須具有明顯的差異，或是全新的產品或服務。

企業在進行此項策略的探討時，除了挖掘既有顧客的新需求外，亦必須要考慮到如下方面：是否能利用過剩的產能？能否阻止對手趁機進入？在顧客眼裡是否能維護企業既有的聲譽？能否藉此開發新技術？以及是否能保護好企業的整體市場占有率？

蘋果最擅長這種策略了，它們以iOS、iTunes及App Store為核心，十幾年來，持續的推出iPod、iPhone、iPad、Apple Watch、Apple TV+，讓眾多的果粉們不斷地買、買、買。與此概念相同，如騰訊的QQ、QQ音樂、微信，也有異曲同工之妙。

要運用這項策略，請好好的瞭解既有的客戶，除了市場占有率（Share of Market）之外，還應該要有顧客占有率（Share of Customer）的思維（注3）。

4. 多角化（多樣化）策略

採用這類策略具有較高的風險，因為企業同時要思考新產品以滿足新市場（新需求）。關於企業的多角化，一般包括相關多角化（向供應鏈上游、下游、或是水平展開）及非相關多角化（可能是完全無關的產業）。其中，非相關多角化是一個非常高風險的策略嘗試，千萬小心。

在相關多角化的策略思考上，基本上是以企業是否具有可以共同使用的資源為主要的思考點，有時又稱為綜效（Synergy）。由於現代商業型態的複雜程度較高，是否運用綜效來進行多角化則是見仁見智，這也可能替企業帶來許多未知的風險。例如：阿里巴巴購併了盒馬鮮生，由線上走入線下，想要將盒馬改造成新零售的業態。嚴格來說，盒馬鮮生與阿里巴巴營運的相關性，應該可以被歸類為非相關多角化；然而，如果考量阿里巴巴將支付寶作為經營盒馬鮮生業務模式中的一個支付工具以及會員管理平台，由這個角度來看，似乎也可看作阿里巴巴一小部分的業務綜效（相關多角化）。

▎使用安索夫矩陣的注意事項 ▎

安索夫矩陣的特點是簡單易懂，但也正因如此，使得許多人在使用這個策略分析工具時，因未能注意細節而無法獲得它的好處。提供以下幾個建議，幫助各位有效使用安索夫矩陣：

1. 一般而言，我們會建議各位按照：市場滲透→市場發展→產品發展→多角化的順序進行探討與策略發想。至少完成前三項策略的討論並得到可以進一步分析的策略選項或策略議題。

2. 對於市場（或顧客群）的理解，可以運用創新管理的概念，由需求面來探討，這時，JTBD的概念可以幫助各位得到更多的想法與靈感。

3. 在進行團隊討論時，請善用腦力激盪進行發散性思考（Divergent Thinking），討論過程先不對意見做可行性的批判。同時，由於所有得到的想法均為策略選項或策略議題，仍需要進一步的可行性分析或請專家來完善，完善的過程也是所謂的收斂性思考（Convergent Thinking）。

4. 最後，安索夫矩陣的分析具有局限性，它提供的是一個方向，務必要搭配其他策略分析的工具才能提供完善的策略選項作為決策的依據。此外，在多角化策略的選擇時，請務必注意它的高風險特性。

注釋

▶ 注1：原文〈「經營戰略之父 安索夫」和他的武功大法〉刊登於「經營洞察力論壇」2018-10-17。

▶ 注2：「7S模型」係由服務於麥肯錫顧問公司（McKinsey & Company）的兩位學者，湯姆‧畢德士（Thomas J. Peters）和羅伯特‧華特曼（Robert H. Waterman Jr.）於上世紀70、80年代，自其研究的62家獲利高、歷史悠久且優秀的美國企業，從中選出43家堪為典範的企業，包括IBM、柯達、杜邦、德州儀器、麥當勞等。經過深入調查，總結出這些卓越且創新企業的成功要素，建構成「麥肯錫7S架構」（McKinsey 7-S Framework），簡稱為「7S模型」。同時他們出版了《追求卓越：來自美國最佳企業的經營經驗》（*In Search of Excellence: Lessons from America's Best-Run Companies*）一書，幫助眾多美國企業擺脫了失落感。

▶ 注3：這是一種「一對一行銷」（One to One Marketing）的概念，是一種顧客關係管理（CRM）策略。相對於追求市場整體的份額（市場占有率），顧客占有率追求的是顧客本身價值（貢獻）的最大化，需要供應者能夠極大化的瞭解顧客，提供個人化的溝通與服務，提升顧客忠誠度，最終的目標在於極大化顧客的終身價值。

思考問題

完成本文的閱讀，不妨再多花幾分鐘深入思考下面的問題以提升您的洞察力：

1. 完成本文的閱讀後，請自行列舉出可以說明各種策略的案例，並且分享給其他朋友或同事。

2. 上網查找愛彼迎（Airbnb）的經營模式，並且以安索夫矩陣為參照，檢視愛彼迎的成長策略是否有符合之處？

3. 如果您對安索夫博士的生平感興趣，建議您上網去深入瞭解他的實務與理論發展背景，您會發現現代許多策略分析工具均源自於他的貢獻。對他的理論深入瞭解後，是否會幫助您重新看待如今這麼複雜且多樣的策略管理理論呢？

十五、好用的事業策略工具 ── ADL矩陣

　　前一篇文章為各位介紹了策略管理之父伊格爾‧安索夫（H. Igor Ansoff）的生平，以及聞名於世，被用於企業成長策略分析的安索夫矩陣（Ansoff Matrix）。本篇文章帶各位來認識另一位重要的管理大師，他就是創辦全球第一間諮詢顧問公司的亞瑟‧理特（Arthur D. Little，1863.12～1935.8），以及以他為名的著名策略分析工具ADL矩陣（ADL Matrix）。

▍大師的生平 ▍

　　理特出生於美國波士頓，曾經於著名的麻省理工學院（MIT）學習化學專業（1881～1884），卻因為財務因素，未能順利取得MIT的文憑。理特離開MIT後，於1886年以化學家的身分加入了里士滿紙業（Richmond Paper Company），沒多久，他便成為一間造紙廠的廠長，在廠長任內，由於他指出某項化工製程設計上的錯誤並修正了它，理特獲得了他人生的第一項專利。透過進一步的研究，理特又先後取得與造紙製程技術相關的多項專利。

　　隨後，理特離職，並和他在里士滿紙業共事的羅傑‧格里芬（Roger Griffin）於1886年10月1日在波士頓創設了理特格里芬化學工程公司（Little & Griffin），專注於造紙製程的化學分析及測試領域。雖然，理特並未拿到MIT的大學文憑，但是，由他和格里芬所寫的手稿《造紙化學》（*The Chemistry of Paper-making*），在當時，卻是美國造紙業界的權威教材。可惜，因為格里芬在一場於1893年的實驗室意外中喪生，以致於這份手稿最終未能完稿及出版。

　　之後，理特將公司改名為ADL諮詢（ADL Consultancy），其間也創設過纖維素產品公司（Cellulose Products Company），後來因經營不善而售予伊士曼科達（Eastman Kodak Company）。接著與MIT化學系教授合夥成立理特與沃克公司（Little & Walker，1900～1905）。至1909年，理特再度將公司更名為

Arthur D. Little（ADL），也就是在此時，理特導入了分析研究方法，並於1910年接受通用汽車（GM：General Motors）的委託，協助GM設立一座研究實驗室，這個專案奠立了現代顧問諮詢服務的基礎。隨著接踵而來的更多專案，使ADL成為全球第一家管理與技術諮詢顧問公司，專注於策略、科技，以及創新三大領域。

理特除了開創諮詢顧問行業，成為名符其實的「現代管理諮詢之父」；他最為人所知的貢獻，則是以他為名，由Arthur D. Little諮詢公司綜合了自1886年以來的服務經驗，於上世紀70年代所提出，幫助企業瞭解其競爭地位，分析策略條件，提供策略方向，並據以洞察出成長策略的ADL矩陣（ADL Matrix）。

理特後來擔任了MIT化學與化學工程學系訪問委員會主席，並負責引進化學工程實習學校，也於1893至1916年間於MIT教授造紙課程。他最為人知的名言即是"Research serves to make building stones out of stumbling blocks."（做研究的目的是將遍布地上的碎石頭打造成宏偉建築的基石）。

▌初探ADL矩陣▐

ADL矩陣（又稱作「ADL策略矩陣」）最早是被用作面向一個擁有多個策略事業單元（SBUs）或是多個產品線（Product Lines）的組織，透過分析其所擁有的事業或產品線所處的行業機會與市場競爭地位，來判斷應該採取的投資策略，以幫助組織的成長（如圖4.6）。

COMPETITIVE POSITION	INDUSTRY LIFE CYCLE STAGE			
	Embryonic	Growth	Mature	Aging
Dominant				
Strong				
Favorable				
Tenable				
Weak				

圖4.6　ADL矩陣

ADL矩陣屬於投資組合分析策略工具的一種，與它具有相似目的的知名工具，還有BCG矩陣（市場增長率—相對市場占有率矩陣），以及GE矩陣（行業吸引力矩陣）。有時，ADL矩陣也會被投資機構作為對投資目標物的評估工具。不過，ADL矩陣在國內不太為大家所熟悉，似乎使用的組織並不多。

如同BCG矩陣及GE矩陣，ADL矩陣也是由兩個維度所組合，分別是「行業生命週期」（Industry Life Cycle）及「市場競爭地位」（Competitive Position）。其中，行業生命週期適用於組織想要分析的事業或產品線，這個維度被定義為四個階段（如圖4.7），分別是：

萌芽期（Embryonic）：此一階段可以觀察到行業中的產品開始被採用，具有市場增長快速、較少的（或是沒有）競爭，以及較高的產品售價等特性。

成長期（Growth）：此一階段可以觀察到市場需求持續的增強、銷售量及需求也不斷的放大，此時的競爭對手不多，或是，雖然參與者較多大家卻都賺得到錢。

成熟期（Mature）：此時，市場的增長放緩，市場的占有率及各自的顧客群均已穩定，所以，容易出現價格競爭。

衰退期（Aging）：當產品的需求開始下降、企業減少投資，甚至放棄這個市場，代表步入衰退期。

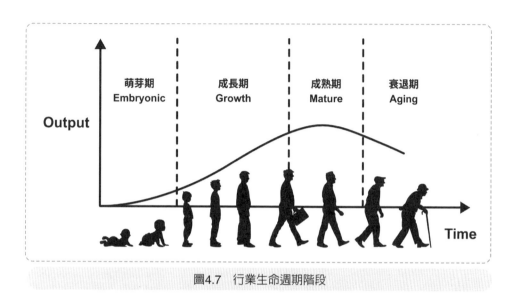

圖4.7　行業生命週期階段

市場競爭地位則被定義為五個類別，分別為：

主導地位（Dominant）：這種強勢地位較少見到，可能源於市場受保護或該事業／產品線擁有壟斷的技術或優秀的新產品。

優勢地位（Strong）：市場占有率強大且穩定，在策略的選擇上具有自由度，對競爭對手採取行動不必顧慮太多。

有利地位（Favorable）：在特定的市場區隔裡，享有競爭優勢，不過，也得面對較多對手所帶來的挑戰。

守勢地位（Tenable）：組織的市場競爭地位是小的，而且市場占有率是著眼於小範圍的利基市場（Niche Market）或是具差異化的產品。

弱勢地位（Weak）：市場占有率不斷流失，事業／產品線太小不足以保持獲利或長期生存。

基於前述兩個維度，可以形成一個5×4的矩陣圖（如圖4.8）。組織針對想要分析的事業／產品線，可以先分析出它（或它們）所處的行業生命週期階段與市場競爭地位，XY軸相交的位置（格位）則可看到ADL矩陣所建議的策略思考方向。接下來，組織就可以基於願景或長期發展目標，依據自身對於外界環境的分析，以及內部能力與資源的掌握程度、所得到的洞見，再參考來自於ADL矩陣的策略思考方向，發想出可以採取的策略選項（Strategic Options）。所以ADL矩陣有時又被稱作「生命週期組合矩陣」。

行業／產品生命週期階段				
市場競爭地位	萌芽期	成長期	成熟期	衰退期
主導地位 Dominant	• 全力爭取占有率 • 高於市場增長速度進行投資 • 保持市場地位	• 保持行業地位 • 保持增長率的投資	• 保持市場地位 • 與行業同步增長 • 視需求再投資	• 保持市場地位 • 視需求再投資
優勢地位 Strong	• 試著去改進市場地位 • 全力爭取占有率	• 積極爭取改進市場地位 • 投資以增進及增長市場地位	• 保持市場地位 • 與行業同步增長 • 視需求再投資	• 保持市場地位 • 降低成本以最大化獲利
有利地位 Favorable	• 有重點的或全力爭取占有率 • 有重點的改善市場地位	• 有重點的改善市場地位	• 固守或維持既有市場 • 找出利基市場並保護好	• 降低成本以最大化獲利 • 逐步淘汰並退出
守勢地位 Tenable	• 有重點的爭取市場地位 • 有重點的投資	• 找出利基市場並保護好	• 找出利基市場並堅守 • 逐步淘汰並退出	• 逐步淘汰並退出 • 放棄市場 • 轉讓或變賣
弱勢地位 Weak	• 依潛在收益及成本決定上馬或下馬	• 轉變市場地位或是放棄市場	• 轉變市場地位或是分階段退出	• 放棄市場 • 轉讓或變賣

圖4.8　ADL矩陣表與通用型策略方向

┃ADL矩陣使用原則┃

在開始進行ADL矩陣分析前,有幾件事情必須注意。首先,組織必須要確定分析的對象。

由於ADL矩陣分析的對象為事業(SBU)或是產品線,若組織僅有單一產品或是具有同行業內的相似產品,可以直接進行分析作業。然而,有的組織產品結構比較龐大,產品線既廣且複雜,請參考下列原則,針對待分析的事業/產品線予以組合及分類,再進行較明確的分類或事業/產品線定義,如下:

1. 是否具有相似的計價模式?

2. 是否具有共同的競爭對手?

3. 是否具有相似的顧客區隔?

4. 是否具備相同/相似的品質水準或品質要求?

5. 是否面臨相似的可替代品的威脅?

6. 是否面臨相似的撤資或清算的可能性?

在完成事業/產品線的定義後,組織必須要進行內外部經營環境的資訊搜集,包含現況及未來的發展趨勢,這也是所謂的內外部環境分析作業的一環。由於ADL矩陣以兩個維度來進行分析,因此,外部環境分析的重點將著重在行業生命週期的階段分析(與定義),包括:市場成長性、市場占有率的變化、產品的創新速度、競爭對手的數目、市場定價、市場進入障礙等。內部分析的作業將集中在市場競爭地位分析相關的資訊搜集,包括:組織自身的核心能力、市場區隔、競爭優勢、現況策略……等。

這些內外部環境分析的事前作業非常重要,對於ADL矩陣的操作具有關鍵性的影響。畢竟,行業生命週期的演進階段,以及市場競爭地位的判定,是一個非常主觀的認知與判斷,內外部經營環境分析的過程,不僅僅是資訊的搜集而已,它是一個策略思考的客觀分析過程,必須要團隊成員共同洞察出所見數

據與資訊背後的意義與發展的趨勢。

如何有效的運用ADL矩陣

　　一些經典的策略分析工具，如SWOT／TOWS分析、BCG矩陣、創新矩陣、GE矩陣……等，由於太有名氣，導致許多組織領導團隊在進行策略分析與規劃作業時，容易掉入「爲使用工具而使用，卻不知爲何而用」的陷阱。這也是本文介紹這些工具的初衷。希望以下五項原則可以幫助各位善用ADL矩陣，以發揮它的效果：

1. 應定錨於組織的長期發展目標

　　ADL矩陣是在幫助組織對其所擁有的事業／產品線發展出合適的投資與成長策略，包括：市場地位的改變、市場區隔的重新定義、市場占有率的爭取，或是成長、收割、撤退等策略課題。無論是何種策略的選擇，作爲投資組合的策略分析工具，所涉及的關鍵課題即是公司的資源運用及取捨，以及如何支援組織長期發展目標；基於ADL矩陣所提供的策略思考方向而產生出來的策略選項，也應該聚焦於長期目標，以長期目標的實現作爲後續篩選與細化策略選項的基本原則。

2. 盡量用圖形表明分析結果

　　在進行ADL分析的時候，除了內外部環境分析資料的探討過程，對於分析結果的表現，也要善用圖表的方式，才能幫助參與決策的人士一目了然，達到溝通的最大效果。在圖表的繪製時，可以看出事業／產品線的策略位置，也可以以圓形圖的大小來標示出市場占有率。有時，如果無法很明確的定義出行業生命週期，也可以採用跨生命週期階段（X軸）的方式來標示（示例如圖4.9，左上角爲跨兩個生命週期階段的表示，右半邊爲利用圓形面積大小表示市場規模，顏色標示出市場占有率比例）。

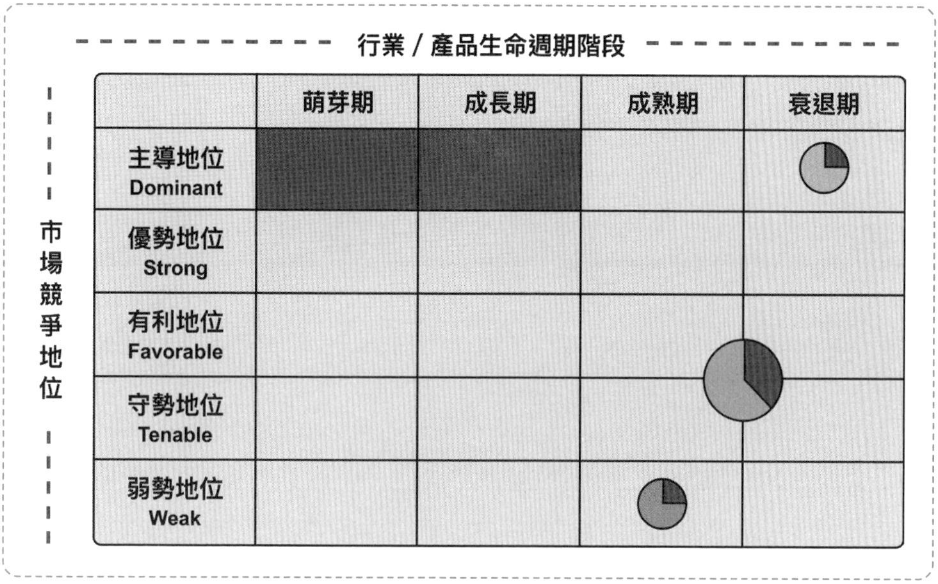

圖4.9　ADL矩陣分析示例

3. ADL矩陣的通用型策略僅為策略思考方向的提示

　　ADL矩陣也是一種「投資組合分析矩陣」（Portfolio Analysis Matrix），許多知名的策略分析工具均屬於同一類型。通常，這些分析工具為使用者提出了看似很明確卻是需要具體分析取捨的策略思考方向，特別是ADL矩陣。從5×4共20個矩陣方格中，整理出了多個不同的策略思考方向，每一個方格所建議的策略思考方向也都超過一個以上。基本上，列於其中的這些策略思考方向都應稱作「通用型策略」（General Strategy），它們僅是一種基於分析結構的策略大方向，屬於一種建議及參考的性質，有些還存在著執行上的衝突，需要我們深入討論及做出取捨。

　　例如：在「守勢地位—成熟期」的方格中，ADL矩陣建議「找出利基市場並堅守」，以及「逐步淘汰並退出」這兩種策略方向（圖4.10）。或許這是一種類似前後次序的策略建議（可以解讀為：先替事業／產品線找出利基市場，如果找不出來或無法堅守該利基市場，則組織要考慮退出這個市場），亦或這

是一個取捨的策略建議（組織需要對這個事業／產品線進行評估，是否有機會找出利基市場並投入資源堅守市場地位，或是考慮就此淘汰這個產品線）。這也是眾人在運用ADL矩陣時會遭遇到的問題。

	萌芽期	成長期	成熟期	衰退期
守勢地位 **Tenable**	• 有重點的爭取市場地位 • 有重點的投資	• 找出利基市場並保護好	• 找出利基市場並堅守 • 逐步淘汰並退出	• 逐步淘汰並退出 • 放棄市場 • 轉讓或變賣

圖4.10　ADL通用型策略範例

因此，要讓ADL矩陣發揮策略分析的實質效果，領導團隊必須要培養策略思考的能力，以及團隊協作的精神，針對ADL矩陣分析後的策略建議，需要團隊進一步討論，基於洞見以形成具體的策略選項，再配合來自於其他策略分析工具的策略選項，進行最後的優先排序與決策。

4. 環境分析及團隊協作才是關鍵

眾所周知，ADL矩陣存在著不小的模糊空間，特別是關於行業生命週期的判斷上，更不易有客觀的結果。畢竟，關於行業的定義、範圍、成長性、客戶需求的滿足程度、行業內創新等屬性，均會因分析者的認知與資訊來源差異，而有不同的判斷，更遑論組織成員於行業分析專業能力的強弱。許多組織因此轉而依靠外部專家代勞。不過大家可以試想一下，如果身處行業內的組織都無法掌握清楚行業動態，外部諮詢顧問又能做得多好呢？

從當責（Accountability）的角度來探討，組織應該發揮團隊協作的能力，在採用ADL矩陣進行投資組合策略分析的工作時，對於被分析的事業／產品線的外部環境，進行完整的掃描與資訊搜集，包括市場競爭的資料分析，這也是一段團隊策略思考的過程。依據所搜集的資訊及洞見所做出的判斷，會為組織團隊帶來信心；環境雖時時在變化，唯有策略思維能力及團隊協作才是面對變化的不變之道。

5. 在正確的時機下選用ADL矩陣

　　本文一開始介紹ADL矩陣時便已說明，ADL矩陣的使用對象為策略事業單元（SBU）或產品線（Product Lines）。對於僅有一種產品的事業或組織也適用，但不適合過於細分的產品線。畢竟，ADL的維度中主要的是關於行業的生命週期變化的定義，如果公司將處於相同行業的不同款產品進行過度分解，則無法得到來自ADL矩陣的幫助。

　　此外，ADL矩陣是關於事業／產品線的投資策略，雖然事業投資策略的實現也有賴於如何強化該事業／產品線的競爭力與如何掌握外部的機會，然而，關於競爭力提升及策略目標的實現，卻非ADL矩陣能夠幫助。組織可藉由SWOT／TOWS或是「價值法則模型」（Value Discipline Modes）（注2）所列出的三種企業營運模式，得到提升競爭力的洞見。因此，掌握合理運用ADL矩陣的時機，才不會出現以偏概全的錯誤，誤用策略分析工具，結果將是未蒙其利先受其害。

注釋

▶ 注1：原文〈組織策略分析的利器──ADL矩陣〉刊登於「經營洞察力論壇」2018-11-21。

▶ 注2：價值法則模型（Value Discipline Modes）是由麥可‧特里西（Michael Treacy）及佛瑞德‧威爾斯馬（Fred Wiersema）兩位專家在1993年於哈佛管理評論（Harvard Business Review）所發表的專文"Customer Intimacy and Other Value Disciplines"，建議每個公司都要從三個營運模型（卓越運營、產品領先、顧客親近）中，挑選一個並做到極致，終獲成功。這個工具可以幫助我們去檢視我們行業與組織的特色，適合作為內部制度提升的策略來源。

完成本文的閱讀，不妨再多花幾分鐘深入思考下面的問題以提升您的洞察力：

1. 完成本篇文章的閱讀，相信各位對於ADL矩陣應該不會陌生，建議各位花點時間，也去瞭解一下文中所介紹的另兩種投資組合分析矩陣——BCG矩陣及GE矩陣，比較一下這三種分析矩陣的異同之處。

2. 在進行ADL矩陣分析時，行業的定義及行業生命週期階段的判定非常關鍵。是否可以參考本文對各階段的定義，和您的團隊成員就企業的某些產品線的行業生命週期進行分析，會遇到什麼問題？有什麼發現呢？

3. ADL矩陣是一個操作性極高的策略分析工具，是否試著對貴公司的事業／產品線進行一次練習，對於那些策略思考方向，有什麼樣的見解與問題呢？

PART 5

策略展開實務

「對大多數的我們來說，最可怕的危險不在於把目標設定得太高卻達不到，而是把目標設得過低而達到。」

—— 米開朗基羅（Michelangelo）

....

十六、SWOT矩陣——小工具大學問

　　相信許多人都聽過SWOT分析，不論是學術界或實務界，不少朋友也都使用過這個工具，將它運用在許多地方，特別是關於營運計劃或是關於策略分析報告中。但是，我們真的懂得SWOT的用途嗎？我們真的知道如何使用SWOT嗎？SWOT真的是一個強而有力的策略分析工具嗎？

　　相信不少人心中對SWOT均存有疑慮與問號，甚至於長期誤用而不知。本篇文章想要和各位一起從實務應用面來探討這個在策略分析作業中廣為人知，卻未能真正被瞭解的策略分析工具，希望有助於經理人日後的策略分析作業。

▍SWOT矩陣的緣起與內涵 ▍

　　「SWOT矩陣」（SWOT Matrix），又稱作「SWOT分析法」。據考證，這個工具最早見於上世紀60～70年代，由史丹福研究中心（Stanford Research Institute，現在是SRI International）的亞伯特・漢佛列（Albert Humphrey）在他對當時美國500大企業關於團隊行動模型的研究報告中所提出，後來被知名諮詢機構麥肯錫公司（McKinsey & Company）大量運用於策略分析的作業中。

　　所謂的SWOT矩陣，根據維基百科的定義，它來自四個英文字的字頭，分別是Strengths（優勢）、Weaknesses（劣勢）、Opportunities（機會），以及Threats（威脅）。SWOT是一個結構性的策略分析方法，透過上述四個面向，用以評估某個組織、某個專案、或是某個事業的風險（如圖5.1）。因此，SWOT常被用在一家公司、產品、投資、產業、或是個人的分析工作上。

　　在SWOT的操作上，通常需要我們先設定一個目標，例如：某個事業的願景或是某個專案的目標，然後辨識出與實現這個目標相關的有利或不利的內部與外部因素。其中，內部因素（又稱為內部環境因素）指的是SW，而外部因素（又稱為外部環境因素）指的是OT，基本的定義如下：

優勢（S）：該事業或專案所特有，並使其優於其他事業或專案的特質或條件。

劣勢（W）：使該事業或專案相對於其他的事業或專案置於不利地位的特質或條件。

機會（O）：那些存在於外界環境，並且可以為該事業或專案所利用而成為本身優勢的要素。

威脅（T）：那些存在於外界環境，可能會替該事業或專案帶來麻煩或導致風險的要素。

基本上，SWOT分析最早的應用，是基於「策略適配」（Strategic Fit）的概念，判斷企業的內部經營環境與所處的外部經營環境彼此間的匹配程度。因此，決策者可以參考SWOT的分析結果，來規劃後續的具體作為（策略），以實現所設定的目標。如果經過SWOT，發現原先所設定的目標不可能實現，則必須選擇不同的目標，並且再重新進行SWOT分析。

圖5.1　SWOT矩陣

▌SWOT分析常見的六大錯誤 ▌

　　如前所述，許多人早已使用SWOT於事業規劃書、投資報告、或是專案計劃中，好像在這些分析報告中不來個SWOT分析表，就顯示不出這些規劃或策略是經過「深思熟慮」的過程。正因如此，濫用SWOT或是不當使用SWOT，已經讓這個小工具逐漸變成一個可有可無的書面道具，而無法對我們的策略分析作業產生它該有的貢獻。以下為我認為許多人在運用SWOT的一些常犯卻應該避免的錯誤：

1. **為了做SWOT而做SWOT**：這是最常見的錯誤，因為不清楚SWOT的真正用途，只是因為充篇幅或是完成計劃書的章節，甚至倒果為因，為了交卷而填寫出這張四方格表。

2. **僅運用一次性的腦力激盪會議來完成SWOT**：常見企業策略會議必會安排SWOT單元，讓參與主管依序進行S－W－O－T的討論以完成SWOT矩陣，接著進行SWOT交叉分析（許多組織甚至未做交叉分析這個作業）。這種策略會議有一個別名，稱作「洞穴式會議」（The Cave Meeting），指的是團隊以為在一次性的策略會議中就能夠彙集主管們的智慧與經驗來完成內外部環境的診斷，進而產生出獨特的策略，結果將事與願違。

3. **直接由SWOT交叉分析產生策略**：許多經理人知道，一個完整的SWOT分析，不應只完成四方格表，還必須要進行後續的交叉分析（又稱作SWOT／TOWS分析），然而，許多人卻很習慣的直接在交叉分析的作業中產出相對應的策略並直接使用，卻忽略了交叉分析的本質僅是以提供團隊可進一步確認的「策略選項」（Strategic Options）（注2）為目的。

4. **未能事先設定好SWOT分析的目標物**：SWOT分析要有目標物作為分析的對象，因此，如果是專案，必須要先設定專案目標或投資標的物。如果是企業的策略分析，需要事先設定企業願景、明確事業的定位、或是明確所屬的產業範圍。如果缺乏目標物為成員定錨，那麼，SWOT分析僅是一次小組作業罷了。

5. **未能認清SWOT矩陣表僅是環境分析作業的匯總表**：這是許多人心中最主要的誤區，總認為SWOT分析就是開個會完成S－W－O－T這個四方格內容的填寫，然而，SWOT矩陣表只是經營團隊成員關於內外部環境診斷的意見匯總表，充其量，這張匯總表的內容是經過優先排序後所篩選出的「策略議題」（Strategic Issues）（注3）。有品質的SWOT分析匯總表內容應來自平時的內外部環境分析，這是一個長期性、不斷重複的策略思考過程。SWOT分析表的內容來源應該為團隊成員的洞見，而非一個短期的腦力激盪活動。

6. **將SWOT工具萬用化**：SWOT矩陣雖然好用，但也絕非適用於所有的策略分析作業，特別是當人們忽略了SWOT的本質是在幫助我們替事業或專案進行風險分析；而且，它會局限於所設定的目標範圍內，失去開創性的關注點。因此，有許多創業家認為SWOT不適用於新創事業的策略規劃，或是無法提供團隊跳脫既有產業的創新思維及策略。這些意見或許源自於誤解或主觀性認知，然而，我們也必須瞭解，這麼一個簡單的工具本就不適用於所有的經營情境，我們不應將其萬用化，當然，我們也不宜全盤否定SWOT所能帶來的功效。

▍策略思維與洞察力是進行SWOT的必要條件 ▍

　　如果真正瞭解SWOT矩陣，必然知道，要完成一次完整的SWOT分析作業，資訊的來源及資訊品質是居於關鍵的地位。這裡所指的資訊來源是外部環境變化趨勢的洞見，以及內部能力的診斷發現。

　　一般而言，內部能力的診斷可由多個面向進行，可能包含技術技能（例如：技術創新、專利等）、有形資產（例如：資金、土地、網路、通路等）、無形資產（例如：文化、品牌、專利、口碑等）、人力資源（例如：人才、團隊、管理制度等）、流程體系（例如：品質、運作機制、流程能力、作業制度等）。有時我們也會運用一些工具協助團隊進行內部分析作業，例如：

波特「價值鏈分析」（Porter's Value Chain）、「力場分析」（Force Field Analysis）、「創新組合分析」（Innovation Portfolio Analysis）、「創新S曲線分析」（Innovation S-curve Analysis）等；請記住，這些分析著重的面向與工具的選用並沒有一致性的標準，根據組織本身的特性與需要而定即可，千萬不要過度分析，反而失去環境分析的目的。

內部環境分析的目的，在於瞭解「**我們會做什麼？**」，透過對內部的現況分析，知道相對於我們的競爭對手（現有的或潛在的），由顧客的角度，識別出我們具備什麼樣的優勢與不足之處，掌握這個原則，才不會掉入自我感覺良好的結果（如圖5.2）。

至於外部環境分析，通常包含宏觀的經濟層面，以及微觀的產業競爭層面。這部分的分析作業，通常會使用一些工具或分析框架作為協助，例如：我們會使用PEST、STEEP、PESTLE或是STEEPLE（S：社會、T：技術、E：經濟環境、E：自然環境、P：政治環境、L：法律、E：道德規範），來分析宏觀經濟的現況與趨勢；也會使用「波特五力分析」（Porter's Five Forces Analysis，包含產業內的競爭態勢、潛在進入者的威脅、新產品的威脅、與供應商的議價能力、與客戶的議價能力）來分析組織面對產業的變化所可能帶來的機會與威脅。

外部環境分析的目的，在於瞭解「**我們能做什麼？**」。外部分析的重點在於競爭態勢的診斷、發展趨勢的偵測，以及對於整體環境的判斷。由於我們無法掌握全部外部環境的變化趨勢，因此，這部分的觀點及洞察力將決定SWOT分析的品質。

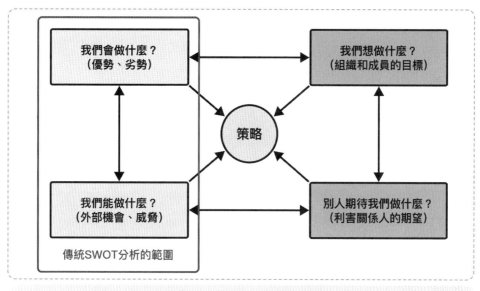

圖5.2　SWOT分析的範疇

　　要做好外部環境分析，首要關鍵在於個人與團隊的洞察力。要具備高品質的洞察力必須投入較長的時間進行大量的資訊搜集（Data Collection）、資訊消化吸收（Incubation）以及發揮團隊協作能力（Team Collaboration），這不是一件容易的事，也絕非1～2次的洞穴式會議就可以完成，需要策略思維的能力，以及長時間的分享與醞釀的過程。

　　因此，成功做好SWOT的外部分析，必須要在組織內部長時間的反覆交換資訊，以及培養組織成員關於理解環境變化的洞察力。它必須成為組織的長期作為以及策略規劃作業的一個關鍵階段，缺少這個過程，SWOT分析就只能成為一個過場。這不容易，幸好，培養策略思維及洞察力已經能經由工具的學習及團隊協作的方式而實現。（讀者可以參考本書關於策略思維的相關文章）

┃SWOT交叉分析的產出應視為策略選項┃

　　那些來自內外部環境分析的重要洞見，經過團隊討論後，決定出哪些洞見可以視為優先的策略議題而被優先列入SWOT匯總表。完成SWOT匯總表後，

接著就是進行交叉分析作業以得出策略選項。所謂的交叉分析，又稱作TOWS分析，是由美國舊金山大學海因茲‧韋里克（Heinz Weihrich）教授於1982年所提出，主要是將內部經營環境（SW）與外部經營環境（OT）進行交叉分析，而產生出可以實現長期目標與願景的策略選項，分別是SO、WO、SW以及WT（注4）。名之為TOWS，其實是SWOT的反寫。（如圖5.3）。

內部 (I) / 外部 (E)	優勢 (S)　列出您們的優勢　1)　2)　3)	劣勢 (W)　列出您們的劣勢　1)　2)　3)
機會 (O)　列出您們的機會　1)　2)　3)	SO策略　Adventageous　利用組織的優勢以掌握外部的機會	WO策略　Cautionary　限縮暴露組織的劣勢以捕獲外部的機會
威脅 (T)　列出您們的威脅　1)　2)　3)	ST策略　Competitive　利用組織的優勢以避免潛在的威脅	WT策略　Defensive　限縮揭露出組織劣勢以規避外部的威脅

圖5.3　SWOT／TOWS分析矩陣

　　在企業團隊進行策略分析作業時，必須要避免由TOWS分析可以直接得到具體可行策略的錯誤認知，這也是SWOT／TOWS作業的重要誤區之一。因為，透過TOWS交叉分析（SO／WO／SW／WT），我們應該要經由外部環境的策略議題（某項潛在的業務機會或趨勢，或是可能影響業務發展的威脅或風險），搭配內部能力的策略議題（某項相對於主要競爭對手的優勢或劣勢），聯想出一個命題（或課題），再基於這個命題，發揮團隊的智慧與創意，發想出具備創新與獨特性的策略選項。

例如：一個準備進軍中國大陸新能源汽車零配件市場的傳動軸生產商，看到當地政府在政策上支持新能源汽車產業的發展（O：一項被選入機會的策略議題），而本身具備自動化傳動軸生產製程，具備高品質及合理成本的優勢（S：一項被選入優勢的策略議題），因此，在SO的交叉分析中，可以聯想出「**如何運用既有自動化生產能力以掌握政策支持，及早進軍新能源汽車供應鏈**」的一個命題（或課題），基於此一命題與3～5年突破性目標，經營團隊可以發想出一些獨特的市場、產品、技術創新的策略選項出來。

在進行策略選項的發想時，關鍵在於「HOW（如何做）」的思維，此時，本質的掌握、團隊協作，以及策略構想的獨特性非常重要，愈多愈好，數量是我們的訴求，太早以可行性觀點看待創意將會扼殺好的策略選項於搖籃中，可以搭配一些好用的創新工具幫助創意的發想，以收事半功倍之效。

完成數量較多的策略選項後，團隊才進行可行性的討論，此時，可以依據組織的中長期目標，進行策略選項的優先排序以篩選出可行策略，或是透過整合相似的策略選項，進一步的發想出更具獨特性及可行性的經營策略。

▍工欲善其事必先利其器 ▍

面對不斷變化的經營環境，經理人唯有善於運用完善的工具，知己知彼，獲得洞燭機先的策略優勢，在眾多策略分析技術中，SWOT／TOWS無疑是重要的工具。然而，正確完成SWOT／TOWS分析作業，並不代表我們可以產生好的經營策略。如果經營團隊未能充分掌握SWOT的本質與熟悉完整的作業要求，並及早培養正確的策略思維以提升個人與團隊的洞察力，那麼，要能發展出獨特的經營策略，將是如同緣木求魚般的脫離現實。

閱讀本文並不會讓各位成為SWOT高手，但能幫助各位正確的看待SWOT，同時，也希望能啟發各位，經由正確使用SWOT，累積經驗，成為擅長策略分析的高手。

注釋

▶ 注1：原文刊登於「經營洞察力論壇」2018-01-31。

▶ 注2：策略選項（Strategic Options）：係指具備策略的性質，但需經過進一步的討論、可行性分析、優先排序、或是整合後，才能成為最終的經營策略。在本文，經過TOWS交叉分析後的策略，應該歸屬於策略選項的性質。

▶ 注3：策略議題（Strategic Issues）：名之為議題，指的就是需要進一步的釐清與討論。在本文，策略議題不是策略，通常是指經過內外部環境分析所搜集到的資訊，經過討論得到的洞見，再經過優先排序後，可以列入SWOT匯總表，進行交叉分析討論的事項。

▶ 注4：SO策略為內部優勢—外部機會分析，又稱為攻擊策略；WO策略為內部劣勢—外部機會分析，又稱為補強策略；ST策略為內部優勢—外部威脅分析，又稱為防護策略；WT策略為內部劣勢—外部威脅分析，又稱為退避策略。

思考問題

　　完成本文的閱讀，不妨再多花幾分鐘深入思考下面的問題以提升您的洞察力：

1. 各位可以上網搜尋關於SWOT矩陣（或是SWOT分析法）的介紹，來深入瞭解本文所介紹的SWOT矩陣，再回過來看本文，相信您會對SWOT得到更多的認識。

2. 如果您曾經使用過SWOT，可以檢視一下本文中所提的六大常見錯誤，是否與您及團隊的經驗一致？並且思考未來如何改進您們的策略分析作業。

3. 本文強調策略思維是進行SWOT的重要前提與能力，請回想您們的SWOT作業，究竟是屬於洞穴會議的類型，還是在平時即分享各成員對於環境變化的資訊與看法，並將其作為SWOT四方格討論時的重要資訊參考來源。

十七、解讀「策略」與「策略展開」

Strategy Deployment，中文通譯為「策略展開」，這項工作通常與組織的年度計劃結合在一起；顧名思義，就是針對組織的目標進行設計及展開至優先級別的策略，得到可執行的行動方案並附帶產出許多令我們又愛又恨的關鍵績效指標（KPI：Key Performance Index）。然而，這個理解正確嗎？

透過本篇文章，讓我們一起來理解「策略」，以及「策略展開」在實務工作上的意義，同時，也希望幫助大家建構一套完整的策略規劃概念，有助於實際工作的推動。

▌策略是什麼▐

策略一詞，相信許多人對它既熟悉又陌生。近來大陸與臺灣間的往來密切，在大陸，關於「Strategy」，使用於整體組織或國家社會的面向時（比較宏觀），稱之為「戰略」，在較低階或局部範圍內（比較具體）的使用時，則稱之為「策略」。就如同我們所謂的公司經營策略，大陸則稱之為公司戰略。在不明瞭這種使用習慣前，的確造成我在大陸教授策略相關課程時的困擾，不過，隨著時間，也漸漸習慣了。

大家應當要知道，現代管理學中，無論是臺灣使用的「策略」或是大陸使用的「戰略」與「策略」，它們都是來自英文「Strategy」的中文翻譯。當我們查找這個字的出處時，會發現：「Strategy」，這個字最早源自於希臘字「Strategia」，即「帶兵之術」；也有寫它是源自於希臘語「Strategos」，意思是「軍事將領、地方行政長官」，可見均源自於軍事用語與思維。相對於「Strategy」，目前在軍事用語還存在著「Tactic」這個英文名詞，無論大陸或臺灣，「Tactic」都翻譯成「戰術」，意思是指導及進行戰鬥的具體方法，用通俗一點的話來講就是如何帶兵打仗，也是如何具體實現策略目標的意思。

我們再進一步來看策略這個字。從《英美詞典》的解釋，我們會知道：在商業環境中，所謂的「策略」（Strategy），其實指的是一段過程。對於組織想要實現的目標，經由一段思考分析的過程（有時又稱之為策略思維）；而得出如何實現組織目標的方法、路徑、對策，或是一種策略的綜合結論，這是所謂「HOW」的概念。

然而，由於組織、國家、或是個人，在目標上都有不同層級的區別，例如：總經理的目標和團隊主管的目標在層級、範圍、困難度、挑戰性、資源的運用上就有所不同。因此，如果針對較高階的目標，需要較多偏概念性及較多開創性的方法或對策來實現，這時，我們會稱這些方法為相對於該目標的「策略」，例如：總經理級策略、公司級行銷策略、市場策略等。反之，如果要實現的目標層級較低，或是需要擬定較具體的施行方案，此時的具體行動方案我們會稱之為「戰術」，例如：各種市場推廣方案、現場品質提升計劃、QCC實施計劃等。

因此，我們可以說，「策略」代表一種發想實現目標對策的過程，有時我們可以稱這段過程為「策略規劃」（Strategy Planning）。至於我們真正理解上的策略或是戰術，則是經過策略分析與規劃作業後所得到的策略性結論，只是因為層級不同而有所差異罷了。組織應該根據這些策略結論來思考可能的資源配置或行動方案，接著就是「策略執行」（Strategy Execution）的階段。

▍策略和目標的一體兩面 ▍

據考據，中國現存最早的兵書是《孫子兵法》，它同時也是世界上最早的兵書之一。作者孫子指出，「戰」是指戰爭，而「略」則指的是謀略及施詐，包含了「戰略」與「戰術」。例如：孫子在《孫子・謀攻》中說：「不戰而屈人之兵，善之善者也，故上兵伐謀，其次伐交，其次伐兵，其下攻城」，講的就是戰略的部分，要領導人因勢利導，擇善而為，最高目標則是「不戰而屈人之兵」，也可稱作「作戰」的目的。

另外，在《孫子‧火攻》：「凡火攻有五：一曰火人，二曰火積，三曰火輜，四曰火庫，五曰火隊。行火必有因，煙火必素具」，講的就是關於戰爭中用火攻戰術的注意事項，達到該戰役或更小的戰鬥得勝的目標。因此，無論是軍事上的戰略或戰術都是在實現目標，只不過，戰略所要實現的是比較整體性、比較長遠的目標，而戰術所要實現的目標來自於戰略（或經營策略）所定的大方向。

必須要透過合適的戰術、具體的行動方案、加上良好的執行力，才能保證經營策略（或軍事戰略）及與其相關的目標實現。所以，戰術執行的思考原則是講求效率的「把事情做對」（Do things right）；策略所著重的則是講求方向及效果的「做對的事情」（Do the right thing）思維模式。

那麼，策略和目標又有什麼關係呢？其實，策略與目標具有一體兩面的特性。簡單的解釋，參考前一節所提及的，那就是：策略是實現目標的作為，重點在「HOW」；而目標則是我們要追求的對象或要實現的境界，重點在「WHAT」。一個好的目標，最好要符合「SMART原則」（注2）。

在組織中，不同層級都可以為其設定目標，例如：總經理目標、部長目標等。而願景就是組織成員所共同追求的長遠目標，雖然有的願景不夠具體，但以能夠讓組織成員對願景充滿想像及願意承諾實現它為首要條件。因此，如果組織設立了願景，如何實現這個願景的作法與方向，我們會稱之為「中長期策略」（Long Term Strategy）。這些中長期策略可以給予組織一個整體性的指引，告訴組織成員，我們要從哪些具體的方向去實現大家所擁抱的願景。

要如何得到這些中長期策略呢？這就需要考驗經營團隊的策略思維能力了，也就是關於如何產生好策略（獨特策略）的思維能力，它是一種思考方式，也是一種看問題及分析資訊的能力。更貼切的講，策略思維就是一種關於組織所處事業／產業內外部經營環境變化的洞察能力。透過適當的工具（如SWOT）洞悉環境變化背後的意義，並經由各種不同的策略工具（如安索夫矩陣、ADL矩陣、BCG矩陣、平衡計分卡……等）的啟發，以具有開創性的思

維，思考並歸納出實現組織願景（或長期經營目標）的方法或路徑，這些方法或路徑我們通常稱之為中長期策略。

　　中長期策略指引了經營團隊實現願景（或組織長期目標）的方法或路徑，然而，一個組織不太可能一步到位的直接去實現願景，這時，就可以基於這些中長期策略來思考可以具體衡量策略是否成功的中長期目標（有時又稱之為中長期突破性目標，英文為Breakthrough Objectives，以BTO來表示，代表著目標是否具備突破性及開創性）。這些中長期目標亦可被視為實現組織願景（或組織長期目標）的階段性目標。幫大家整理一下思緒，如下：

1. 要實現組織願景（Shared Vision，也是所謂的Purpose或是WHAT的思維）必先思考中長期策略（一種HOW的思維），關於中長期策略是否成功的實現，必須要規劃出相應的中長期目標或年度目標（一種WHAT的思維）。

2. 同理，組織要實現年度目標（WHAT），領導人必須要在管理團隊的協助下，產生相對應的公司層級策略（又是一種HOW的思維），以確保年度目標的實現。

3. 依這個邏輯，每一個公司層級的策略均需為其規劃一個或多個相對應，可以衡量這個策略是否成功的目標（又是一種WHAT的思維），這個目標如果被指定給某個部門負責完成，通常就被稱作部門目標。接著，要實現這個部門目標（WHAT），負責的部門主管及其團隊需要規劃出相應的策略（又是一種HOW的思維），關於這個策略是否成功，必須設定出合適的目標（WHAT）進行衡量。各層級的目標與策略則依此類推，形成一種WHAT—HOW—WHAT……的層級展開模式，相關概念可以參考圖5.4。

　　換個角度，當我們基於願景及中長期策略而設定出中長期目標（一般為三年或五年目標），如果我們將中長期目標進一步分解成年度目標，那麼，是不是可以說，這些年度目標也是實現中長期目標的方法或路徑（或是策略）呢？

　　因此，希望大家回歸「策略的本質就是一種實現目標的方法或手段」的觀點。當我們辨識出優先級別策略，並為這個策略定義出明確的衡量指

標與目標時，這個具策略性質的目標，我們可稱之為策略性目標（Strategic Objectives）。接下來的工作就是找出如何實現這個策略性目標的方法與可行對策（策略）。由這個思維，我們應該認知到，目標與策略應該被視為策略管理的一體兩面。

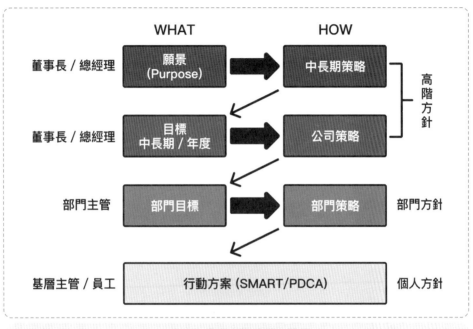

圖5.4　目標與策略是一體的

┃究竟是策略展開還是目標展開┃

讓我們來看看什麼是策略展開（Strategy Deployment）？傳統上，學界習慣性的將策略規劃分成三個階段——策略分析階段（Strategy Analysis）、策略形成階段（Strategy Formulation）、策略執行階段（Strategy Execution）。（如圖5.5）其中的「策略形成階段」就包括如何將組織的目標進行分解、展開，以及選擇。不管是層級式的垂直展開（例如：總經理目標 → 部長目標 → ……）或是功能級別的橫向展開（產、銷、人、發、財……），通常是針對年度目標

而進行，有時，這種年度目標的展開我們也稱作策略展開；這也是目標管理（MBO：Management By Objective）或是方針管理（Hoshin Planning／Hoshin Kanri）等策略管理理論所關注的核心工作。那麼，我們要展開（Deploy）的究竟是目標還是策略呢？我們如果藉重方針管理的理論，並且回顧前面小節的說明，應該就不難理解了。

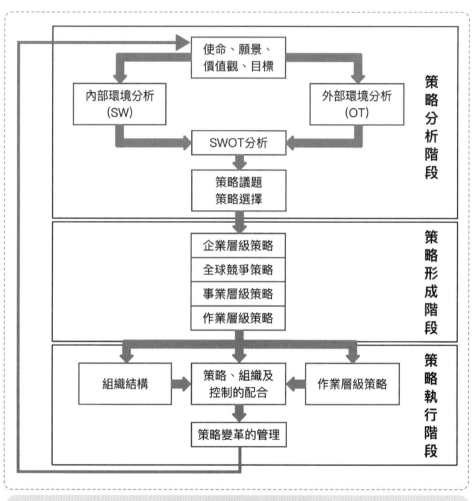

圖5.5　策略管理通用性架構

方針管理是較常被企業運用於策略規劃的工作上。在方針管理的理論裡，「方針」的定義就是一組目標與策略（對策、策略或戰術）的結合，例如：總經理的某一個年度目標（來自某個5年突破性目標）為「於20XX年內增加3個主要客戶並帶來1億元的新增訂單」，那麼，總經理自己或是集合他的部長們共同思索要「如何」實現這個目標時，想到的「作法」可能有：⑴加入XX國家的商會組織；⑵針對目標客戶開發下一代應用的產品以爭取展示的機會；⑶……等三個總經理的優先策略。在選定這個年度目標的優先策略後，會為每一個策略訂定可以衡量的指標與目標，例如：針對第1個優先策略可以設定的策略性目標：「在今年三月前加入XX國家的商會組織並於九月前成功的邀約YY個潛在客戶到公司參觀」。依此類推，總經理就有了至少三個總經理級別的方針（總經理目標 ＋ 總經理策略及策略性目標），這就是我們所謂的方針管理「策略展開」作業，其概念和圖5.4是一致的。

　　我們在此，簡單的為策略展開以方針管理的模型做說明：「策略展開是一段思考及作業的過程，它必須基於明確的目標，在團隊的共同參與下，掌握目標的本質，考慮組織內外因素，共同發揮創意及團隊合作的精神，以產生出能夠實現目標的策略。」策略展開可以是橫向的跨部門展開，也可以是由上而下的階層式展開，最終得出具體的戰術或行動方案以保證各層級目標的實現。

　　回到我們的命題，無論我們稱這個過程為策略展開亦或是目標展開，關鍵是要掌握住任務的本質。經由前述的說明，我們應該認知到，它的核心工作就是一段基於目標而開展出策略、戰術與行動方案的策略活動。拋開中文名詞的翻譯差異，我們只要掌握住工作本質，必然能幫助我們增進策略管理的工作成果。

注釋

▶ 注1：原文〈「戰略」與「戰略展開」〉刊登於「經營洞察力論壇」2018-03-14。

▶ 注2：「SMART原則」是一個用來檢視管理目標完整性的原則，分別是5個英文字及其所代表的原則所組成：衡量指標與目標要明確清晰（Specific）、指標要能方便測量（Measurable）、目標要具有挑戰性及可實現性（Attainable）、目標要與組織整體方向具相關性（Relevant）、目標的實現要有明確的期限（Time Bound）。

思考問題

　　完成本文的閱讀，不妨再多花幾分鐘深入思考下面的問題以提升您的洞察力：

1. 請就您曾經歷或實踐過的年度計劃或策略展開的過程，與本文所介紹的概念相互比照一下，有沒有什麼一致或不一致之處？如果有所差異，能找出比較能接受的說法嗎？

2. 經過本文對於策略、目標與戰術的說明、比較、分析後，是否還有不明白之處？建議各位花點時間再由網路或相關書籍的閱讀中去搜集資訊，並與您們的團隊成員一起分享自己的見解。

3. 本文提到了兩種策略展開的工具——「方針管理」及「目標管理」。建議各位花點時間瞭解這兩種工具並與團隊成員分享。

十八、「策略性目標」的管理意義

「策略性目標」（Strategic Objectives）於策略分析與規劃的工作，具有非常重要的管理意義。然而，許多組織對於策略性目標非常陌生，有時，也會和「日常管理性目標」（Daily Managerial Goals）混淆而誤用。如果組織想要提升策略管理能力，清楚認知並掌握策略性目標的本質，將是最優先的工作。本文將由方針管理的介紹為起點，並以方針管理於策略規劃工作常見陷阱的探討，幫助各位清楚認識策略性目標的管理意義與運用實務。

▌方針管理的管理對象 ▌

許多人常常分不清「目標管理」（MBO：Management By Objective）及「方針管理」（Hoshin Planning）。其實，這兩種管理制度還真是有異曲同工的效果，因為這兩種關於企業營運的管理工具，在操作的過程中差異並不大，只不過在目標設定與展開的過程中，兩者的側重點有所差異。有些研究者認為，目標管理較為注重結果的實現及個人激勵的效果，而方針管理則較為注重目標展開的結構性及循環性，以及策略執行時的學習效果。

這兩種理論縱使在設計之初有明顯的差異，但經過數十年的演變，現在企業在實施關於目標的管理制度時，已經並非基於原始理論架構來進行操作。要想成功藉助於設定管理目標而提升運營績效的企業，大多會因應本身的體質而有所調整作法，並未照搬教科書的內容與架構。因此，只有掌握了策略管理的精髓，方能獲致真正的成功。本文並非討論這兩種目標管理制度的差異，主要是從方針管理的角度而對此次的主題進行闡述及說明。

方針管理源自日本，理論的發展卻受到品管大師愛德華‧戴明（W. Edwards Deming）所提倡的PDCA管理循環（注2），以及管理大師彼得‧杜拉克（Peter F. Derek）所提出的目標管理等理論影響極深。由於方針管理在近年

廣為許多國內外知名企業採用，因此，本文將基於方針管理的概念來探討策略性目標的這個主題，較為單純易懂。

我們來看所謂的「方針」（Hoshin），在日語的意思裡，其實指的是「閃亮的針尖」之意，真正對方針管理有所研究的人，應該對這個日文字義有會心一笑的感覺。因為，方針管理是否被正確的使用，並且達到期望的效果，就與這個日文字本身的字義有著密切的關係。

在組織的策略規劃過程中，一般而言，均是圍繞著組織的願景，或是因應組織發展的中長期（3～5年）目標而進行。因此，無論是組織的願景，或是中長期發展目標，肯定具有一個共通的特質，那就是「突破性」（Breakthrough）。也就是說，組織領導人必須要藉著具備「閃亮的針尖」性質的目標，帶領組織挑戰現況，超越現況、由點而面的突破，共同追求美好的未來。因此，我們可以說，方針管理所管理的對象，並非是普通的目標，而是一個或多個，為了實現組織未來發展的突破性目標，以及支援這些突破性目標的優先級別策略。

▎組織策略規劃常見陷阱 ▎

在我長期協助企業組織進行策略規劃的輔導經驗中，以下幾個是我認為最常見卻致命的陷阱，稍有不慎，將嚴重導致企業組織無法如期如質的完成策略分析過程及後續的目標展開作業，進而影響企業實現其管理目的。

1. 分不清策略性目標或日常管理性目標

如前所述，如果策略規劃係基於組織發展的目的而展開，那麼，所設定的目標必須要具備一定的挑戰性。方針管理的管理流程是在幫助組織如何由遠而近（願景→3年或5年目標→年度目標）、由上到下（總經理方針→部門主管方針→個人方針）、有系統地實現整體的目標。

然而，一個組織的營運必須要顧及諸如產、銷、人、發、財等組織內的眾多部門，每位主管也都必須要透過許多的管理目標來進行組織管理工作。如果

這些大大小小的目標全部列入方針管理的系統中，那麼，往往會造成組織最終一事無成，並且將有限的時間精力陷入繁複的方針管理循環中，未蒙其利、先受其害，最終將導致組織放棄實施方針管理這一個有效的管理工具。

究其因，就是因為領導團隊無法區別所謂的策略性目標及日常管理性目標。所謂策略性目標，是基於實現願景及中長期突破性目標（Long Term Breakthrough Objectives），經過策略性選擇過程而得到的目標。所謂的策略性選擇，就是基於策略與經營所做的取捨作為。這種取捨不限於目標，也包括組織的策略，所挑選的結果需具備「重要的少數」（Vital Few）的特質，通常運用於由上而下的決策過程，關鍵在如何避免包山包海把所有的策略和那些日常管理性目標均納入到組織的方針計劃中。

所謂日常管理性目標，其實它們也很重要，只不過，日常管理性目標通常是基於部門領導的職責，作為領導部門發展及內部人員管理的策略及目標。日常管理性目標也會具有挑戰性，例如：「品質每年提升3個百分點」、「交貨準時達交率較去年提升5%」等。組織的日常管理性目標的管理指標通常每年都相同，用前一年度的結果作基礎而設定次年的改善目標，一般是基於持續改善的精神來思考它們，但不可與策略性目標混為一談。當許多組織在進行方針管理展開的工作時，領導團隊常常因為缺乏洞察力、疏於思考、缺乏領導力、或是便宜行事，而將眾多的日常管理性目標納入到方針計劃內，最終無法幫助組織實現未來的願景。

2. 管理指標流於形式或落後型指標（Lagging Indicator）

我們常常將KPI（Key Performance Index/Indicator）掛在嘴上，但是，有多少經理人真正瞭解KPI的意義？首先，一個KPI必定有其目的，這個目的也通常是我們所說的目標或策略。例如：為了實現顧客滿意（目的），我們必須要建置一套有效的顧客管理系統（策略）。那麼，要如何衡量這個策略的成功，以及要如何配置資源呢？這個時候，一個優良的KPI就會幫助我們成功。

任一個KPI必定包含兩個組成成分，一個是衡量指標（Metric或Indicator），

另一個是因應衡量指標而來的目標（Target）。參考上一個例子，關於「有效的顧客管理系統」這個策略，我們可以設計「顧客意見回應時間」為一個衡量指標，或是「顧客滿意度」，也是一個衡量指標。一旦定義出適當的衡量指標後，則可以因應整體的目的而設定出階段性的目標，這就構成了組織或領導人的KPI。當然，這些KPI仍必須符合SMART的原則。一個策略具有超過一個以上的KPI是很平常的現象，然而，並非愈多愈好，否則，會陷入「不重要的多數」（Trivial Many）的陷阱而不自知。

針對「有效的顧客管理系統」這個策略，「顧客意見回應時間」及「顧客滿意度」這兩個指標有何差異呢？一般而言，後者較容易被管理團隊選入，因為「顧客滿意度」是較方便衡量及較容易被想到的管理指標。然而，相較於「顧客意見回應時間」，「顧客滿意度」卻屬於落後型指標的性質，它的確容易衡量及獲得，因為平常它就在系統裡；但是，落後型指標的特色就是無法驅動積極的管理作為，這是因為領導團隊不願意花時間思考能真正幫助組織成長及挑戰的管理指標，也就是領先型指標（Leading Indicator）。關鍵是，要因時制宜的產生高符合性的管理指標，需要更多的創造力、洞察力、以及積極任事的態度，因循現況絕不能幫助我們實現野心的。

3. 資源配置的不適當

當目標太多或是挑選了太多的KPI，可能會讓組織無法真正的聚焦（Focus）在重要的策略上。同時，許多高階主管也會陷入績效考核（Performance Evaluation）或是預算分配（Budget Allocation）的慣性思維，讓有限的資源被錯置，無法支援策略性目標的實現。

既然是組織的策略性目標，就必然要具備突破性、挑戰性、跨部門以及與經營目的積極結合的特性。要成功實現策略性目標，首先必須要有勇於任事及當責的幹部，在既有的工作範圍外，願意接手並努力實現它。作為領導者，必須在資源上提供必要的協助，願意在遇到困難時出面協助排除障礙。如果沒有適當的資源配置，那麼，再好的策略性目標亦將無法順利實現。

另有一點，對於來自方針管理的策略性目標所進行的執行審查與考核，也與日常管理性目標的考核有所不同。對於前者，與其說是考核，不如說是一種執行進度的審查；審查的重點並非針對未實現的目標直接進行究責，反而應該是針對未如預期的表現，在既有的行政支持及資源配置上，是否必須再重新調整？既然是策略性目標，就不應該以處理日常管理性目標的方式來管理。因此，組織內部在面對定期的目標進度審查時，應該存在兩種議程，不適合把策略性目標及日常管理性目標放在一起而以相同態度進行審查。

4. 受限於意圖策略（Intended Strategy）而不知變通

關於策略，我們常常聽到「意圖的策略」（Intended Strategy，可以理解為「想要的策略」或是「預期的策略」）及「突現的策略」（Emerging Strategy），前者指的是我們經由策略規劃而產生出來的優先級別的策略。通常是由上而下產生，只要一切符合預期，經過慎思熟慮後，可以具體化實施的作法，幫助我們實現目標，這種實施的作法是一種「慎思的策略」（Deliberate Strategy）（參考圖4.3：明茲伯格的策略五面向）。

然而，世事發展往往會事與願違，當環境改變時，原先構思好的意圖策略可能會遇到阻礙，也可能出現不如預期的結果；然而，許多領導人往往囿於定期策略規劃的習慣，以及受限於既有策略的承諾而不知變通，以致於這些意圖策略最終落至失敗的結果。相對於意圖策略，突現策略就是非預期的、因應環境的變化而隨機應變產生出來的。突現策略大多是由下而上發現的策略。既然是非預期，它就不會是來自正常的策略規劃流程。

環境無時無刻不在變化，如果組織裡的成員能夠時時的面對這些變化而進行思考，並且試著實行應變的措施，就能創造突現策略的溫床。例如：亞馬遜公司（Amazon）原來的定位是網路書店，它是賣書的，如今，亞馬遜「什麼都能賣」，靠的就是基於組織良好的策略思維能力，以及願意不受限於既有策略與運營模式的領導人。

提出突現策略的概念並非是否定由方針管理流程而得到的意圖策略，重點

在於，領導人和領導團隊要能時時觀察並掌握環境的變化、培養良好的策略思維能力、勇於面對挑戰做出決策，才能真正瞭解策略聚焦的管理意涵。

▌聚焦於策略性目標實現組織願景▌

經由前述的說明，相信各位對於「策略性目標」應該有著完整的認識。總結如下：首先，策略性目標必定與組織整體的、長期的發展策略與目標有著密切關係。再者，策略性目標與日常管理性目標不同，它是優先的、數量較少的、具創新性思維，以及需要配置適當的資源才能實現。最後，策略性目標的實現一定要結合領導團隊的策略思維，領導團隊一定要聚焦策略性目標，同時，也要善用團隊的洞察力而不受限於意圖策略，可以適時地重新聚焦。

因此，策略性目標是一種「突破性目標」（BTO：Breakthrough Objectives），也是方針管理的策略展開重點。如果經營團隊能夠有效的識別出策略性目標，並且持續聚焦於此，再輔以強而有力的執行力以落實日常管理性目標，兩者相輔相成，將能夠打造良好的競爭力，幫助組織實現未來發展的願景。

注釋

▶ 注1：原文〈剖析「策略性目標」的管理意義〉刊登於「經營洞察力論壇」2018-04-18。

▶ 注2：也為「PDCA循環」（PDCA Cycle），PDCA循環是由統計品管之父沃爾特‧休哈特（Walter A. Shewhart）所提出，戴明博士自美國引入日本，由日本人大量使用於產品的品質管理改善而發揚光大，並稱之為「戴明循環」。PDCA是由四個英文動詞所組成，分別是Plan（計劃：找出問題原因，制定「改善計劃」）、Do（執行：依據計劃，馬上採取行動進行改善）、Check（查核：檢討計劃進度與成果，邊執行、邊改善）、Act（行動：針對實際與計劃的落差，檢討原因、修正與調整）。

思考問題

　　完成本文的閱讀，不妨再多花幾分鐘深入思考下面的問題以提升您的洞察力：

1. 如果您對於方針管理的概念有些陌生，建議您及您的團隊成員可以上網路去查詢方針管理的相關背景資料，然後分享給其他團隊成員。

2. 請與團隊成員檢視一下公司的策略規劃結果，或是您們承接的KPI，看看有哪些符合本文所介紹的策略性目標的特性？如果大都屬於日常管理性目標，請共同檢討為何如此？

3. 與相關人員，藉著本文中關於策略規劃的四大常見陷阱，來檢視一下目前組織的策略發展與規劃作業，出現哪些陷阱呢？

十九、如何運用方針管理完成方針目標展開

隨著精實生產（Lean Production）管理系統在全球範圍內日益普及，方針管理也成為許多企業用來進行策略規劃及目標展開的利器。關於目標展開及策略性目標的性質和使用原則，我已在前幾篇文章中做了重點介紹，至於方針管理目標展開的核心工具——方針管理矩陣（X-matrix），一直未有完整的介紹。本文將對方針管理七步驟與方針管理矩陣的操作實務做一次原則性的說明，希望能幫助各位有效的利用方針管理這個工具進行目標展開。

▍方針管理與目標展開七步法則 ▍

「方針管理」（日文：Ho Shin Kan Ri）是源自日本的一套策略規劃與策略執行的方法論，大約是在1965～1967年左右起源於日本神戶造船廠及普利司通輪胎公司（Bridgestone）。Ho Shin Kan Ri的英文名稱為Hoshin Planning（有些地區也稱之為Policy Management），中文通常稱之為「方針管理」。

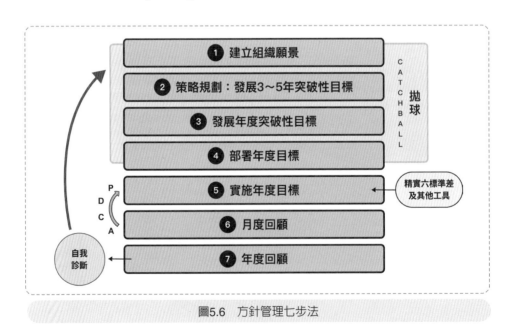

圖5.6　方針管理七步法

我們從字義上進一步瞭解方針管理的意涵，可以發現，「方針」一詞在日文中的本意為「閃亮的金屬針尖」，蘊含著指引方向、突破現狀的意思。這也就是為何方針管理於管理實務上，常常被運用於協助企業突破現況，實現成長性目標（包含企業願景），以及如何將有限的資源（包括人力、物力、財力、時間……等等）聚焦於已定義的優先突破性目標上。方針管理的操作包含七個步驟（如圖5.6）：

步驟一：建立組織願景（Shared Vision）

　　每年的策略規劃週期開始前，組織必須要重新檢視未來的發展願景，視組織需要，可以進行願景的調整。組織成員對於共享願景的認同及承諾是方針管理成功的關鍵，也揭示著企業方針的實現方向。

步驟二：發展3～5年突破性目標（What）

　　第一次實施方針管理的企業，可以經由策略規劃作業，為實現願景而定義出中長期的策略方向。基於組織的中長期策略方向，由領導團隊完成中長期突破性目標（BTO：Breakthrough Objectives）的確認。在制定3年至5年的中長期突破性目標時，應顧及它的平衡性；這時，平衡計分卡（BSC：Balanced ScoreCard）的觀點會是一個不錯的參考（注2）。而所謂的突破性目標（BTO），也不是那種部門內部持續改善式（Continuous Improvement）的KPI，應該是由上而下思考出那些能夠有效地引領組織實現願景、達到組織成長目的的策略性目標。關於策略性目標與日常管理性目標的區別，是現代領導人必備的關鍵能力，值得各位花時間體會。（可參考本章相關文章）

步驟三：發展年度突破性目標（How Far）

　　在確認組織的中長期（3～5年）突破性目標後，領導團隊需要定義出各年度的突破性目標，特別是第一個年度，目標是否具備突破性是必須的考量點。年度突破性目標的展開為方針管理矩陣的管理核心。

步驟四：部署年度目標（**How / How Much / Who**）

所謂部署，是指領導團隊針對組織當年度突破性目標進行策略展開的工作（Strategy Deployment），目的在於發展出合適的策略、資源配置及責任分工。策略的展開必須要顧及優先性。

> 「我們在此階段即運用方針管理矩陣（**X-matrix**），完成方針目標與策略的展開，這也是本文所探討的重點。」

步驟五：實施年度目標

所有被挑選出而列於方針管理矩陣上的重要策略，均採專案的方式指定主管／人員負責。執行進度除了定期彙報外，也將反映在方針管理進度追蹤表（一般使用甘特圖或類似圖表）上進行考核及追蹤。

步驟六：月度回顧

在方針管理的實施過程中，方針管理矩陣的負責主管，必須於每個月進行執行進度的檢查。由於列入方針管理矩陣中的目標、策略與相應行動方案均為組織成長的優先重點，因此，絕大部分的方針，其實現皆具有一定的挑戰與難度。所以，對方針目標的進度審查將不同於部門日常管理KPI的審查方式。

步驟七：年度回顧

年度回顧的目的，包含驗收成效及適時發布變革階段成果。與此同時，也要檢視方針管理作業是否有必要在次一年度進行調整，包含作業方式、目標設定、組織支援力量的常規化等等。這使得方針管理在組織的策略規劃的工作中，成為一個能自我增效的內部循環。

方針管理除了七個主要步驟外，也非常注重團隊成員與領導間的相互溝通，以促進雙方對策略與目標的認同，有效的獲得組織成員的承諾，這個過程稱為「拋球」（Catch Ball）。拋球作業通常是應用在步驟一與步驟四間，與字

義上的不同處在於，它指的是上下階層相互間的「拋、接球溝通」與「目標確認」的一系列管理作爲；通過各階段的拋接球作業，讓策略規劃工作處於一種早期參與（Early Involvement）、互動溝通的情境之中，有助於得到各級管理人員和員工的認同。這是方針管理的成功關鍵。

▎方針管理矩陣概述 ▎

所謂「方針」，依方針管理理論的定義，爲一組「目標＋策略」的組合。「策略」的本意爲如何（How To）實現目標的作法。因此，當總經理確認了他的年度突破性目標後，即會產生優先的策略以實現該目標，進而構成了多組的總經理方針（年度目標＋相應的總經理層級策略），對於每一項總經理層級的策略，務必要思考可以衡量該策略是否成功的衡量指標（Metric）及目標（Target）。通常，總經理層級策略的發想是由總經理和其領導團隊協作產生，好處是，雙方可以在過程中進行策略與目標（未來會交付給部門主管）的拋球溝通。當個別的總經理策略及相應的目標由總經理分別指派給相關的部門主管或特定專人負責（Owner）後，就完成了高階方針展開的工作。

接下來，部門主管將協同他的團隊進行方針管理的次階展開工作。首先，部門主管與其團隊依據來自總經理的策略與目標，經由團體協作的模式，發想出如何實現所負責目標的相應策略（How To），此時，每一個來自總經理的目標與相應的優先部門層級策略（一個目標可以有不限一個的策略）便組成了部門主管的方針。針對每一組方針，部門主管與其團隊應發展出可以衡量該策略是否成功的衡量指標和目標，也將作爲該部門主管的年度施政重點，此時，該部門主管也完成了二階方針展開作業。如有需求，循著此一原則，可以推展至三階或更多層級的展開。

前述的方針管理策略展開，會在方針管理矩陣上進行，各層級有各層級的方針管理矩陣，因此可以扮演著承上啓下的工作，它可以幫助總經理（或事業部主管）與高階主管團隊的策略展開與溝通，以及規劃後續的策略行動方

案（Action Plan）。這種由上而下的展開，以及由下而上的追溯至組織整體目標，是方針管理矩陣的核心優勢與貢獻。

圖5.7可以讓我們更進一步的認識方針管理矩陣。它共分成五個部分，以高階方針管理矩陣（High Level X-matrix）為例，其工作進行（填寫）的順序，依序自南方（What，總經理層級的3年或5年突破性目標）、西方（How Far，總經理層級的年度突破性目標）、北方（How To，總經理層級策略又稱為高階改善重點）、東方（How Much，衡量北方是否成功的管理目標）以及遠東（Who，對應總經理層級策略的負責人，即部門主管或專人）。每一個方針管理矩陣的角落及東方／遠東的上部均可看到圓點（dot），這些圓點代表各方位之間的聯繫，也表現出向下展開或往上追溯的關聯性。其中，遠東上部的圓點代表的是負責人與北方之間的關聯性，也可視為總經理層級策略（北方）的當責者矩陣（黑點表示是該策略的主要負責人，白點表示為支援性人員）。

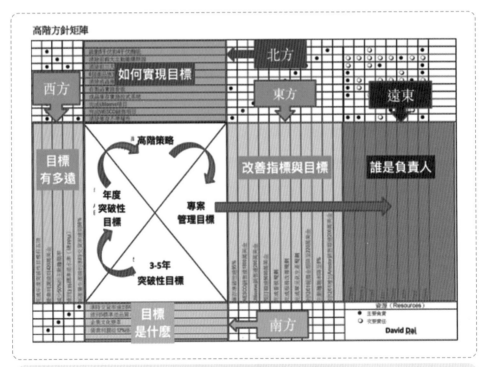

圖5.7　方針管理矩陣結構圖（以高階為例）

┃如何運用方針管理矩陣進行目標展開┃

以高階方針管理矩陣（用於總經理或事業部主管層級）為例，當組織要進行策略規劃作業時，必須基於組織中長期策略發展方向來確認出3～5年（3年或5年）突破性目標（BTO），這是組織為實現願景所致力要實現的階段性發展目標。因為是以實現組織願景為方向，所以列於矩陣上的策略與目標應貴精不貴多，故均具有一定的挑戰性；也不應與日常管理性的KPI重覆。突破性目標的取捨與優先性必須基於願景及可用資源，聚焦於引領組織成長的「關鍵少數」（Vital Few），避免陷入「瑣碎多數」（Trivial Many）的陷阱裡。

列於X矩陣西方的年度突破性目標（年度BTO）源自於「南方」的3～5年突破性目標。與3～5年突破性目標的概念一致，並非所有的年度目標均適合被置入方針管理矩陣內，必須要掌握它們的優先性及挑戰性，以下為檢核重點：

1. 年度BTO是否有助於實現3～5年BTO？

2. 3～5年BTO經過分解並展開至年度目標時，是否仍是一個具挑戰性的目標？

3. 通過實施年度BTO，是否能在組織內改變或創新出某些系統及新的作業方式？

4. 如果年度BTO實現了，是否能為組織帶來顯著的競爭優勢？

5. 年度BTO的實施是否需要跨部門或跨職能的參與？

方針管理矩陣的北方是實現年度目標的策略，其實質意義就是「如何實現總經理年度BTO」及其相應作法，通常會先運用目標展開工具得到許多的策略選項。以下兩種好用既務實的工具可以參考使用：

1. 樹型圖（Tree Diagram，如圖5.8）

這是一個簡單又好用的工具。最上部為樹根，將年度BTO置於此處，在思考時，可以先將目標轉化為問題的形式，例如：「如何提升ABC產品的品質水準至1,500 PPM以下？」

樹幹則爲目標的分解或實現目標的策略，通常可以借由How-How問題的思考模式展開解決方案（注3），或是通過Why-Why的因果模式找出影響目標的根本原因（Root Cause）並進而定義策略或對策（注4）。

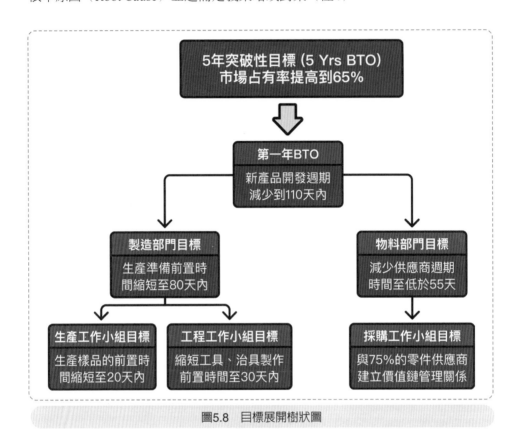

圖5.8　目標展開樹狀圖

2. 放大縮小焦點法（Job Scoping Method）

　　這個工具是經由擴大主題（目標）範圍或是尋找影響目標實施障礙的方式重新聚焦主題。我們可以透過「爲什麼（Why）……」的問句（如圖5.9的上半部）以探討是否存在更廣泛的目標範圍並重新聚焦；或是透過「有什麼事物會阻止我們（What stop）……」的問句（如圖5.9的下半部）找出阻礙目標實現的根本原因。圖5.9以「（如何）減少垃圾郵件的數量」舉例，各位可以參考並看到目標範圍的重新界定，以及經由此分析得到更合適的策略選項（Strategic Options）。

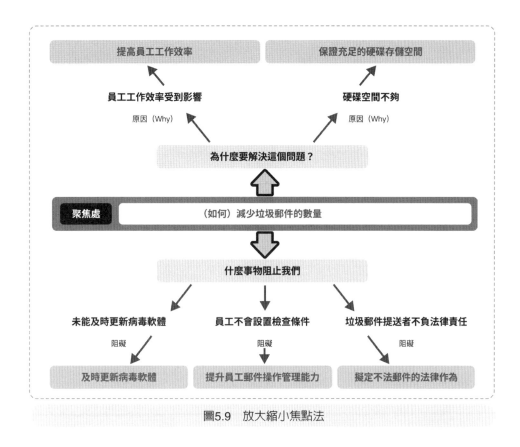

圖5.9　放大縮小焦點法

　　當我們獲得一些潛在的高階策略選項（待挑選的高階改善重點）後，則必須進行優先排序作業。此時可運用「特性要因矩陣」（Cause & Effect Matrix）或努力／影響矩陣（Impact-Effort Matrix）（圖5.10）進行。以努力／影響矩陣為例，我們可以將這些待決的策略選項依投入資源或工作複雜度（努力的維度，X軸）以及對組織營運或客戶滿意程度的衝擊或獲益程度（影響的維度，Y軸），區分為四個象限，並且由上半部的「低努力高影響」及「高努力高影響」區塊內挑選出優先列入的策略（將列於方針管理矩陣的「北方」）。

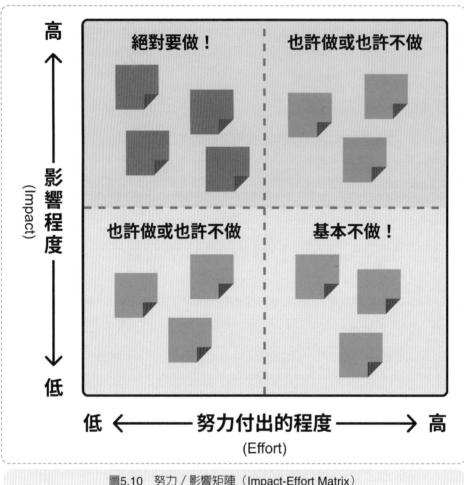

圖5.10 努力／影響矩陣（Impact-Effort Matrix）

　　實務上，每個層級的方針管理矩陣均需將策略（北方）指定給負責主管（遠東），並請其展開相對應的方針行動計劃（Action Plan）。一個好的策略（列於方針管理矩陣北方的改善重點）必須要符合下列原則：

1. 它是否符合內外部客戶需求？

2. 它是否容易在組織內溝通？

3. 它是否容易被測量？（但無需在此寫出明確的衡量指標）

高階方針管理矩陣的「東方」（How Much）爲高階層級策略（北方）的管理目標（Target to Improve），包含衡量指標（Metric）及挑戰目標（Target）。其中，衡量指標的設定是一件非常關鍵的工作，合適的衡量指標可以驅動出創新的行動方案，它需要創意的思維，要避免被組織現成的結果型指標（例如：庫存周轉率、交貨準時率等）所限制住。

結果型指標又稱之爲落後型指標（Lagging Indicator），無法引領出積極有效的行動方案，反而，驅動流程結果的領先型指標（Leading Indicator）才能幫助我們採取前瞻性的行動。每一個管理目標均應列入方針管理進度追蹤表（Bowling Chart，又名保齡球道圖）或甘特圖（Gantt Chart）中進行月度檢討。關於管理目標的設計及測量有以下的重點可以參考：

1. 目標的設計請符合SMART原則且明確易懂。

2. 依據對衡量指標（Metric）的改變幅度及資訊量來決定資料搜集的頻率。

3. 在資訊搜集及統計時，要避免受到季節性或其他因素的汙染。

4. 慎用比率型的績效指標。

5. 指標及目標值必須具備可比性且具有時間的一致性。

6. 明確資料搜集的責任者。

在完成「東方」（How Much）的討論後，總經理將會把高階策略（How，改善重點，北方）與相應的管理目標指定給管理團隊成員來負責實施，這也是方針管理矩陣的遠東方（Who）的工作重點。在工作指派上：⑴高階策略是指派給管理團隊成員個人而非某個部門；⑵每項高階策略的主要負責人及支援性人員（或工作相關的主管），可以用黑點、白點來區分；在工作指定的過程中，必須採取「拋球作業」的原則進行互動溝通。

完成高階方針管理矩陣的展開後，視組織的需要，可以由總經理方針（總經理年度目標＋高階策略）的負責主管進行次階（Second Level）展開，這個作業稱之爲逐階降級展開（X-matrix Cascading Deployment）。當組織的方

針管理矩陣進行二階展開後，每位主管將擁有自己版本的次階方針管理矩陣（Second Level X-matrix），進行次階展開作業時，高階方針管理矩陣的策略（北方）將以逆時針的方式置於次階方針管理矩陣的「西方」，次階方針管理矩陣的工作重點是其「北方」的展開，以及定義出「東方」與「遠東」的工作指派。這部分的工作與前述高階方針矩陣的展開思路與原則是一致的，不再贅述。

▌工欲善其事，必先利其器▌

雖然，方針管理矩陣是方針管理的一個工具，但卻具體而微地呈現目標展開的整體作業。透過方針管理矩陣的結構化與直觀性，可以讓組織的核心成員實質的參與到目標展開的工作，同時，更能夠隨時綜覽及追溯突破性目標的策略全域與實施成果，有助於策略執行（也包括相關檢討與審核工作）工作的開展，提高策略落地的效率和效果。

雖然本文以非常精煉的方式為各位完整介紹如何運用方針管理矩陣進行方針管理的策略展開工作。然而，有些工具是知易行難，方針管理矩陣的應用也是如此。建議各位要有企圖心與團隊成員深入的探討此一好用的工具，並且與團隊成員思考如何發揮洞察力，善用此工具來幫助組織獲得獨特的經營策略，也可以實現本文拋磚引玉的目的。

注釋

▶注1：原文〈方針管理X矩陣教戰守則〉刊登於「經營洞察力論壇」2018-07-04。

▶注2：關於平衡計分卡理論，各位讀者可以參考相關書籍的介紹。此處所謂平衡計分卡的觀點，指的是組織在思索3～5年突破性目標時，不要僅思考財務型的目標，可以從顧客構面、內部流程構面、學習與成長構面思考有助於組織成長的中長期突破性目標，顧及目標的平衡性有助於組織的長期發展。

▶注3：How-How展開法——針對上層的目標，運用「我們要做……才能實現？」或「如何

做……才能實現？」的問句，來進行次一層級的展開，所得到的結果將是作法或是對策。

▶注4：Why-Why展開法 —— 和How-How展開法不同之處，在於此處係將上層的目標或結果轉換成問題的思考，相應的提問有「為什麼造成這個結果？」或「是因為什麼事物而產生的影響？」來進行次一層級的展開，所得到的結果將是原因，經過逐層的Why-Why展開後，將會辨識出根本的原因，然後，針對根本原因去構思可能的對策。

思考問題

完成本文的閱讀，不妨再多花幾分鐘深入思考下面的問題以提升您的洞察力：

1. 本文中提到一些檢視管理目標的原則，建議各位自行檢視，除了通用的SMART原則外，您是否熟悉其他原則的使用呢？

2. 如果各位對於方針管理矩陣的逐階降級展開（Cascading）作業有興趣，建議各位花點時間和團隊成員共同交換彼此的理解與心得。

3. 本文中提到突破性目標（BTO）及日常管理KPI，這兩者不宜在方針管理中混為一談，因為兩者在組織發展策略的定位不同，是否請各位參考之前的文章，深入的思考這兩種類型的目標不能被混用的管理性原因？

二十、策略規劃常見三大誤區

　　每年年底，是許多企業進行年度考核、會計結算、規劃未來經營策略，以及制定來年預算的日子（注2）。這些工作中，策略規劃可說是專業經理人最重要的挑戰之一。本文整理我過去數年的教學與輔導觀察，分享三個策略規劃工作常見誤區，以及應有的認知，希望協助經營團隊避免掉入這些陷阱，並有效提升策略規劃工作的品質。

▍誤區一：缺乏策略思考的訓練 ▍

　　撇開將策略規劃作業當作例行作業，或者僅是完成上級交付任務的那些心態。想要認真實施策略規劃作業的團隊，所面臨的最大問題，不外乎是靈感不足、看不到外界變化的趨勢、弄不清對手的現況、不能把握住自身的狀況……等等。以至於從一開始的野心大如天，到最後落至虎頭蛇尾的完成一份策略規劃書便交差了事。

　　就算是那些心知自己有所不足的企業，可能會聘請外界顧問前來指導，在顧問的指導下，學習了許多策略分析工具，照表操課式的練習了許多「技法」，然後就草草的進入SWOT；最終可能還是參考了業界標竿的「成功策略」，以至於許多企業的策略與目標均落入「千城一面」（注3）的窠臼中。

　　當然，十家企業一般會舉出至少十一種的理由，來解釋為什麼他們的策略規劃結果總是那麼的不盡人意；為什麼每年都想辦法改善，卻成效有限。究其因，組織忽略了策略規劃的基礎，那就是團隊成員是否具備水準以上的洞察力（Insight），以及經營團隊是否擁有好的團隊協作能力，以發展出符合組織未來發展的策略，後者將是以前者為基礎。

　　是的，「策略思維」（Strategic Thinking）已被認為是經營團隊所應具備的核心能力，特別是個人的觀察力與思考能力。包括：如何提問、如何搜集資

料、如何醞釀、如何歸納、如何推演、如何分享……等，以及如何透過團隊協作來產生深入的洞見。沒有好的且不同於他人（主要是競爭對手）的洞見，就無法事先洞察出市場的變化與需求、洞察出可能的技術演變，或是洞察出法律或政治環境的演變，到頭來，組織的策略規劃將淪於例行作業，或是僅能依賴於少數意見領袖的意見。

還好，個人及團隊的策略思維能力是可以有計劃的進行培養與提升。提升策略思維能力，必須要掌握兩項要素，那就是「提問的能力」及「時間的魔法」。「提問」是策略思考的入門鑰匙、「提問」是啟發思考的列車頭，它本身就是一種思維能力的展現。懂得提問的人必定擅於觀察，會提問的人必定不容易滿足於現況，好的提問句包括「What?」、「Why?」、「What If……」等，都是對現況的質疑（包括滿意的或不滿意的），或是起於好奇心地探索某種現象。

許多膾炙人口的影視作品均基於這種What If……（如果……，會如何……？）的思維而發想。參考一個例子，那就是蘋果電視（Apple TV+）的一個熱門影集《太空使命》（*For All Mankind*），它是基於「如果當年是蘇聯搶先美國成功登陸月球」、「如果太空競賽到如今還未結束」的這種**不可思議的、反事實**的假設，對後續相關領域及課題的演變進行探討，進而開創出一部引人入勝的架空時空影集。

關於策略思維的另一個關鍵，就是「時間」。是的，策略思維能力的提升是需要時間去熟習與內化，而策略思考的過程也需要個人與團隊花時間去搜集資訊、分析資訊、消化資訊，以及分享資訊。一個經營團隊絕無法在兩三天的閉門會議中，就可以洞察出新的趨勢，或是足以影響未來發展的策略構想。我們需要給組織成員足夠的時間，在參加會議前進行思考。當然，每位重要成員也都需要建立正確的觀念，並且懂得撥出時間進行相關的思考工作。

若個人沒有充足的時間（或是沒有這個習慣）在策略會議前先進行策略思考，將導致策略會議中的團隊協作僅能依賴於成員既有的知識與經驗，這往往

也是僅依賴腦力激盪去進行團隊策略思考的可能弊端；這種制式化的策略分析作業，有一個時髦的名詞——「洞穴式思考」。沒有策略思考為基底的策略規劃，就好似沒有靈魂的稻草人，看起來嚇「人」，卻終究會被識破馬腳。

▌誤區二：SWOT處處可見卻不見正確使用▌

　　資訊氾濫的時代，企業幹部不論有無參與過策略規劃的作業，都或多或少聽說過SWOT這個工具，讀者們是否相信，能正確的操作SWOT，或是在正確時機使用SWOT這個工具的人，卻是少數。關於SWOT，常見錯誤列舉如下：

1. 以為完成一張SWOT四方格表就等於完成策略分析，卻不去關心要如何獲得那些能被列入「優勢」（Strengths）、「劣勢」（Weaknesses）、「機會」（Opportunities）、「威脅」（Threats）的策略議題（Strategic Issues）？

2. 填完SWOT四方格表就直接發想出策略，或是倒果為因的先發想出策略再回去完成SWOT四方格，當成一項作業交差了事。

3. 知道SWOT四方格表僅是策略議題的匯總表，也知道要再進行TOWS交叉分析，然而，卻以為經過TOWS交叉分析所得到的策略選項（Strategic Options）就等於找到組織的最終可用策略。

4. 在進行SWOT及TOWS的分析前後，沒有善用發散（Divergent）與收斂（Convergent）的創新思維模式，以致於過程中被偏見及可行性思維所制約，未能發揮足夠的創意。

　　除了上述四點，當然還有很多的問題或現象，究其因，都在於「因循舊習」及「不求甚解」這兩個常見的組織通病。嚴格來說，SWOT分析屬於整體「策略思維」的一環，基本上，SWOT包括了三個主要的階段：

第一個階段：藉助策略分析的工具，完成經營環境分析，並從中整理出有價值的策略議題，這些議題來自組織內部（包括與競爭對手間）的競爭優劣勢分析，以及外部環境分析中足以影響組織未來發展的機

會與威脅之趨勢或潛在影響。

第二個階段：針對這些策略議題，經由系統性的方式進行收斂與優先排序，匯集成可以進一步分析的SWOT匯總表（四方格表）。

第三個階段：基於SWOT匯總表，進行TOWS交叉分析，運用創意及內外部環境議題交叉得到的命題，發想出SO、WO、ST、WT的策略選項（Strategic Options），針對這些策略選項，再進行排序，識別出具優先性與可行性的待選策略。（注4）

　　完成SWOT／TOWS分析並不等於完成了策略分析工作。組織必須依據不同的工作目的，運用這些策略選項（性質爲待選的策略）進行後續的策略分析工作。因此，SWOT／TOWS只是一個提供發想策略選項的創意思考工具，它並不等於策略分析的全部作業。爲了避免誤用SWOT，茲提供以下幾點建議供各位參考：

1. SWOT中的S／W／O／T均應是具洞察力的策略議題來源，因此，組織應依據策略分析所選定的範圍（事業部、產品線、品牌、公司、新創團隊……），選擇合適的經營環境分析工具（例如：外部分析可以採用STEEPLE、五力分析等，內部分析可以採用波特價值鏈、S曲線分析等），經由團隊協作以分析出具影響性的策略議題。（注5）

2. 進行TOWS交叉分析時，請鼓勵創新思考以及團隊合作，避免太早用可行性或財務性觀點來對想法或產出進行批判。

3. TOWS的產出被視爲策略選項，顧名思義，它是策略的形式，卻非最終的優選策略。還需要團隊進行優先性及可行性的排序及內容優化，因此，在產生策略選項時，必須運用How的思維發想對策與方案，並兼顧創新性。

4. 談到創新性，在進行SWOT／TOWS時，我們將交互使用著發散（Divergent）及收斂（Convergent）的思考模式進行討論與聚焦，避免一次訂終身式的討論，否則會太早扼殺可貴的創意，而無法產生出具差異性的競爭策略。

▍誤區三：分不清策略性目標與日常管理性目標 ▍

每到年底，許多領導人想要在次年度開始前，完成次年度的績效考核目標，包括不同層級，偏重於業務及營運層面。這些部門或個人的年度目標（更多的時候都被稱作KPI），有的來自於高階主管的次年度管理目標，經過目標展開而得到；有的是經過策略規劃作業所得到的中長期策略性目標（設定三年或五年的目標），再透過目標展開──例如：方針管理矩陣（X-matrix）或目標管理（MBO）──由上而下逐級的訂出各階層的次年度管理目標；有的則是低階部門主管由下而上的自行提出（參考公司的業務目標而來，或是基於部門過去的例行式考核目標）。

這些目標的訂定方式，不一而足，但都有著一個大家熟悉的共同名詞，那就是KPI，這一個既熟悉又陌生的管理名詞。是的，KPI，無論是稱作關鍵績效指標（Key Performance Indicator）或是關鍵流程指標（Key Process Indicator），其實講的都是考核指標（用來衡量結果），與我們平時認知的KPI有所不同，其差別在於，後者在許多人的認知中包括著績效衡量指標（Indicator）及考核目標（Target or Objective）這兩個管理工具。

正由於KPI的應用非常普及，也造成許多從業人員不清楚KPI在組織中的管理用途。究竟，KPI指的是組織的中長期策略性目標、平衡計分卡（BSC）策略地圖展開後的目標、部門年度業務目標，亦或是例行性的日常考核目標？KPI的濫用及誤用，已經足以構成現代績效管理與策略管理的重大危機。

回到策略規劃的範圍，如果組織基於願景，經由策略分析設定出中長期成長策略，並且基於中長期成長策略而定義出相關的策略性目標（例如：五年目標）。想像一下，這種五年目標的數量會多還是會少呢？究竟是要多多益善還是要量少而聚焦呢？這個目標是容易實現還是會帶來比較大的挑戰呢？它會是以財務性目標為主還是必須兼顧到流程與人員成長面呢？五年目標是基於各年度目標的可實現性還是基於願景與中長期策略的要求而設定的？這些關於中長期策略性目標的課題，是經營團隊必須面對，也必須給出一個答案及方向。

完成了五年目標，接下來當然就是如何展開至年度目標，接著，如何將總經理或公司的年度目標，展開（或分解）至次階組織，甚或是個人？關於目標的展開，一般會採用目標管理或是方針管理的方法，無論是何種方式，若是過程沒有限制，將會如同一串粽子，逐層展開，數量也將逐層放大，到最後，策略管理看似落地到人員的績效考核層面，然而，許多時候這種無節制的目標展開及KPI，將形成大而無當的管理負擔，邏輯上，個人目標可以對焦到組織策略，實務上，考核管理的負擔讓組織的策略規劃及績效考核難以為繼。為了避免組織的策略規劃與目標展開陷入前述的情境中，基於我過去的實務經驗，分享以下的建議與原則，供大家思考：

1. 組織領導人必須要區別出例行的部門／個人績效KPI與策略規劃的目標，前者著重於部門的績效提升及日常的持續改善，後者則是聚焦於整體組織的成長及挑戰。兩者在管理意義上有所不同，也應該要不一樣。

2. 對於策略性目標的設定，應該要具備長期的眼光，務必由五年目標開始設定，再由遠而近的展開至次年度目標，如此則可避免陷入代理兩難（Agency Dilemma）的困境（注6），同時，由五年目標著手，更可以因為目標期間的拉長，而促進管理團隊設定更具挑戰性的目標。

3. 五年目標的展開也要避開平均值及線性的觀點，通常建議第一年度至少可以挑戰30%，以符合「取乎上、得其中；取乎中、得其下」的精神。

4. 策略性目標應以跨部門合作及符合組織成長策略為主，若是單一部門即可獨立完成者，可以順勢而為的設定為部門考核目標即可，策略性目標貴在精而不在數量多。

5. 對於部門或個人的年度績效目標和策略性目標兩者，組織應該要設定不同的考核標準，前者以執行的進度與績效為主，後者則強調對於五年目標與策略實現的貢獻度為主；若將兩者混為一談，無異在鼓勵經理人逃避具挑戰性策略目標的承擔。

6. 要避免掉入五年目標的陷阱，一個充分理解策略規劃真義的組織與領導團

隊，肯定會把握機會檢視組織經營環境與策略的可實現性，每年檢視甚至每年重新訂定五年策略性目標，都是應有的思維與作法。

希望本文關於三個常見誤區的說明，有助於各位在未來進行策略規劃作業時，能夠「做對的事情（Do the right thing）」，以達到事半功倍之效。至於已經踩到地雷的組織，希望有助於各位及早檢視現行作業，集思廣義的構思出正確的方式，幫助組織真正獲得策略規劃的好處。

注釋

▶ 注1：原文〈戰略規劃常見三大誤區〉刊登於「經營洞察力論壇」2021-10-16。

▶ 注2：一些跨國企業會依據母國的會計年度（非曆年制），例如：日本與英國的會計年度起始為每年4月1日、美國為每年10月1日、澳洲則為每年的7月1日。

▶ 注3：這是一種比喻，意思是相同產業內，不管規模及競爭力，都採用相似的策略，與「策略趨同」或「策略同質化」的概念一樣。

▶ 注4：關於SWOT的相關概念，可參考《SWOT矩陣——小工具大學問》這篇文章的介紹。

▶ 注5：STEEPLE是一種總體環境的分析工具，分別代表Social / Demographic（社會 / 人口）、Technological（技術）、Economic（經濟）、Environment（環境）、Political（政治）、Legal（法律）、Ethical（道德）等七個領域的分析。五力分析（Five Force Analysis）是關於產業內五種力量（產業內的對手、潛在進入者 / 替代品的威脅、買方 / 供應商的議價能力）。波特價值鏈（Porter's Value Chain）為競爭策略大師麥可·波特（Michael E. Porter）所提出的一套組織內部流程能力的分析方法。S曲線分析（又稱作科技S型曲線分析）是運用技術典範不連續的概念，幫助企業分析既有技術 / 產品的生命週期，以及分析潛在破壞性技術的機會與威脅。

▶ 注6：代理兩難（Agency Dilemma），又稱為委託—代理問題（Principal–Agent Problem）或是代理問題（Agency Problem）。當代理人（專業經理人）本身存在某種動機，驅使他的行為目標著重在於增加自身的利益，而不是增加委託人（股東）的利益，就會出現這個兩難現象。

完成本文的閱讀，不妨再多花幾分鐘深入思考下面的問題以提升您的洞察力：

1. 建議與團隊成員一起，檢視組織在策略規劃的作業中是否有陷入這三個誤區？無論結論是有或無，請分享給相關人員。

2. 策略思維會被列入三大常見誤區之首，必有其重要性，請自問個人關於策略思維的認知爲何？是否有目的的在提升自我的洞察力？或是遇上了何種障礙？請與朋友分享您的發現。

3. 如果對列於三個誤區中的參考文章有興趣，建議各位可以再花點時間參考前面關於「策略」、「策略展開」、「策略性目標」等主題的相關文章，將有助於您對這三個誤區有更深入的理解。

二十一、策略承諾與不確定性的並存之道

　　許多經理人雖然都曾主導或參與過部門級別或企業級別的策略規劃，然而，相信絕大部分的人，對於策略及策略規劃的認知，可能仍如同瞎子摸象般，似乎感受到什麼，卻無法窺見全貌，甚至有許多錯誤的認知。

　　在學術界，關於這個課題的研究與學說，不斷地推陳出新。在出版界，也有許多相關的書籍，吹捧著許多工具、方法，再加上一些成功企業，或主動、或被動的由許多作者與學界把他們的成功經驗彙集成書或做成專題報導，讓大家學習效法。在這個五花八門的學習環境中，有人可能不禁自問：「自己要如何學習，才能成為一位好的策略工作者？」

▌傳統策略規劃的三大謬誤 ▌

　　策略大師亨利・明茲伯格（Henry Mintzberg）在哈佛商業評論（HBR）曾發表過一篇專文〈策略規畫的五個角色〉（The Fall and Rise of Strategic Planning），針對策略規劃（Strategic Planning）的本質、迷思、誤區，以及因前述的錯誤認知而可能帶來的負面影響，做了一次簡要但重點式的闡述。在這篇文章中，明茲伯格提到傳統的策略規劃不等同於策略思考（Strategic Thinking），前者是在做計算與分析的工作，而後者則是在進行一種綜合的工作。要培養出好的綜合能力（Synthesis），主管們必須要具備策略提問能力、洞察力（Insight），以及創造力（Creativity）。

　　就因為提升策略思維能力的不容易，才造成許多組織仍然遵循傳統的策略規劃方式進行他們的策略生成工作。明茲伯格指出，好的策略不可能來自「理性的計算」，而是來自一種「承諾」的力量。同時，也只有這種經由「承諾」所產生的策略，才是他人難以複製的策略。所以，宣導那些傳統上經由計算、分析的策略規劃作為，事實上是在實質的削弱經理人產生好策略的本領。既然

傳統策略規劃這麼的不好用，爲何還是有那麼多組織在使用此種方式產生策略呢？明茲伯格提出了他的觀點，並指出三大謬誤：

第一個是「預測的謬誤」（The Fallacy of Prediction）。明茲伯格認爲，許多人相信，以人類的科技與計算能力，凡事均可預測，然而，無論是科技創新、政治演變，甚至是市場價格的變動，均非我們有能力預測的。這些不確定性已成常態，也造成策略規劃的盲點。如今，大數據當道，AI（人工智慧）即將主導未來，然而，未來眞的可以預測嗎？可能是更多有識之士心中的疑問吧。

第二個是「分離的謬誤」（The Fallacy of Detachment）。明茲伯格認爲策略的構思、形成與執行，均爲不可分開的整體過程。當有人主張泰勒（F. W. Taylor）式的科學管理方法，將策略形成的過程，以專業分工的方式各司其責，行銷、營運、產品……等，一一的拆解開來，認爲這樣就可以快速產生策略。在這種模式下，大家在自己領域內各自進行分析而缺乏互動，將無法生成眞正的策略。明茲伯格主張互動分享，愈多的互動分享，便能結合策略思考與行動力，才能共同動手挖掘深埋在土坑內的黃金。

第三個是所謂的「形式化的謬誤」（The Fallacy of Formalization）。我們喜歡將重要的工作予以體制化、系統化、形式化，因爲如此一來，這種規劃的工作就可以被預測及被管理。明茲伯格認爲，傳統策略規劃的失敗，就是因爲將它形式化所導致的失敗。因爲，這種形式化的策略規劃工作，是無法在面對動態的非連續性環境下，進行策略的預測與安排。他認爲，策略規劃不能變成一套電腦程式，它只能制式化的處理資料，眞正應當著重的是團隊的學習過程與策略思維能力的提升，如此才能內化、領會、綜合我們所看到的剛性資料（Hard Data）（注2）。

事實與數據的分析很重要，然而，我們必須明確認知到，好策略的發展是可以得到來自分析工作與規劃作業的幫助，譬如溝通、控制及識別出潛在機會等前期作業。但是，好策略絕不可能僅由分析或規劃的工作就能產生出來。

▍「承諾」的風險與策略的兩難 ▍

許多的策略大師，包括明茲伯格均認為，一旦組織領導人洞察出能夠帶領組織成長的策略機會時，必須要對所選擇的策略給予「承諾」。這裡所謂的「承諾」，就是要一頭栽進去的意思。包括組織資源、目標、工作重心，均應堅持到底，特別是來自由上而下的支持，這就是「策略承諾」（Strategic Commitment）的具體表現。

眾所皆知，內外部的經營環境不斷在改變，這種外界的不確定性，也常常是企業經營風險的主要來源。例如：在2018年初，有誰會預測到中美貿易大戰會在這麼短的時間內發生？更不要說2020年初至今肆虐全球的COVID-19。到如今，黑天鵝事件（Black Swan Events，極為罕見且出人意料的風險）、灰犀牛事件（Gray Rhino Events，太過於常見到而人們習以為常的風險），已成為人人朗朗上口的名詞。

如果公司為規避風險而不做出策略承諾，公司或許能夠生存，但很有可能無法蓬勃發展。成功的策略不能沒有承諾，不過，面對外界環境的不確定性，有時，這種承諾往往也會使公司遭受徹底失敗或深陷泥沼。令人印象深刻的案例就是索尼（SONY）前後兩次在錄影帶（BETAMAX vs VHS）及迷你CD光碟的規格大戰敗北，這便是深刻的策略承諾所導致的後果。後來索尼發展藍光DVD時則吸取了教訓，無奈市場變化不等人，串流媒體（Streaming Media）的快速崛起，讓影音光碟的市場快速消退，這又是另一種不確定風險。

策略承諾之所以會帶來風險，在於所承諾的策略是對或錯，是人們事先無法預測到的，往往要碰運氣。例如：豐田汽車（Toyota）在早期，選擇節省能源及大眾化的產品開發方向，因為承諾而專注，後來遇到石油危機、經濟不景氣的時代，便因專注而造就了今日的豐田霸業。然而，這真是因為豐田早期的真知灼見嗎？

關於這種因策略承諾與不確定性的衝突，造成企業策略執行上的困境，策略與創新專家麥可・雷諾（Michael E. Raynor）在他的名著《策略的兩難》

（*The Strategy Paradox*）中就做了深入的研究。雷諾在書中提及，並非所有的企業組織均會面臨到這種策略的兩難現象，他借用了湯瑪斯·艾森曼（Thomas R. Eisenmann，1997）以「策略承諾的好處」及「環境不確定的程度」兩個維度所構成的一個策略矩陣圖（如圖5.11），來說明組織在不同程度的策略承諾與環境不確定下，所面臨的策略選擇。我們可以看到，當組織必須做出高度的承諾才能帶來較高的回報（好處）時，如果所面對的是高度不確定性的環境（高度不確定風險），這代表的是沒能力預測環境的變化，卻得投入寶貴資源做出承諾，若組織無法退而求其次或是冒著風險蠻幹硬上，這會落入令人進退唯谷的策略兩難（Strategy Paradox）困境。

圖5.11　策略選擇矩陣圖

取材自*The Strategy Paradox*一書

▌如何管理不確定性 ▌

　　對於如何解決這一種策略悖論，雷諾提出了一些好的作法，可以讓存在著高度不確定性且又需做出高承諾的企業組織作為履行的準則。雷納提出的因應之道，稱作「必要的不確定性」（Requisite Uncertainty）。雷納主張，組織必須由時間的視角、分層級對策略承諾和環境不確定性採用分工管理，諸如：一些部門負責履行已做出的承諾，另一些部門則負責擴大視角，觀看環境的變化，降低風險，捕捉機遇。

　　這不同於組織提升適應力或彈性應變的作為，而是對策略進行分層負責。例如：在進行組織的長遠規劃時，高層管理者應關注於對環境變化風險的監視與管理；低層管理者由於負責短期工作的規劃與執行，應著眼於做出承諾並主導策略承諾的如期如質被履行。面對環境的不確定，企業最高領導者或是董事會要負責檢視五年或五年以上的環境變化趨勢，並適時地做出適當的策略調整，不會因為自己親自主導及做出策略承諾，而出現不易轉變方向的限制。至於中階主管或基層主管，則只要負責五年以下或兩年以下的策略及策略執行工作，重點放在如何履行所做出的承諾及實現策略與目標（參考圖5.12）。

組織的層級	絕對的 時間視界	相對的 時間視界 （能見的不確定性）	策略的 平衡性
董事會	10年到無限	20年	不確定性
總公司	5～10年	10年	
營運事業部門	2～5年	5年	
功能性部門	3個月到2年	1年	承諾

資料源於 *The Strategy Paradox*

圖5.12　「必要的不確定性」時間視界示意圖

對於如何面對環境變化的風險，雷納提出了「策略性選擇權（Strategic Options）」的概念。也就是企業在不影響經營績效的前提下，值得高階主管投入一些資源去開創不同的機會，這些機會可能會失敗也可能會開創出新的機遇，然而，一旦環境的不確定性被確認時，這些不同的機會可能會為企業帶來新的成長機會，也可視為一種「突現的策略」（Emerging Strategy）來源。雷納指出，微軟（Microsoft）當時在既有的DOS（Disk Operation System，磁碟作業系統）產品外，投資MSN、Xbox、併購Skype等作為，基本上符合策略性選擇權的概念，在微軟面臨科技創新的挑戰時，由於早已在新領域占了一席之地而得以順利轉型。

蘋果（Apple）過去專注在行動裝置的軟硬體設計（如iPod、iPhone、iPad、Apple Watch、Apple Pay……），以及整合式服務（如iTunes、App Store、Apple Care+）。面對既有市場逐漸飽和的挑戰與不確定性，蘋果投注部分資源在汽車自動駕駛、Apple TV+、信用卡業務、影音串流、內容製作……上，看似包含了許多相關與非相關多角化業務，由於這些策略選擇占蘋果的資源非常有限，但卻都是蘋果面對環境不確定下的策略選擇。今日蘋果已往服務型公司轉型，證明部分策略選擇的效果已逐漸突顯。關於策略性選擇權，基本上與多角化策略的概念很像，但在本質上，因為占企業資源比率小，同時，也考慮與本業的綜效化（Synergy）程度，因此，雷納稱之為「策略彈性」（Strategic Flexibility）。

策略背後的基本假設

誠如明茲伯格所言，傳統策略規劃的工具，諸如SWOT，如果過度專注於內部經營環境資料的搜集，或是內部核心能力／企業文化的競爭性比較，而不花時間在如何消化資料、團隊協作、培養策略思維能力，以洞察出機會、發揮創意，就無法為企業識別出能幫助未來成長的策略。

要學習策略思考，必先學會如何提問，在各種形式的問題中，我認爲「What If……」（假如）的問題思考形式，最能夠幫助經理人跳出既有的思維與經驗的限制，才有機會去探求那些「未知的未知」（Unknown Unknowns）的問題與機會，特別是對於高階主管而言。基於「必要的不確定性」原則，高階主管必須要花時間在那些未知風險的分析工作上。除了策略提問，高階經理人在思考並產生長期策略的過程中，有一項必不可少的工作，那就是建構形成策略的基本假設。以下兩個重點可以幫助各位掌握策略基本假設的工作：

1. **基本假設是高階主管發想長期策略的核心想法及成立條件**：策略的基本假設是決策者或是高階團隊，對於企業未來發展的先決想法，名之爲假設，也代表決策者經過對內外部經營環境的分析瞭解後，不論是預測或是假設，自己可以先決設定某些影響經營的條件，再基於自己對於這些條件的判斷，才提出他們的長期策略。例如：某家企業的基本假設是「人們都得要穿衣服」，當他們發現國民的GDP在持續增加，因此，可以提出快速擴增產能這個長期策略。

2. **基本假設可作爲檢視策略及回應不確定性的管理重點**：策略基本假設是對某些條件做出假設而得到高階策略，因此，決策者面對環境的不確定性，可以適時地檢視那些假設條件是否正發生根本上的變化？一旦發生，可以適時地修訂長期發展策略，以回應不確定性；但前提是，高階主管不會負責策略承諾的履行。例如：如果發現國內的經濟出現明確的反轉資訊，消費者趨於保守，同時這是一個中長期的發展方向，決策者可以考慮做出大策略的調整。

發展策略是組織中最複雜的工作，傳統策略規劃的工作模式已不能滿足現代管理者的需求。要避免讓策略分析與策略形成的工作淪爲計算、分析及呆板這種類似電腦程式設計的形式化過程，最重要的關鍵就在於策略思考能力，也是其中差異之所在。當組織面對外界環境的高度不確定性風險，以及必須在內部做出強而有力的策略承諾才能實現策略時，有信心擁抱策略的兩難，依「必

要的不確定性」原則，對策略工作進行分層負責，同時保持策略的彈性作為，以及明確策略的基本假設，將能幫助高階經理人在面對不確定風險時，有能力坦然以對，適時地進行具方向性的策略調整，必能減少遭受重大打擊的機會。

注釋

▶ 注1：原文〈戰略承諾與不確定性的並存之道〉刊登於「經營洞察力論壇」2019-05-01。

▶ 注2：剛性資料（Hard Data）又稱為硬資料，是指有明確數值的資料，例如：產出、品質、成本和時間等。

思考問題

完成本文的閱讀，不妨再多花幾分鐘深入思考下面的問題以提升您的洞察力：

1. 如果對於「必要的不確定性」有興趣，建議讀者花點時間去搜集相關的文章，並試著檢視自己所屬的組織，是否符合這種條件？如果符合，對於策略思考及承諾分工，是否提出您的看法？

2. 關於文章中所提到的微軟及蘋果的例子，是否可以再舉出一些符合「策略性選擇權」的例子，並且分享給您的朋友。

3. 如果您的組織有策略規劃的作業，同時，高階主管也會提出組織發展的策略，可以試著去分析或思考這些指引公司發展的長期策略背後，是否存在著什麼樣的假設條件呢？請分享您的看法給相關人員。

note

PART 6

策略執行的成功關鍵

「劇作家透過操縱所有角色的行為，以及引入運氣和巧合元素來控制劇情，從而推動故事向預設結果發展；策略家則面臨著完全不同的挑戰，最重要的是風險真實存在。」

——勞倫斯・佛里德曼（Lawrence Freedman，《戰略大歷史》）

二十二、策略敘事──溝通組織願景與策略的好工具

企業完成策略規劃作業後，將會產出一套如何實現企業願景（或長期目標）的經營策略組合，一般會包括中長期策略方向、中長期突破性目標、年度突破性目標、各層級的策略與目標，以及優先級的策略行動方案。組織接下來的工作，當然就是如何集合組織的關鍵資源去執行策略並實現目標。在進入策略執行階段前，有一項成敗關鍵，那就是如何有效的和組織成員溝通來自領導人及經營團隊的策略構想。本篇文章將為各位分享一個比較不常見卻很有用的策略溝通方式，那就是「策略敘事」，希望藉由本文能夠提升各位與您所處組織的策略溝通能力。

▍什麼是策略敘事 ▍

「策略敘事」，在我們平時的組織管理工作中較不常見，它是一個源自英文文獻的專有名詞──「Strategic Narrative」。策略敘事是一個關於如何實現組織願景的故事，在策略敘事中，組織領導人敘述著組織願景、長期目標、良好定義的策略、關鍵里程碑以及在未來實現策略的過程中，與其相關的主要角色和責任。顧名思義，策略敘事和策略有關，敘事的訴求對象，涵蓋了內部人員，諸如員工、幹部，也可用於外部相關人員，例如：召募新進投資者、既有的股東。

策略敘事是一種敘事結構，它不是那種提綱挈領式的PowerPoint報告，報告人可以僅憑幾個要點就利用講述技巧好好發揮。一個好的策略敘事文件，必須要讓閱讀者看到事件的來龍去脈，可以依自己的需求來回檢視，掌握內容重點。既然策略敘事講述的是一個策略故事，我們為什麼不使用「故事」，而用「敘事」這個名詞呢？

圖6.1　「策略敘事」是組織用來陳述如何實現目標的劇本

　　「敘事」就是「故事」嗎？

　　「敘事」的英文是Narrative，而「故事」的英文是Story。對大多數人而言，在一般的使用狀況下，這兩個英文字沒有太大的差別。如果我們查閱《劍橋詞典》可以得到這兩個名詞的定義說明：

Story：

・對一系列相關事件的描述，無論是真實的還是想像的。

・報紙或新聞廣播中關於所發生事情的報導。

Narrative：

・一個故事或一系列事件的描述。

・一種解釋或理解事件的特殊方式。

　　我們可以發現，Narrative特別著重在關於事件的描述方式。一般的理解上，「敘事」是一種引人入勝的寫作風格，它可以讓讀者輕鬆地被包裹在所講述的事件中，同時，它也是一種引發討論和參與的風格。藉由使用「敘事」的

方式，您可以告訴讀者這個故事還沒有結束，他們可以把它帶回家考慮一下。他們可以重新記錄，添加和更改它。

而「故事」或「敘事」用於策略的領域中，前者更著重已發生事件的報導，作者希望運用策略的故事來進行傳承或啓發讀者的理解與思維。而策略敘事的撰寫則希望透過敘事的內容，達到有效溝通並獲得讀者的關注與認同，進而激發讀者的積極想法與後續的行動。

▍亞馬遜用6頁完成「敘事」▍

我第一次聽到「敘事」在企業管理實務的運用，是在閱讀亞馬遜（Amazon）創辦人傑夫·貝佐斯（Jeff Bezos）的傳記《什麼都能賣！》（*The Everything Store*）時。書中描述，在亞馬遜，表達想法的會議不是從PowerPoint投影片開始，而是從敘事性的備忘錄開始。在工作中進行高品質的寫作不是奢侈品，而是亞馬遜文化上的必需品。這種作法令我好奇，經過多次與我在亞馬遜工作的學生及朋友證實、請教後，對於這種已成爲亞馬遜公司文化一部分的工作模式，也有愈來愈深入的瞭解。

當初，貝佐斯在2004年6月9日的一封內部郵件中寫道：「寫一份好的4頁備忘錄要比寫一份20頁投影片更難的原因是，一份好備忘錄的『敘事結構』（Narrative Structure）迫使人們更好地思考和更好地理解與比較事物之間的關係與重要性在哪裡……，PowerPoint風格的演示，會以某種方式被允許掩蓋想法、消除相對重要性，並忽略想法的相互關聯性。」

後來，貝佐斯沒有要求他的高階主管們集思廣益地爲公司想出好主意，而是要求他們日後在每次會議前準備6頁、內容密集、結構清晰的敘事型備忘錄（Narrative Memos）；然後，在會議開始前，他先舉行靜默會議，讓高階主管在會議桌旁閱讀這些備忘錄，然後再開始討論。貝佐斯認爲，人類是懂得預測的一種動物。我們一直不斷地研究現在正在發生的事情，將其與我們的經驗進

提高生活品質」。創立沃爾瑪的時候，創辦人山姆·沃爾頓（Sam Walton）曾說：「如果我們一起合作，我們將會降低每個人的生活成本。」這才是沃爾頓策略敘事的敘事核心。

掌握策略敘事的撰寫技巧

相信各位應該已經認識到，一篇合適的策略敘事將有助於利益相關方清楚認知到組織或品牌的未來策略發展方向。有效的敘事方式，內容必定具備起承轉合，這樣的一個策略故事，將是未來組織策略落地的重要支柱。

在進行組織或品牌的發展規劃時，必須要有效整合以下四大面向，提高策略敘事的嚴謹性：

首先，每家公司都必須做好許多事情。這些事情不應與公司最重要的競爭基礎相互混淆，最好的方式則是透過實例來向利益相關方解釋說明我們現在或未來經營事業的競爭基礎爲何。例如：公司的競爭基礎可以由以下三類擇其一來構思說明內容：

1. 著重品牌／行銷／客戶親近（Brand／Marketing／Customer Intimacy）

例如：哈雷機車（Harley-Davidson Motor Company）雖然必須設計和製造高品質的摩托車，但它並沒有因爲它的設計、產品品質或具成本優勢的製造能力在市場上獲勝。它的勝出，歸功於客戶愛慕它的品牌，也就是Harley-Davidson。

2. 卓越的運營管理能力（Operations）

例如：亞馬遜（Amazon）雖然重視客戶服務，它並沒在這個基礎上與薩波司公司（Zappos）（注2）在市場競爭，後來亞馬遜勝出，其實是因爲它擁有複雜卻極具效率的倉儲和供應鏈配銷作業。

3. 技術超群的工程／設計能力（Engineering／Design）

例如：波音公司（Boeing）不僅生產了世界上大部分的商用客機，還設計

了火箭、衛星和國防裝備。連美國總統座機空軍一號都是由波音公司設計及建造的，這種競爭優勢可以追溯到20世紀60年代。

接著，定義出你的品牌／產業類別。一個無法歸類的品牌或產業別則無法代表任何事；缺乏描述一個品牌／產業類別的能力，一般意味著這個品牌或產業不是我們所認為的那麼強大。另外，定義您的品牌／產業類別也有助於市場定位分析的作業。然而，要避免受到那些我們接觸最多的品牌或傳統意義上的產業分類來左右我們的認知，對我們也是一項挑戰。

第三，清楚說明組織或品牌市場定位分析的見解。對於目前的及想要的市場／產業位置，必須能讓組織或品牌獲得一定程度的成功，並且在實現願景後能夠保持競爭地位。考慮下列要素：⑴組織或品牌與所選類別的相關程度；⑵品牌的知名度；⑶目前的市場占有率或排名；⑷我們的營業規模。

最後，考慮這個觀點——「相比競爭對手，我們的作法（策略）是否具有差異（**Different**），或是做得較其他更好（**Better**）？我們又要怎麼證明呢？」如何創建、維護、擴展和防禦我們的差異化策略，應該是策略敘事中的一個重要聚焦之處。

當我們好不容易完成一個版本的策略敘事文本，可以運用以下十個問題，來檢核我們的敘事是否足夠的完整：

1. 公司的願景、使命、核心價值觀、指導原則是什麼？

2. 有哪些事情公司做得很好？

3. 有哪些事情公司做得比其他公司更好？

4. 公司所在市場競爭的潛規則有哪些？

5. 什麼樣的核心能力／特性和資產，是公司必須投入的？

6. 有哪些事情公司不該做？

7. 哪些事情是公司所主張或支持的？

8. 哪些事情是公司所反對或正在與其對抗的？

9. 哪些是公司內部的關鍵衡量指標？

10.公司需要採取哪些重大的變革事項？

∣如何說好一個策略的故事∣

　　寫好一個故事，是有技巧的。雖然，策略敘事在講述的是組織或品牌「未來的」故事，但它還是脫離不了故事的本質。創作策略敘事就是在創作一個劇本，除了內容外，也要具備可讀性，主要是敘事的結構，以及情境的設計。

　　關於劇本的撰寫，這是一門專門的學科與技巧，本文先向各位介紹一個最簡單也最有效的劇本結構，希望有助於各位快速啟動你們的策略敘事工作：好萊塢電影最常應用的故事架構，是線性敘事的三幕劇結構（Three-Act Structure，如圖6.2）。劇本架構就像蓋房子的鋼筋骨架，能讓編劇有清楚的目標與方向。根據席德·菲爾德（Syd Field）的理論，電影三幕劇包含了以下三個階段：

第一幕：觸發（Setup）

　　一開始著手建立故事的時間序、地點、角色人物特質等等，接著安排第一段情節（Plot），並埋下角色將要面臨的問題，這個部分約占一部兩小時長度影片的四分之一。

第二幕：衝突（Confrontation）

　　角色為了達成某一個目標，必須設法突破各種難關和挑戰，此時的衝突與對抗也在升級，這部分的情節約占全片時長的一半。

第三幕：解決（Resolution）

　　好的編劇以循序漸進的節奏在第三幕將劇情帶向高潮，隨即快速地走向結局，充滿著張力與吸引力。這一幕將是故事的最高潮，問題最終被解決，角色也重新回到原本的世界展開新生活。這個部分，編劇將以四分之一的篇幅讓戲劇事件最終告一段落。

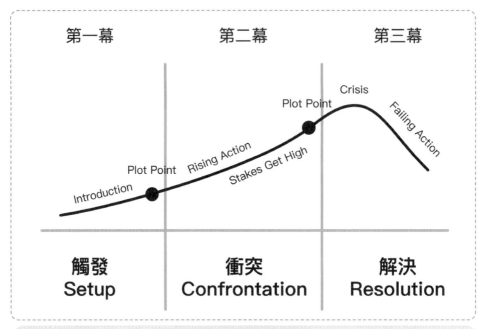

圖6.2　三幕劇劇本結構

　　策略敘事的主角是組織或品牌，如同前文所提及，我們必須爲我們的組織或品牌賦予人性（Human），才是一個有效的溝通方式。「擬人化」、「個性化」是我們在撰擬策略敘事時的基本思維。一篇好的策略敘事文本，內容貴精而不在多，比照亞馬遜的經驗，在6頁A4的長度內完成，將是一般的期望水準。

　　如同本文一開頭讓各位清楚知道「敘事」和「故事」是有差別的。而策略敘事所敘述的是未來即將要發生的故事，具有未知性，它未必像童話故事會有一個快樂的結局。策略敘事的目的在於讓讀者，也就是我們的員工、投資方或其他的利益相關人，能夠理解我們過去到現在的發展情境、認同我們的願景及策略，並且積極地投入未來的策略實踐。如果能夠達到這個效果，那麼，這就是一個優秀的策略劇本。

注釋

▶ 注1：原文〈「戰略敘事」：溝通組織願景與戰略的好工具〉刊登於「經營洞察力論壇」2021-01-20。

▶ 注2：Zappos為一家美國線上鞋類和服裝零售商，由美籍臺灣人謝家華於1999年所創立，總部位於美國內華達州拉斯維加斯市。以「提供最好的客戶服務」為品牌定位，於2009年，公司創業十週年之際，被亞馬遜以12億美元收購。目前是全美最大鞋類網購平台。

思考問題

完成本文的閱讀，不妨再多花幾分鐘深入思考下面的問題以提升您的洞察力：

1. 經過本篇的介紹，您是否對於策略敘事產生了基本的興趣呢？建議您花點時間，去搜集一些知名品牌，諸如IBM、P&G的策略敘事，是否符合我們所提及的人性、共享目的等原則呢？

2. 我們都知道星巴克（Starbucks）的品牌目的是在提供都市消費者一個「第三空間」，隨著外賣的盛行，原先堅持不外賣的星巴克也被突破了，他們是否正在失去了原先的目的？這對星巴克的策略敘事是否產生了衝突並影響到品牌的發展？請分享您的看法。

3. 本文介紹了三幕劇結構，幫助我們來發展策略敘事，若對劇本結構有興趣，建議您花點時間去搜集其他不同的劇本結構，它們是否都適合於策略敘事的應用呢？

二十三、策略執行的挑戰與應有思維

許多企業經營者面對環境多變的挑戰，莫不汲汲於思索如何帶領企業成長的策略。企業經營往往是以成敗論英雄，好策略固然重要，然而，再好的前景、再精美的策略，如果無法確保策略的落地，為企業及股東帶來獲益，終究是一場夢。策略只是一個想法、一個假設，直到它被實現。經營者和高層管理團隊面臨的最大挑戰將是如何幫助他們的組織更好地執行它。

當經理人被問及如何定義「策略執行」（Strategy Execution）的問題時，大多數人的回答是「策略執行就是策略計劃被成功實施」或是「策略執行是在實現你的策略」。雖然這些觀點不能說不正確，但對於我們想要理解需要有什麼作為才能真正推動經營成果的實現這個課題，它的幫助是非常有限的。

策略執行已成為當今管理領域的熱門話題，許多對於CEO的調查都指出，他們非常關注策略執行這個課題，並將其列為最具挑戰的第一和第二大課題，據估計，超過60%的策略沒有被成功實施，對實際負責組織策略的人來說，這一發現應該是不足為奇。雖然，關於策略執行的書籍及文章已經琳瑯滿目，我仍希望藉本文來分享我在實務上的觀察，幫助各位讀者進一步的思考策略執行這個課題。

▍關於策略執行的不同觀點▍

要討論策略執行，就一定會想到由賴利・包熙迪（Larry Bossidy）、瑞姆・夏藍（Ram Charan）和查爾斯・伯克（Charles Burck）合著的《執行力：沒有執行力，哪有競爭力》（*Execution: The Discipline of Getting Things Done*）這一本關於策略執行力的暢銷書。

包熙迪及另兩位作者認為策略執行是一個過程（Process）。他們將策略執行作為一門學科或「揭露現實並採取行動的系統性作為」，在其書中提出作為執行力核心的三個主要流程（如圖6.3）：

1. **人員流程（People）**：人員流程是策略執行力的第一個關鍵。從策略規劃與執行的角度，不論是規劃或執行，其核心均在於人才；因此，人才與人才間的流程、互動與合作是其關鍵。組織要事先找到人才，並設計流程讓人才的戰鬥力得以發揮。

2. **策略流程（Strategy）**：好的執行力要以事先縝密的策略規劃爲基礎。在規劃階段，必須思考後續的執行階段是否能搭配，這就是「Strategy for Execution」的概念。在策略執行階段，也必須延續先前的規劃產出，保持適時修正計劃之彈性。

3. **營運流程（Operations）**：營運流程則是策略執行階段完成任務的步驟。對照生產製造的營運體系，營運流程就好比是產線上的製造流程，包括了不同製造單元與製造步驟之間的銜接，上流程爲下流程的起點。營運流程的成功關鍵取決於部門與部門間的協調與整合程度。

圖6.3　策略執行的三個主要流程

《執行力》這本著作所提供的資訊當然有用，但作者似乎並未完全解釋組織如何實施這三個主要流程以幫助策略成功的被實現。不過，該書於2002年出版以來，學術界及實務界在策略執行這個領域取得了重大進展。哈佛商學院教授羅伯·柯普朗（Robert S. Kaplan）和他的同事大衛·諾頓（David P. Norton）於2008年撰寫了《平衡計分卡戰略實踐》（*The Execution Premium: Linking Strategy to Operations for Competitive Advantage*）一書，他們認為，策略執行是一套系統，並在這本著作中展示了他們的策略執行管理系統，主要是圍繞著一套綜合完整的策略制定、規劃和營運執行的管理系統中的六個階段，旨在幫助組織獲得他們所謂的「卓越執行力」（Execution Premium），並成功執行策略以帶來企業的價值增長，這六個階段依序如下：

1. **制定策略（Develop the Strategy）**：要能清楚而具體地說明所從事的業務內容，以及理想的策略為何？

2. **規劃策略（Plan the Strategy）**：利用工具訂出架構分明的評量指標和方案，用以作為行動和資源配置的圭臬。

3. **整合組織（Align the Organization）**：使組織能配合你所選定的策略。

4. **規劃營運（Plan Operations）**：使日常營運和長期策略能互相吻合。

5. **追蹤和學習（Monitor and Learn）**：定期確認策略是否確實實施，並在必要時能加以導正。

6. **測試和修正（Test and Adapt）**：持續挑戰策略假設，並在必要時進行調整。

前述的兩套模型，我覺得都很受用，只要是認真對待策略執行的經理人，都應該要熟悉它們。然而，在實務上，可能會出現**來自流程的視角**，卻無法囊括足夠的細節來幫助管理人員構建組織內的三個流程；反過來，由**系統的視角**來看，可能包含太多子步驟，以至於管理人員可能會不知所措。

這就如同〈三隻小熊〉的故事裡，那位闖入三隻小熊窩的金髮女孩，在三

隻小熊返回熊窩前，她偷喝了三碗粥、偷睡了三張床，要不是粥太熱了或床太硬了，就是粥太涼了，或是床太軟了；比較之後，第三個選項才接近於她心中那種「恰到好處」的感覺。可見得，滿意的恰到好處解決方案在真實世界中不太容易獲得（注2）。

我們如何才能找到「恰到好處」的策略執行方式？當然，這沒有簡單的答案，分享以下的五項策略執行可能遇到的重大挑戰及建議，希望能幫助各位洞察出可能的關鍵要素，讓策略執行更有效。這五項挑戰分別是：⑴缺乏策略校準作為；⑵缺乏系統性的培養領導力與人才庫；⑶應對變局的敏捷性不足；⑷未能落實當責文化與授權賦能；⑸低效的系統架構。接著，我們一起來檢視這些挑戰的內涵。

▍挑戰一：缺乏策略校準作為▍

策略執行階段若沒有圍繞核心策略，也就是所謂的校準（Alignment），組織就會面臨走偏、分心和擅自改動方向的風險，進而導致優先事項失焦和資源錯置；這也是說，當組織關於策略方向的理解出現上下不一致的情況，將造成領導者的注意力自關鍵任務的目的和策略性投資上偏移。

例如：速食業巨頭麥當勞（McDonald's）試圖吸引注重健康的顧客（他們幾乎從不會光臨麥當勞）以擴大其客戶群，公司在2016年決定於菜單中引入沙拉和捲餅之類的健康料理，之後因為一門心思都被這個餐飲行業最新的趨勢所吸引，反而逐漸減少對核心任務（例如：**做出超讚的漢堡**）的關注。結果，在五年內虧損5億美元，直到行業新進者以更好的美味漢堡搶入市場後，麥當勞才回過神來，於2020年宣布重新擁抱其作為速食連鎖店的身分，並不再憂心那些他可能永遠無法贏得的客戶。

當一家企業或品牌缺乏策略校準，組織將會忽視長期優先事項，一旦組織開始失去前進的動力，您的員工可能會感到沮喪並開始脫離工作。領導者必須對組織成員傳遞一個看似簡單的概念，就是「**執行力取決於每個人為實現同一**

目標而共同努力的程度。」如何與策略進行校準並保持一致性，是策略執行階段最重要的挑戰，也是提高績效需要優先解決的問題。沒有做好這件事，其他一切都不重要。

在大型複雜的組織中，管理人員和員工經常在孤島中工作，他們的注意力變得分散，或者更確切地說，陷入「部門細分化」的陷阱，導致他們對策略要求的理解與他們自己的工作之間存在很大差距，「錯位」成為常態。因此，高層領導如何明確策略意圖？與組織成員澄清他們負責的工作如何導致策略成果？明確傳達整體成功如何可以歸因於他們？如何組織整合並在整個企業範圍內努力實現這些成果？這些課題將是有效策略執行的持續挑戰。

▌挑戰二：缺乏系統性的培養領導力與人才庫▐

無論是商業、體育還是藝術，出色的執行力都需要高超的技巧；作曲家再優秀，配樂再優美，表演的優劣都取決於不同領域藝術家們的精湛技藝，才能共同為音樂帶來生命。

當薩帝亞・納德拉（Satya Nadella）於2014年接下微軟（Microsoft）的CEO職位時，他知道公司的未來取決於如何基於「行動第一、雲端至上」（mobile first, cloud first）這個策略，於「後後PC時代」（Post-Post-PC era）開發新功能和新工作方式（自2017起，微軟又提出「everything AI」的新策略）。雖然，人才和人力資本一直是微軟成功的核心，但納德拉也明白需要建立一個領導團隊，才可以重新配置及建立微軟在圍繞創新和協作文化的人才庫，從而將公司帶入新市場、新服務和新技術。

策略執行的重要挑戰之一，就在於組織如何充分利用「人力資產」（Human Capital）？這不僅是關於生產力的課題，組織還必須關注於如何吸引、開發和部署最優秀的人力資本？如何提高他們的技能水準？以及如何確保知識、技能和能力的類型適合關鍵任務等幾個重要課題。最高管理團隊發起策略計劃，將策略意圖轉化為營運指令，並對最終的策略執行結果負責。因此，

指派合適的人在不同階段擔任合適的角色通常是一個挑戰，這需要業務知識、職能知識和團隊協作能力，其中，「團隊協作能力」（Team Collaboration）對於策略執行至關重要。

提高團隊協作能力對於實現卓越執行力至關重要。我們可以從三個層面來檢視影響團隊協作的因素：首先是**結構性**（**Structural**）因素，組織結構可以讓人們聚集在一起合作，也可以使得團隊協作變得更加困難，這些都需要被識別出來並解決。其次是**認知**（**Cognitive**）因素，團隊的共同認知強則可以創造相互理解和知識共享，否則會在團隊中製造出智力鴻溝。第三是**性情或情感**（**Dispositional or Affection**）因素，團隊成員若不產生信任和互惠，就會引起辦公室政治和分裂的趨勢，後者必須要使其浮出水面並加以解決。團隊協作必須列為最高管理階層的首要任務，如果缺乏，請優先解決，組織可指派最信任、最有前途的組織成員擔任新的延伸性角色，接著圍繞他們建立一個有效的支持團隊，並引入具有互補技能的其他人員來平衡團隊。

雖然高層領導團隊對策略執行至關重要，然而，真正推動策略落地的人其實是委身於組織的深層之處，組織真正的吸引力其實是發生在中層管理人員和普通員工身上。因此，在整個公司內建立一個強大的人才引擎是至關重要的任務。我們必須要思考，組織的人才管理系統是否如我們所需要的那樣有效？我們組織是否依據關鍵任務所需的技術人才存量和流動性進行能力建設與人才召募？領導力、團隊協作文化、人才庫的建設，將是組織在策略執行所需要思考及克服的重要挑戰。

┃挑戰三：應對變局的敏捷性不足┃

所謂「敏捷性」（Agility），簡單的說，就是指靈活快速適應變化的能力。以微軟為例，微軟自1980年代就稱霸於桌機領域，其中，2000年至2014年間，微軟的利潤從94.2億美元增長到超過220億美元。儘管微軟在財務上取得了成功，在從桌機／筆電轉向至行動裝置和雲端服務方面卻進展緩慢而失去先

機。微軟不是沒有看到這個趨勢發展，卻因優先考慮其他因素而無法像競爭對手那樣迅速採取行動，長達十年的延遲，導致微軟在雲端業務落後於亞馬遜（Amazon）71%的市場占有率。這是組織敏捷性不足的最佳案例。

當今多變的商業環境中，長期的策略執行能力需要具備短期的敏捷性、創新和組織學習才能充分發揮。在高速變化的環境中，有關增長、盈利能力、創新和執行力的課題可能保持不變，但關於如何實現這些目標的答案正在迅速產生變化。在這樣一個動態的環境中，回應速度和適應能力對於實現組織目標至關重要。然而，組織提升敏捷性最常見的障礙，卻是我們既有的執行方法，這種現象稱為「執行悖論」（Execution Paradox），來自於組織為了推動更好的績效和最大化效率所創造出的一種難以改變和調整的處境。這代表組織成員平時工作愈賣力，他們就愈難看到變革的必要性，更不要說適時的進行調整與適應。

要提高組織的敏捷性，可以由培養**情境意識**（**Situational Awareness**）著手。所謂的情境意識指的是對周圍環境保持警惕以應對環境潛在變化的意識能力；組織學習則是提高情境意識與洞察力的關鍵作為，這涉及到組織成員看待變化與挑戰的**心智模式**（**Mindset**）；第三個方向則是強化組織面對變化以重新配置組織資源（資金、人員、技術）以協調快速變化的能力，又稱之為**動態能力**（**Dynamic Capacity**），動態能力的建立則有賴於情境意識與組織學習的進展與成熟度。敏捷性已是現代企業必備的核心能力，更是策略執行的關鍵及必將面臨的重大挑戰。

▍挑戰四：未能落實當責文化與授權賦能 ▍

組織的流程力是策略成功執行的保證，當責文化則是流程力的基石。當責（Accountability）是指承擔某項任務者，對該項任務具有歸屬感或是主人翁意識的內化認知，勇於面對與承擔任務成功或失敗的後果。當責心，更多的是來自一種自我感覺，實務上，我們很難量化某人的當責狀態或程度。

「當責」與「負責」（Responsibility）是有差異的，前者爲結果負責，遇困難追求解決方案並尋求資源與支持；後者著重在過程中是否盡力而爲，遇困難會替自己找理由，是一種爲執行過程負責的心態。雖然，當責是一種個人心態與行爲的表現，卻會受到領導者日常的行爲與組織文化的影響，有時，強求卻不可得。不過，若領導者瞭解何謂當責，能夠以身作則，這是一個好的開始，也是一種自我領導力的挑戰。

要提升組織的當責文化，可以由「當責與信任管理循環」著手（如圖6.4），這包括如何建構一個互信（Trust）的工作環境、挑選具潛力的對象實施賦能與授權的養成、在授權賦能（Empowerment）的基礎下，全面落實當責文化，進而促進全員當責、提升組織的流程力。

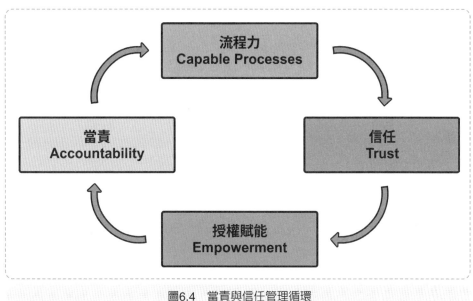

圖6.4　當責與信任管理循環

在這個循環中，信任感是實施授權賦能的基礎，一個有著高度互信的團隊，將會表現在高效的溝通與團隊協作上。領導人可基於以下六項要素來建立組織的互信，它們分別是：避免紊亂的資訊、充分溝通並謹慎推進工作目標、停止責難的遊戲、以信任銀行（Trust Bank）爲基礎溝通授權、過程與成果同

等重視、及時地溝通雙方的困擾並主動尋求支持。這六項要素也可視為組織在建立並強化互信所要克服的挑戰。

在互信的基礎上實施授權賦能（Empowerment）能事半功倍，不過，授權賦能並非一蹴可幾的作業，它需要參與者的意願，同時，領導者必須正確認知到授權（Authority）的本質為何。沒有搭配賦能（Enabling）的授權行為，就如同閉著眼睛讓小孩玩大車。妥善的實施授權賦能，將能幫助組織培養出更多具潛力的接班梯隊，ARCI法則（注3）可以是組織在實施授權賦能的一個好工具，成功的落實授權賦能也是一項領導力的自我挑戰。當責與信任管理循環是組織推動當責文化的藍圖，如果組織缺乏當責與授權賦能，將導致執行力的低落，再好的策略，將如曇花一現般，花雖美好卻不長久。

▌挑戰五：低效的系統架構 ▌

組織的「系統架構」（Architecture），包括底層基礎架構、作業流程、管理制度和控制機制。在策略執行階段，系統架構對於管理資源流、資訊可用性、決策和推動組織的前進至關重要。有動力和有才華的人可以在短期內彌補糟糕的組織系統架構所造成的問題，但不會長久，因為系統架構最終決定了人們工作完成的方式。一個正確設計的系統架構，在確保良好的策略校準和組織能力下，可以幫助組織的轉型並帶來突破性的績效。

管理大師愛德華・戴明（W. Edwards Deming）曾提及：「94%的績效問題是來自系統問題，而不是來自於人的問題。」他也說過：「一個糟糕的系統，每次都會打敗一個好人。」這足以說明，系統架構在策略執行所扮演的角色。組織的設計是組織行為的重要決定因素之一，組織的系統架構有助於提高營運效率、作業清晰度和流程易用性。糟糕的系統架構將帶來負面的影響，包括官僚主義、低效率的流程和繁瑣的系統。

分享一個正面的案例：當湯姆・莫納漢（Tom Monaghan）創建達美樂披薩（Domino's Pizza）時，有一個明確的策略意圖：那就是保證在30分鐘內送

出披薩，否則就免費。他非常清楚自己的營運模式，因此，他不讓廚師手工揉製披薩麵團，而是採用流水線來大規模和快速地準備披薩麵餅；他沒有使用燃木烤箱，而是採用輸送帶技術將烘烤時間減少到6分鐘內；更重要的，他不開設實體餐廳，卻設計讓司機將披薩送到顧客家門口。莫納漢徹底改變了這個行業。

當高階團隊闡明組織的營運模式後，就有了一個可行的策略藍圖，可以用於優化組織系統架構及用於橋接組織策略並產生績效。隨著時間的推移，當公司追求新興機會時，他們的策略會發生變化，但他們通常不會同時調整他們的系統架構。眾所周知，組織架構、作業流程和制度的調整不容易處理，並且在組織尋求新機會時，會導致組織固守於現況。許多時候，雖然策略已經因應環境而調整了，往往系統架構還沒有到位，更不用說，系統架構的調整或簡化還常常會遇到組織慣性（Inertia）的打擊。我們都知道，資料和流程是互補的資產，而且愈來愈密不可分，因為資訊系統支撐著作業流程的改進。因此，資訊化，甚至是智慧化的導入與變革，將是強化系統架構、提升營運效率的另一個挑戰。

▎善用成長性思維強化策略執行力▎

本文所列出的五大挑戰，是領導團隊在思考組織如何落實策略、強化策略執行時，所需要思考及面對的課題，也是組織在規劃成長策略的同時，不能忽視的一個現實問題。面對已然到來的VUCA（注4）世界，面對環境的多變，必然會對原先所設定好的策略假設及經營環境，帶來執行力的質與量之挑戰。面對現實，除了要隨時檢視前述的五大策略執行的課題外，同時，也要善用心智模式（Mindset）的力量，提升團隊面對挑戰的韌性。

當初，微軟CEO納德拉即強調組織敏捷性的重要性，並強調好奇心、不斷學習、時時接受回饋的**成長型思維模式**（Growth Mindset）的重要性，具成長型思維的領導人，樂於擁抱模稜兩可的現實，並且認可錯誤也是個人與組織學

習的一種投資。相對於成長型思維，具固定型思維模式（Fixed Mindset）的經理人，傾向於認為事物與作業是一成不變的，人們也是很難被改變，聰明人會受限於既有的聰明才智，思考問題也受限於現有的方法，面對學習，會想方設法的將所有已知方法學會，而不考慮背後的多變性及未來性。

　　微軟營收與獲利好轉的關鍵，與一個全新的、更敏捷的營運流程有關，因為該流程採用成長型思維，以假設檢驗（Hypothesis Testing）為基礎，適時檢視各種既定策略假設，幫助組織從錯誤中學習並不斷改進作業流程與營運體系。因此，面對VUCA時代，經理人應該更要掌握成長型思維的力量，樂於面對挫折，把克服策略執行的五大挑戰，視為個人與組織學習的一個成長的過程。

注釋

▶ 注1：原文〈戰略執行的挑戰與應有思維〉刊登於「經營洞察力論壇」，於2021-07-28及2021-09-01，分成上下兩篇刊出。

▶ 注2：出自羅伯‧邵賽（Robert Southey）著名童話故事 "Goldilocks and the Three Bears" 被運用到經濟學裡，稱為「金髮姑娘問題」（Goldilocks Problem），又稱「金髮女孩效應」。文章在此處所引申的意義是「凡事都必須有度，而不能超越極限」。當然，故事最後的發展，直到三隻熊回來的那一天，小姑娘才發現這間房子原來屬於三隻熊所有，金髮女孩的幸福生活便一去不復返。

▶ 注3：「ARCI」是4個英文單字的縮寫，分別是Accountable（當責者）、Responsible（負責者）、Consulted（事先諮詢者）及Informed（事後告知者）。領導者在對幹部進行培養時，可以運用ARCI法則來進行，除了用於授權賦能的過程，ARCI也適用於專案管理，當這4種角色各司其職時，可以有效且順利地完成工作業務。

▶ 注4：VUCA由四個英文字的字首組成，分別是：Volatility（波動性）、Uncertainty（不確定性）、Complexity（複雜性）、Ambiguity（模糊性）。

完成本文的閱讀，不妨再多花幾分鐘深入思考下面的問題以提升您的洞察力：

1. 經過本文的說明後，關於策略校準，是否有助於您的理解？如果要著手克服這項挑戰，您會如何著手，以及要事先準備好哪些資源呢？

2. 是否可以花點時間去搜集微軟CEO於2014年所提出的「mobile first, cloud first」，以及2017年所提出的「everything AI」相關內涵，並且進一步瞭解微軟如何基於這個願景去培養組織人才庫？歡迎分享您的心得給團隊。

3. 當責是一種組織文化，您是否認同？本文提到了信任及授權賦能為實現當責的基礎，如果對這個主題有興趣，是否可以再花點心思去搜集各種關於當責的論述，並且比較一下，中、日、美三國文化中關於當責的認知有何差異？

二十四、落實日常管理以提升策略執行力

面對經營環境的不確定性，企業領導人經常強調如何才能發展出足以帶領企業突破競爭的好策略；好策略雖然難尋，但是，爲何許多組織有了令人激賞的創新或差異化策略，卻無法眞正的落實？或是，爲何與對手雷同的策略，最終獲得的績效卻大不相同？追根究柢，其關鍵就在於組織執行力的差別。

> 「三流的策略加上一流的執行力，永遠比一流的策略加上三流的
> 執行力有更好的結果。」

所謂執行力，就是員工在日常工作的每一個階段都能一絲不苟地確實執行，因爲，沒有執行就無所謂實現，只有對工作任務徹底的貫徹實行，才能有效達成預期目標。提高組織執行力的理論或方法論很多，例如：精實管理、六標準差、變革管理、WCM（世界級製造），以及像是DBS（Danaher Business System，丹納赫精實管理系統）這種世界級企業所發展出的卓越運營體系，不一而足。他們的目的都是希望透過完善的管理制度，將目標、人員、團隊、作業、資源、生產力、領導力整合在一起，有效地促進組織策略的實現。

以上的系統或方法論，各有擅長之處，企業組織也可以依自身的需求而選擇實施。要說它們有什麼共通之處，依我的淺見，「日常管理」（DM：Daily Management）可能會是眾多組織在提升執行力的一個聚焦之處吧！

▌為何組織需要重視日常管理▌

組織的管理工作本就包括了突破性目標（BTO：Breakthrough Objectives）的規劃、作業與制度的創建與改善，以及日常作業穩定與產出的保證。這三大部分的工作，依層級的不同而有比重之分，日常管理的工作，更多的是倚靠基層主管與員工的執行力（如圖6.5）。

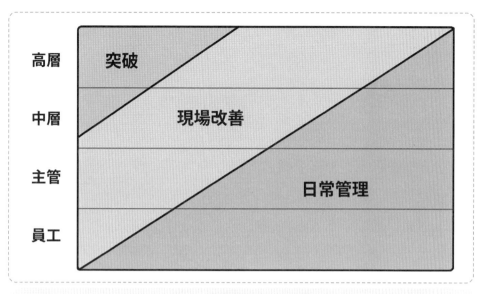

圖6.5　組織層級與工作重點

　　許多組織試圖透過簡單地將目標和期望放到不同的業務領域和組織層級上來實現其策略，賦予這些部門及幹部的唯一責任，就是去產生數字（結果），並監督他們實行那些被期望要採取的行動。使用這種方式，成就常常低於預期也就不足為奇。加上這些高階管理者通常利用每月召開一次的會議來檢查進度（經常是進度不足），致使會議常常演變成問責大會，失去一次讓大家一起討論那些令人失望的數字並尋求糾正措施的機會。若為了撲滅那些看似在組織中各處冒出的大火，他們通常會做出倉促的決定，卻使局勢更加惡化。

　　為什麼結果無法實現？為什麼策略計劃不起作用？公司雖有非常複雜的IT系統（有著所有數據的資料庫），卻無法掌握即時的狀況，導致決策制定為時已晚。這種情況下，誰能期望實現年度目標？現代品管大師約瑟夫·朱蘭博士（Dr. Joseph Juran）曾說過：「一個被良好管理的流程至少有85%的問題是存在於流程中——僅有少於15%的問題可被歸因於一些特定的個人身上。」可見得，良好的流程管理才能保證如質如量的產出。

一個流程管理不當的組織，無法獲得持續改善的效益。同時，不斷地往復於現況與改善目標間，不僅組織不能如期實現目標以獲得績效，也對人員士氣、團隊協作，以及企業文化造成了嚴重的傷害。這種「眨眼睫毛式的學習曲線」（Eyelash Learning Curve），是造成流程管理能力不良的主因，也成為許多組織現場管理的常態（如圖6.6）。

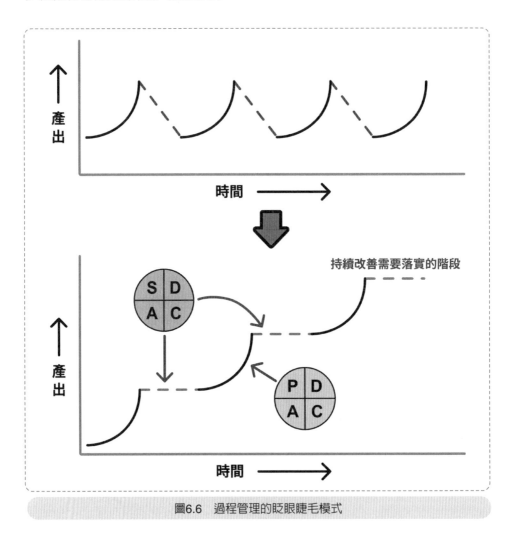

圖6.6　過程管理的眨眼睫毛模式

　　為了避免出現這些問題，組織需要採取一種新的方式來監督行動方案以落實方針計劃並取得成果，確保策略被適當地實施，以及對偏差做出更快、更有

效的反應。組織所需要的，正是我們所謂的日常管理。日常管理工作的主要目的是在支持方針管理的落地及有效性，它是一種有規律的，每天都重複在做的活動，主要是在持續現有的作業績效，它結合了績效衡量指標（Metric）、作業流程（Process）和流程擁有者（Process Owner）等在一起協作。「標準化」是日常管理的基礎，透過對KPI的表現進行監控來瞭解績效的進度及是否存在著偏異，通常，各層級的日常管理不存在太多的跨部門活動。

　　良好實施的日常管理系統能使組織各級別的人員可以清楚地以目視看到任何一天（如有必要，甚至每小時、每週或每月）績效的好壞。目前較常被人們所運用的日常管理，就是源自豐田生產體系（TPS：Toyota Production System）的「精實日常管理」（Lean Daily Management，本文簡稱為LDM）系統，主要由四大部分組成，分別是：「領導者標準作業」（Leader Standard Work）、「可視化管理」（Visual Control）、「日常當責作業」（Daily Accountability Process）及「日常紀律」（Discipline）。以下就為各位重點的介紹這四個管理工具。

▎日常管理的啟動 ── 領導者標準作業 ▎

　　「領導者標準作業」又稱作「管理者標準作業」，英文簡寫為LSW（Leader Standard Work）。LSW的作用在於為一個以精實管理為核心的現場管理系統的持續性提供基礎。透過LSW的實施，讓上級的目標得以由上而下的展開至個人層級，同時，以書面呈現的管理考核表，保證了各層級人員的活動步驟與焦點得以如期的推進，讓組織管理得以更貼近於現場，也強化了工作標準化的落實。

　　實施LSW，就必須把各層級主管，包括重要崗位的工作人員，將他們日常工作的管理作業，依實施週期／頻率、策略目標與管理指標，結合管理目標的任務要求，定期執行管理工作與行動，並予以記錄。不同層級（Tier）與不同職能的任務管理人員，所期待的時間分配均有所不同，各層級運用於LSW的時間分配建議請參考圖6.7。

層級	實施頻率	標準作業占時比例
組員	每個工作循環 / 節拍 (Takt)	接近 100%
領班	班次	80%
組長	日間	50%
課長	日間 / 週間	25%～30%
部 / 廠長	週間	15%～20%
總經理	週或月間	10%～15%

圖6.7　LSW的時間分配建議

　　LSW可以讓日常作業和任務直接與策略保持一致，最重要的是各級領導者及重要成員得以參與其中。由於團隊成員具有與策略執行相關的關鍵技能，爲了利用這些獨特的技能，某些成員的日常工作有可能與其他成員不同。例如：人力資源部可能被指派技能開發相關的日常任務；工程部門可能需要定期分享關鍵營運知識。領導者標準作業的好處是，他們可以每天參與「價值流」（Value Stream），以創造實現策略目標所需的動力。

▌直觀管理 —— 可視化管理▐

　　在LDM的架構中，「可視化管理」的作爲是藉由管理看板或其他可視化的工具來實現，包括數位顯示看板、安燈系統（ANDON）……等方式，對管理指標與現場的異常與問題即時偵測知曉，這種作法容易對管理指標的預期結果與實際狀況進行比較，創造將領導者標準作業（LSW）轉化成流程改善的機會。

　　正確設計且每日即時展示的努力，是策略執行的核心。這些現場展示可以即時顯示有用的資訊，可以做到專案按時進行、促進專案控制、啓用預防措

施、發現根本原因，以及透過價值流團隊的協作以制定來自客戶驅動的決策。在設計可視化看板內容前，必須由上而下的，將來自高階策略層級所定義的績效指標逐層展開，並將優先的目標及可用來考核的績效指標，設計在合適的可視化工具上，並需確認系統是否存在可行的資料搜集系統。在指標的設計和選擇上，應以領先型指標（Leading Indicator）為優先。指標層級（Tier）展開示意圖（如圖6.8）。

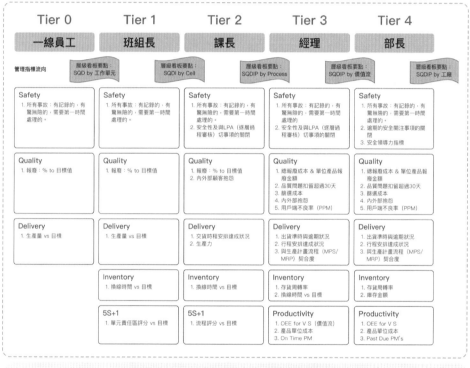

圖6.8　日常管理指標層級展開示意圖

除了來自策略目標的展開，現場主管亦可將現場管理的例行工作重點，例如：SQDIP（安全S、品質Q、交付D、庫存I、生產力P），同步以可視化工具進行展示及監控（如圖6.9）。這些可視化工具與設備的使用，關鍵在其展示的位置，一般習慣將這些圖表、顯示器、績效報表集中放置在諸如「作戰室」或

「改善室」的房間。除非它們並非作爲即時使用與閱讀，否則，這會讓價值流上的員工覺得自己不是這些努力的一部分。可視化管理工具／設備的展示，必須放至流程中能夠產生增值的地方，例如：產線旁、辦公室的牆壁上……。這樣才能爲主管的領導力提供動力，成爲促進、教導和促進團隊努力相關行爲的發生處所。

　　可視化狀態的展示必須簡單易見，容易理解。例如：「達到目標」＝綠色、「偏離目標」＝紅色。在資料與圖表的展示上，可善用趨勢圖、折線圖或管制圖，以顯示管理對象的變動趨勢及管制重點的現況（參考圖6.9）。績效指標更新頻率必須與LSW相結合，並配合「層級會議」的設計，原則上以每日更新爲主，視需求及任務的特性，可以每週或每月更新（有的電子化程度較高的企業，已可做到現場生產進度與品質狀況即時更新的境地）。

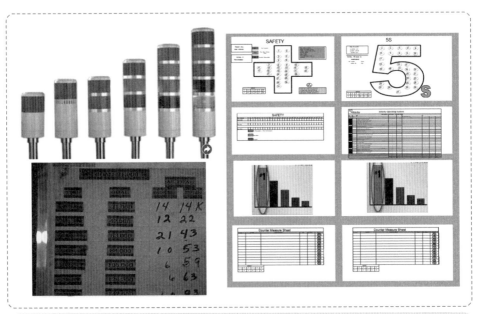

圖6.9　現場可視化看板

▌有節奏的會議 ── 日常當責作業 ▌

對於每個部門、區域或現場工作小組，應要求他們以固定的節奏，一天一次或合適的頻率，並且總是在同一時間舉行會議，會議的重點在於團隊的現況與所期望的目標進行比較，我們又稱其爲「層級會議」（Tiered Meetings）。

僅僅在可視化看板上揭露數字是不夠的，日常管理要求團隊合作、始終進行坦率的討論，以瞭解進度與情況；相關人員在現場進行一些分析，並確定在當前績效與預期績效之間出現差距時需要採取什麼措施。層級會議應由各層級（或指定）的負責人主持，這些層級會議的時間必須夠短（例如：現場的層級會議只需5～10分鐘、工廠經理層級約需15分鐘、跨部門的週會最多也只需30分鐘）（示意圖如圖6.10）；爲求會議效率，許多層級會議是集合團隊成員在可視化看板前，以站立的方式舉行。

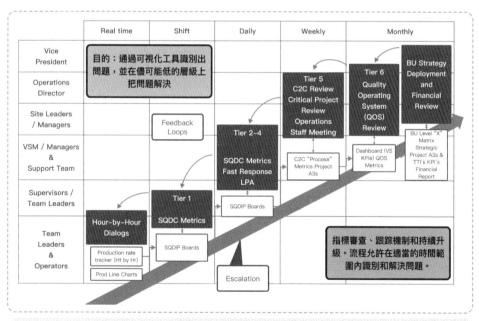

圖6.10　層級會議示意圖

層級會議討論的重點應聚焦在問題出現的地方，並尋求初步的對策。因此，主持人最重要的工作是要正確的提問，例如：「我們是否在對的數量和對的時間做了對的事情嗎？」、「目前的結果與預期結果相比如何？」、「大家看到了什麼問題？」、「我們為什麼偏離了計劃的目標？」、「關於這個偏差，根本的原因是什麼？」、「我們需要進行哪些改進？」、「誰能負責？」、「需要什麼幫助才能完成改進？」等。

正式的層級會議進行時，不應期望對問題的根本原因和潛在對策可以在當場進行深入分析。任何參與者不應該在會議中提供膚淺或既定的答案，領導者自己也應該避免給出直接的答案。若層級會議管理得當，有更大的機會可以發展員工的能力並改變員工問題解決和團隊合作的方式。成功的層級會議有賴於完善的會議標準操作辦法，包括：議題設定、參加者、會議守則、時間控制……等。

真正的問題解決作業，應透過指定的個人或工作團隊來負責，透過諸如QC-Story（PDCA的問題解決步驟）、8D表（8個問題解決步驟的匯總表）或A3 報告（A3 Report）（如圖6.11）等為人們普遍使用的問題解決架構，掌握PDCA的原則去解決（注2）。其結果可在可視化看板上展示，或是在層級會議中進行重點提報。對A3報告有興趣的讀者可參考索貝克II（Durward K. Sobek II）及斯莫利（Art Smalley）所著的《A3思維》（*Understanding A3 Thinking*）這本書。

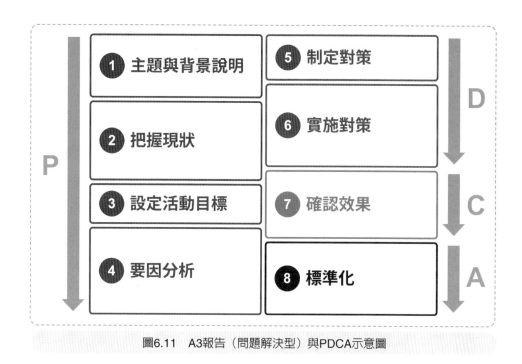

圖6.11　A3報告（問題解決型）與PDCA示意圖

▌魔鬼藏在細節裡——有紀律的執行▐

在LDM的架構中，為了落實日常管理相關作業、掌握價值流現場的細節、深化持續改善的文化，「現場走動管理」（Gemba Walk）將扮演著相當重要的角色。Gemba是「現場」的日文發音，所謂的Gemba，指的是組織工作區域產生價值的地方。它們可能是製造現場、庫房、進料區，也可能是業務部門辦公室、研發辦公室、醫院急診室等；對Gemba的理解不可局限於生產製造現場。

Gemba Walk依字面直譯，就是現場走動，顧名思義，就是希望主管或價值流重要的利益相關人，離開辦公室及會議室走到現場去觀察價值流上的實際日常作業、尋找浪費（Wastes），並將潛在的問題可視化，從而協同團隊快速的解決每日問題、提升工作效率、杜絕問題再次發生，以及培養下屬的能力。所以，Gemba Walk是一個系統性的現場管理活動，也是落實日常管理不可或缺的活動與管理機制。關於如何操作Gemba Walk，限於篇幅，在此不便細說，有興趣的讀者可以自己查找相關的資料或書籍。

▋執行力四原則與精實日常管理 ▋

聚焦於提升組織執行力的暢銷書《執行力的修練》（*The 4 Disciplines of Execution*）針對如何培養組織高效的執行力，提出了四個原則，也可視為四種組織紀律，建議組織依序實施、嚴格實踐並內化（參考圖6.12）。精實日常管理（LDM）的理念也與這四大原則是一致的，以下為這四項原則的簡單介紹：

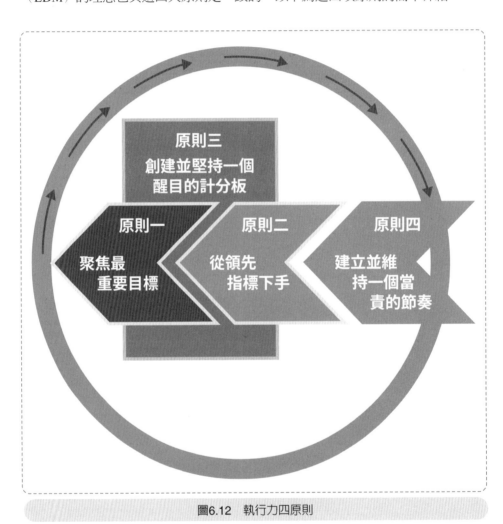

圖6.12 執行力四原則

原則一：聚焦最重要目標（Focus on WILDLY IMPORTANT）

停止同時改進所有目標的嘗試，只選擇一、二個最重要的目標（Wildly Important Goal，WIG），讓團隊清楚什麼是當前最要緊的目標。團隊可以區別什麼是真正優先的要務、什麼是擾亂工作浪費時間的熱帶氣旋（Tropical Cyclone）。聚焦於少數是為了實現更多。

在精實日常管理（LDM）的架構中，管理者標準作業（LSW）就是基於高階方針而逐級展開的管理目標與任務，由上而下的聚焦重要目標，以及由下而上的實現。

原則二：從領先指標下手（Act on the LEAD MEASURES）

所謂「落後指標」（Lagging Measures）是當你看到績效數字時已經無法改變的事，它僅是對執行結果的評量。而「領先指標」（Leading Measures）則是那些團隊為達成目標所必須做、且最有影響力的事。基本上，領先指標具有預測性，對它的評量與管理可以左右落後指標的成敗。領先指標找出實現目標過程中最重要的槓桿作用（Leverage）施力點。

在LDM的架構中，領導者標準作業（LSW）的有效性將透過可視化看板的方式進行管理，在設計可視化指標時，重要成果的領先指標將被優先考慮放入可視化看板中，當然，同步呈現部分重要成果的落後指標有時也是必須的，但這僅有提示的效果，真正的管理重點還是那些領先指標。

原則三：創建並堅持一個醒目的計分板（Create and Keep a COMPELLING SCOREBOARD）

一旦對重要目標的進度進行持續追蹤，人們的行為就會不一樣，如果團隊能夠自發性地設計重要指標計分板，時時掌握進度（關心彼此比賽得分）、一目了然的知道現況（比賽輸贏），則可以驅動團隊最高的投入。

LDM的可視化看板就具有同樣效果，關鍵是LDM強調可視化看板要設在產生增值（Value Added）的流程附近，讓團隊可以定期更新進度並適時檢討改進。

原則四：建立並維持一個當責的節奏（**Create and Maintain a CADENCE OF ACCOUNTABILITY**）

培養對結果當責（Accountability）而非為交辦工作負責的態度，是執行力能否持續的關鍵。團隊成員透過會議對目標進度進行檢討並彼此為結果當責，不會拿日常工作的繁重當藉口，這就是所謂的當責機制。領導人有序且不急躁的為組織注入當責的養分，讓團隊成員主動自訂承諾，便於他們將這些承諾視為己任。

LDM架構中的層級會議，便是在貫徹日常當責作業。透過各層級主管定期舉行的層級會議，檢視目標進度並進行矯正行動，培養各層級人員的當責心，同時搭配著例行性的Gemba Walk，更能進而提升團隊關於價值流持續改善的擁有者心態與組織文化。

希望本文所介紹的精實日常管理（LDM）的各種概念與工具，能夠開啟各位關於日常管理的興趣！

注釋

▶ 注1：原文〈落實日常管理以提升戰略執行力〉刊登於「經營洞察力論壇」2020-11-04。

▶ 注2：QC-Story、8D Report、A3 Report都是品質管理常用的問題解決模式，包括問題解決步驟，個人或團隊可以依這些步驟去規劃問題解決的專案，也可以運用這些步驟完成您的改善專案報告。與其相似概念的還有六標準差（Six Sigma）的DMAIC。有興趣的讀者可以很容易的自行上網查閱這些方法，在此就不多做說明。

思考問題

完成本文的閱讀，不妨再多花幾分鐘深入思考下面的問題以提升您的洞察力：

1. 如果您想進一步的研究，建議您可以搜集方針管理及TQC相關的資料，相信能幫助您對於日常管理與方針管理的關聯性，有深入的瞭解，建議分享您的心得給團隊成員。

2. 本篇文章所介紹的LDM是一個比較結構化的管理架構，有許多介紹日常管理的書籍，如您有興趣更進一步地瞭解其他學者專家關於日常管理的不同定義，特別是所涉及的範圍，建議您可以進一步的查找與研究他們的異同之處。

3. 一般我們所認知的可視化管理，大都與生產現場有關，然而，LDM的應用範圍不限於生產線，是否可以回到非生產製造的工作環境中，秉持可視化的原則，檢視非生產線的可視化應用現況，以及是否有任何可以改進之處？

二十五、績效管理會成為策略執行的絆腳石嗎

2007年，日本索尼（SONY）前任常務董事土井利忠先生（筆名「天外伺朗」），發表了一篇關於日本索尼經營洞見的分析文章〈績效主義毀了索尼〉（注2）。相信許多閱讀過這篇文章的人，心中會感到震驚，並且，有可能顛覆一些人關於目標管理、績效考核，甚至於其他目標展開手法習以為常的認知。

文章中提到，作為日本第一家導入績效管理的跨國級企業，因為過於強調目標管理與績效考核，導致索尼的激情集團文化、勇於面對挑戰的精神，以及作為產業創新先鋒的能力都消失不見。這個結果都是由於高層主管被講求合理的目標及公平的績效考核所綁架，使得過去被人們稱作「21世紀型企業」的索尼，在進入21世紀後反倒退化成「20世紀型企業」。然而，真的如土井利忠先生所云，日本索尼是被「績效主義」或是「績效考核制度」給毀了嗎？

▌什麼是績效主義▌

績效主義（Performancism）指的是組織完全以績效考核作為人員管理出發點的一種稱呼，績效主義在管理界，是帶有一些貶義的名詞。

通常被稱為「主義」，就是一種信仰的概念，因此，我們對那些信仰績效管理，認為所有的績效都能夠得到清晰的量化指標與評估作業，並且，認為透過與績效結合的考核制度，可以刺激員工按照組織所期待的方向去努力，為組織帶來高績效結果的經理人和組織，就是那群績效主義的信徒與實踐者。

的確，績效管理是一種容易實施、減少爭議、提高公平性的管理方法和工具，但是，在許多績效主義掛帥的組織中，績效管理及考核制度以高強度、單一的外在刺激（報酬）替代了員工的內在動力，否定了企業文化中的員工參與價值，以致員工學會的只是算計，卻喪失了責任與激情，最終導致員工只重視個體的績效指標，更加「專注於」個體的利益，淡漠了對組織和團隊的承諾和

忠誠。日本索尼（SONY）就是一個活生生的例子。然而，績效管理制度真的是這麼一個充滿缺失的管理制度嗎？

▌績效管理源自於目標管理 ▌

「現代管理學之父」彼得‧杜拉克（Peter F. Ducker）有一句名言：「如果你不能衡量它，就不能管理它。」（If you can't measure it, you can't manage it.）還有一句常聽到的話，卻被誤植為杜拉克所言：「你衡量什麼，你就會得到什麼。」（What you measure is what you get.）這兩句話拼湊起來，就得到一句大家耳熟能詳的話：「**沒有衡量就沒有績效，沒有績效就沒有管理。**」

事實上，杜拉克真正帶給現代企業管理的大禮物，是他在1960年代所提出的目標管理（MBO：Management By Objective）概念，並在1970年代所掀起的一波新的企業管理革命。雖然，績效衡量的作法並非由這波新管理浪潮所掀起，但卻是目標管理（MBO）的核心及具體化目標管理的關鍵作為。

關於績效管理，學者莊文忠在〈績效衡量與指標設計〉這篇專文中，曾提出績效管理的四項特點，摘要分享如下：

1. 管理的目的是為了提升組織績效，若組織可以不重視績效，則沒有管理的必要。

2. 組織需要訂定一套評量有限資源的運用，以及成員工作表現的標準（補充：衡量指標＋目標），缺乏這一套標準，組織便無從認定績效水準。

3. 凡是無法衡量的事物，就無法成為組織績效的一部分，組織的績效評估偏重於組織內可以測量的有形目標，無形的成果（如組織文化、合作精神、組織形象、顧客品牌意識等）很難具體反映在績效報告上，也很少運用在績效考核的工作上。

4. 績效衡量的結果會影響管理者的戰略構想，錯誤或不當的績效衡量與衡量結果，對管理者容易產生誤導，嚴重時，將導致錯誤的決策後果。

由此可見，績效管理對於組織管理的重要性。然而，真的只要能衡量工作結果、凡事績效掛帥，就代表經理人可以完成他們帶領組織實現成長與發展策略的使命嗎？還是，我們誤解了杜拉克關於目標管理的精髓呢？

▎目標管理真的就是績效管理嗎▎

杜拉克關於目標管理，在他被譽為「管理聖經」的大作《管理的使命／管理的責任／管理的實務》（*Management: Tasks, Responsibilities, Practices*）一書中，曾經提到三位石匠的例子來解釋目標管理的重要性。杜拉克提到，西元前5世紀，有個人經過雅典帕德嫩神廟（Parthenon）旁的一處工地，看到三位石匠辛苦的工作著，這個人問他們在幹什麼？

第一位工匠回答：「我在養家糊口。」

第二位石匠回答：「我是全城最好的石匠。」

第三位石匠回答：「我在蓋一座最偉大的教堂。」

杜拉克認為，大部分的工作者是第一位石匠的心態，只是在做一份工作。許多的管理者只是第二位石匠，僅具備專業職能心態。只有第三位石匠才是一位真正的「管理者」，因為他才能真正體悟出「目標」的精髓，掌握到經營管理的目的。因此，杜拉克解釋他所謂的「目標管理」，是給定員工一個明確目標，而主管不需經常介入員工的工作，讓員工在工作時有較多的自主性，之後，再以達成目標與否進行考核。

基於杜拉克的見解，目標管理就不只是績效考核，因為績效的衡量只是實現目標的手段，一個具挑戰性、能夠激發員工積極性，並且能夠幫助組織實現突破性目標，才是杜拉克目標管理的精髓。我們真的清楚目標管理的真義？還是甘於讓「績效主義」成為我們懶於主管職責的藉口呢？

▎OKR與目標管理▎

綜合前面的討論，應該可以發現，杜拉克認為的目標，重點在於如何帶

領組織的長期發展，必定具備差異化、挑戰性，以及符合企業長期發展方向的性質。套用現代眾多管理方法的觀點，就是源自於組織願景、使命，以及為了實現願景與使命的長期策略。這種由上而下的企業目標，肩負著企業發展的目的，突破性（Breakthrough）是它的本質。

杜拉克認為，組織必須要對企業目標進行分解、讓員工參與決策、設定實現的期限，並且要能對於成果進行評價與績效考核；對於這種影響企業發展而逐層展開的目標進行衡量，才是績效管理的本質。不求甚解的誤用績效管理及考核制度，正是造成「績效主義」迷漫於眾多組織的根本原因。於1987～1998年擔任著名半導體企業英特爾公司（Intel）總裁的安得魯‧葛洛夫（Andrew S. Grove）於《葛洛夫給經理人的第一課》（*High Output Management*）曾經提到英特爾的策略規劃工作：

「在英特爾，我們所謂的年度遠程策略規劃通常涵蓋未來五年。但事實上，真正被影響到的只是接下來的一年。因為，到了明年的年度遠程策略規劃時，我們又有機會對未來五年重做規劃。你真正能實現的只是計劃的一部分，以時間上而言，便是你決定在這次會議到下次會議之間所必須採取的行動，其他的部分都還可以再改。但也不要因此而提高了規劃的頻率，我們應該留點時間判斷決策效力以及它的正確與否。換句話說，我們希望能在這段時間內獲得回饋，以作為下次規劃時的依據。」

葛洛夫非常重視策略規劃與策略執行的工作。由於當時許多企業出現目標管理的誤用及績效考核的形式化，已無法幫助他帶領團隊面對挑戰並實現目標。因此，葛洛夫對目標管理進行改良，開創了一套結合定性化目標（O：Objective）及量化關鍵成果指標（KR：Key Result）的目標管理系統，又稱作「目標與關鍵結果法」（OKR：Objective & Key Results）。由於OKR源自於目標管理，分享以下幾個主要差異點給各位：

1. 傳統的目標管理或是績效管理的作法，在許多時候，員工的目標來自上級

主管強制的將他們的目標分解並分配給下屬。然而，在OKR體系中，目標是一個溝通的工具，員工根據目標，可以自行定義能夠被衡量的關鍵結果（也可視爲工作績效），同時，也鼓勵公開個人的OKR，達到上下之間，以及跨團隊間的溝通效果。

2. OKR對於關鍵結果，不以100%實現爲期望，OKR鼓勵設立自我挑戰性質的關鍵結果，充分符合「取乎上、得其中；取乎中、得其下」的精神，引領個人與團隊的進步。

3. 在英特爾，OKR的結果不與績效考核連動，避免落入績效考核的陷阱。同時，OKR的週期也不限於一年，可以更短，充滿彈性與快速反應的特色。

OKR雖然在許多著名企業，例如：谷歌（Google）、領英（LinkedIn）、推特（Twitter）⋯⋯等，有著良好的實施成效，但也因爲受限於員工需具備自我挑戰的特質，且較適合於環境變化快速的企業環境，以及較好的員工素質，以致於未能得到很好的普及。

不過，由OKR的例子，我們可以發現，影響組織策略落地的關鍵，不在於組織實施何種目標管理制度，而在於如何透過目標管理制度，鼓勵創新、挑戰、合作的行爲；更重要的，要避免落入假公平的績效考核制度、爲薪酬保障而設立保守性目標，以及因績效主義而卸責的高層管理人員的陷阱；否則，對組織造成傷害卻不自知。

▎天下無難行的策略▎

策略規劃不易，要能眞正讓想要的策略在組織實現與落地，更難！哈佛大學的學者唐納・薩爾（Donald Sull）在他與另兩位學者所發表的文章〈天下無難行的策略〉（Strategy Execution Unravels—and What to Do About It）中，公布了他們對400多位全球企業執行長所做的調查，發現「如何有效的執行策略」是這些受調查的執行長們，心中認爲最大的挑戰，優先於創新與地緣政治

不穩定。甚至,超過四分之三的受訪企業,表示難以落實他們所定的策略。經過薩爾這些學者的繼續研究,為我們指出關於如何正確執行策略的觀念中,眾人普遍存在的五項迷思:

迷思一:上下一致等於策略執行

在組織中,由上而下的目標展開是策略執行的必要條件,但不能保證策略能被充分執行。究其因,跨部門的協調與行動的支援,才真正地影響到組織目標與策略的執行。如何在目標展開的階段,取得跨部門的參與及彼此的互信,是經理人必須要優先處理的課題。

迷思二:堅守計劃等於策略執行

執行策略的紀律很重要,然而,企業環境總是不斷在改變,如同策略大師亨利・明茲伯格(Henry Mintzberg)所提出的策略五個面向(參考圖4.3),沒人可以保證年度開始時訂好的策略(Intended Strategy)能夠面臨變化的環境挑戰而不需調整,這包括資源與策略。因此,如何適當的授權中階經理人,同時,保持對於突現策略(Emerging Strategy)的應對彈性及資源配置,才是正確的態度。

迷思三:無法掌握真正的策略溝通

溝通的有效性並非來自於足夠多的量與頻率,關鍵在於高階主管是否真正掌握住溝通的內容,也就是策略的本質與內涵。如果高階主管無法讓員工幹部清楚知道企業優先要務(Corporate Priority)與策略計劃(Strategic Initiative)之間的優先度,將妨礙他們對組織策略計劃的理解。

迷思四:迷信績效考核可以驅動執行

如本文前面所探討的,衡量決定績效,然而,不當的衡量及績效考核制度將阻礙組織成員面對挑戰的精神。真正的「好策略」是具有突破與差異化的特性,也代表著實現這些策略必然會遭遇挑戰,需要投注心力及發揮創意。正確的實施OKR或是方針管理(Hoshin Planning),聚焦於突破性目標,同時不

與績效評比的考核制度混爲一談，方可避免績效主義的陷阱出現在我們的組織中。

迷思五：執著於單一面向的高層推動

高層的強力支持與推動，的確是策略執行的保證，但是，當組織依賴強而有力的高層去保證策略的落地，一旦高層變動，許多組織就出現策略倒退的現象。例如：傑克・威爾許（Jack Welch）退休後的奇異公司（GE），以及張忠謀第一次交棒而退居幕後時的台積電（TSMC）；因此，如何培養中階層領導人瞭解策略，並且肩負著策略執行與跨部門合作的重責大任，讓分散式領導人在高層管理者的指導下，成爲組織策略落地的主力，才能保證組織策略的實現。

希望上述五項關於策略落地的迷思與建議，能幫助我們透析日本索尼當初所遭遇的困境，同時，也眞正幫助各位在經過完整的策略規劃過程後，能夠有效落實組織的策略。

注釋

▶ 注1：原文〈績效管理會成爲戰略執行的絆腳石嗎？〉刊登於「經營洞察力論壇」2019-06-26。

▶ 注2：原文刊登於日本《文藝春秋》2007年1月刊，作者天外伺郎爲索尼公司前常務董事、作家。

思考問題

完成本文的閱讀，不妨再多花幾分鐘深入思考下面的問題以提升您的洞察力：

1. 關於「績效主義」的說明，是否讓您對於績效考核制度在組織中被過度使用而感到無奈？請您花點時間審視您所處組織的績效考核系統，是否出現這種危機？

2. OKR近來常被人們討論，本文並未深入的介紹OKR系統，如果您對OKR感到興趣，是否請您花時間去搜集OKR相關的書籍與文章，然後回過頭來對照本文關於OKR的說明，並分享您關於OKR的心得。

3. 對於學者唐納‧薩爾（Donald Sull）所提出的五項關於策略執行的迷思，是否能對您如何有效落實策略有所幫助？是否可以分享您關於五項迷思，或是其中的一、兩項迷思的看法給您的同事？

二十六、人才策略 —— 組織策略發展與落地的關鍵

　　科技再發達、市場機會再好，一個組織要能發展出獨特的策略並如期實現，靠的是領導者與團隊的遠見及洞察力，以及組織中「人才」的存量與品質，人才量與質不足的組織，僅能獲得一時的成功，不易持久；特別是處於中美兩強爭霸及COVID-19疫情所引起的國際政治、金融、經濟、產業結構的巨大變化之風口，對我們的影響，將至少以十年起算。

　　2020年可說是這個時代的代表，在這個混沌的一年裡，美國股票市場由五大科技尖牙股獨領風騷（注2），細看這五家科技巨頭，均匯聚了眾多人才而堆疊出他們的技術與競爭力。（疫情期間的美股大多頭一直到美國聯準會於2022年初展開的持續大幅升息後才有所變化。）

　　關於這些成功企業的相關著作有很多，其中，由網飛（Netflix）創辦人里德‧海斯汀（Reed Hastings）與知名學者艾琳‧梅爾（Erin Meyer）所著的《零規則》（*No Rules Rules: Netflix and the Culture of Reinvention*），則是一本少見的，深入介紹企業人才策略的管理書籍，本文也將基於網飛的人才策略，來和各位一起探討組織策略發展與落地的關鍵之處。

▍如何理解人才 ▍

　　關於人才，富士康的郭台銘總裁語錄有一句話非常貼切，那就是：「企業人生三部曲：人材、人才、人財」。據《成就未來的你》一書，在富士康的企業文化認知中，「人材」，指的是態度好但現在勝任力不足的人，企業可以視其為一種有機會雕刻的材料，存在著各種可能，可以經過打磨與歷練後方能嶄露頭角，並成為人才；而「人才」則是指那些經過打磨後，能夠展現出才華，並經過一定工作磨練後的人才，他們工作能力強，具有一定的專業知識或專門技能，進行創造性工作並對公司作出貢獻，是人力資源中，能力和素質較高的勞動者。

最後的「人財」，則是指工作能力強、工作意願高、態度好的人，他們的特點是積極主動工作、能夠創新地完成職務工作、為企業創造價值與財富、具備工作上的影響力及獨特性、在組織工作中起到核心和主導作用，以及能為公司創造高的綜合效益，對公司來說，就如同是財寶一樣。「人財」是所有企業積極爭取及保護的資產，因為他／她們是公司創造價值的原動力。

「人材」、「人才」、「人財」的中文讀音一模一樣，對企業的貢獻卻大不相同。以80/20法則的角度，企業若有20%的從業人員可被歸屬於「人才」或「人財」，則足以支持企業正常的運營與發展；然而，若要追求突破，以及重大策略的發展與落實，那麼，「人才密度」（Talent Density）將是企業面臨的最大挑戰。除了「人材」、「人才」、「人財」，還有人提出「人裁」的概念，指的是企業中那些態度不好、能力一般、不具潛能，還喜歡抱怨的人。所謂人「裁」，可能是因為他們將是最容易成為被裁員的對象吧！

▌網飛的人才管理策略▌

網飛公司成立於1997年，初期的業務是以郵寄形式出租影音光碟（DVD／Blu-ray Disc）給美國當地消費者，當時的影音出租市場龍頭是百視達（Blockbuster LLC）。那時，如果百視達的消費者逾期未還片，將被收取逾期滯納金，而網飛透過線上租片並「將影音光碟送貨到家」，同時也取消逾期罰金規定，透過此種創新且貼心的服務，得以在競爭激烈的市場上立足。

網飛在成立的差不多時間，也推出了線上影音隨選OTT服務（Over-The-Top Media Services），經過不斷地創新與策略挑戰，於公司成立的23年期間，在重要時刻做出許多艱難和雄心勃勃的業務決策，在關鍵地方進行了創新。他們從網路催生出的DVD出租業務發家，由零開始，開發出全新的串流媒體業務，近年投資於原創內容（影集、紀錄片、劇情長片）創作，如今，網飛已成為全球最大的電視和電影製片廠商之一。

2013年：網飛憑藉自製政治美劇《紙牌屋》（*House of Cards*）一炮而紅，率先搶占自製內容市場，並創造出「追劇」（Binge-watch）的時髦動詞，網飛自此開始意識到其作為一家影音平台，提供原創內容的一站式服務的雄心壯志。

2016年：網飛正式進入國際市場，幾乎在一夜之間擴張到所有主要的國際娛樂市場。自該年起，網飛的節目開始獲得了無數獎項和榮譽，其中包括第 68 屆艾美獎的54項提名。

2017年：網飛實現了以前看起來不可能實現的目標，該公司訂閱戶的數量超越了美國六家主要有線電視訂閱戶的總數。

2019年：由知名導演艾方索・柯朗（Alfonso Cuarón Orozco）執導的網飛原創電影《羅馬》（*Roma*），在第91屆奧斯卡奪下最佳外語、最佳攝影及最佳導演3項大獎，這同時也是網飛首次以原創作品打入奧斯卡頒獎典禮。

2020年：因為COVID-19，網飛的營收與股價一飛沖天，截至2020年12月31日，該公司2020年全年營收達到250億美元，全球付費訂閱用戶數達到2.037億戶，股票收盤價為543.73美元，市值達到2,432億美元。

　　如今的網飛，作為全球串流影音媒體（Streaming Media）的龍頭，成功的關鍵因素很多，我認為，「人才」絕對是重中之重。關於網飛的人才管理策略的文章與書籍不太多，《零規則》這本書卻有深入的探討，在此摘錄幾個值得分享的概念與方法，幫助我們思考己身的人才管理策略。

　　《零規則》這本書主要在論及網飛的企業文化，圍繞著創辦人里德與共同作者愛琳所提出的「自由與責任」（Freedom + Responsibility）的三大運作原則：

「高人才密度」×「完全透明」×「最低管控」

其中，「人才」是第一個原則。關於人才管理，海斯汀經過2001年的企業裁員危機及其後的轉機，他發現：

1. 優秀的人才，一個人的績效可抵得上十個一般人才。

2. 一群優秀的員工一起做事，會幫助彼此進步更快。

3. 普通的人才將會耗費管理人員的時間並拉低他人的表現。

4. 有頂尖的同事，才有一流的工作環境。

海斯汀認為，網飛要成功，「人才密度」是最核心的要素，因此，累積人才密度，並進而提高、最大化人才密度，是網飛人才管理的最優先的策略作為。然而，要實現最大化人才密度，首先要確認各級領導者的角色和首要目標，就是必須要負責打造一個全由優異同事構成的工作環境。網飛為了最大化人才密度，有以下幾項作為，值得我們參考及借鏡：

1. 取消傳統的績效考核制度，改為鼓勵主管與員工的對話與工作回饋，並且實施非正式的360度回饋，以獲取來自其他相關人員的評價與改進意見。

2. 只召募優秀人才，並搭配業界頂尖薪酬，甚至鼓勵其自行與獵頭公司或參與挖角面談，不吝以更優沃待遇留住頂尖人才。

3. 隨著業務的調整，無法符合公司發展需要或潛能不足的人才，公司將主動給予豐厚的資遣費，以協助離職員工從容地尋求下一份工作。

4. 為了組織的發展與業務的需要，主管必須定期地對屬下進行「留任測試」，以識別出關鍵人才，並適時地進行人員的調整，以便開出空缺召募新的適任人才。

5. 為了確認個人是否在主管的留任名單內，員工也可以主動與主管進行「反留任測試」，便於個人瞭解工作的表現，以及未來的改進方向，甚或是避免突然的離職通知。

6. 為了打造出一流的工作環境，建構資訊透明及最低管控程度的工作環境，是網飛得以讓人才成功發揮的關鍵要素，相關的措施包括：沒有休假制度（限制）、費用與合約的簽核授權至負責人、所有資訊對內完全透明等。

由以上的重點摘要，我們可以看到，海斯汀想要打造的是一個以高人才密度為競爭核心的一流企業，他的作為與人才管理策略不是來自教科書或流於形式的網路新創企業，而是基於他的信念與企業競爭所需。這也代表傳統的人力資源或是教科書的知識無法幫助他實現，這也讓人才管理成為網飛的致勝策略。

　　前任網飛人才長佩蒂・麥寇德（Patty McCord）在〈重編人資劇本〉（How Netflix Reinvented HR）一文中提到，網飛係基於「你能為員工做的最好的事，比手足球設備或免費壽司更好的額外福利，就是只僱用一流的A級人才和他們一起工作；有優秀的同事勝過其他任何福利。」以及「如果我們只想網羅最優秀的人才，就必須捨得讓那些不再勝任工作的人離開，無論他們過去的貢獻有多卓越。」這兩個信念，搭配以下五個原則的實踐，來幫助網飛吸引、留住及管理人才：

原則1：只僱用、獎勵、容忍心理成熟的大人。

原則2：誠實面對績效。

原則3：經理人的任務，在於建立優秀的團隊。

原則4：領導人必須創造企業文化。

原則5：優秀的人才經理必須先像個企業家與創新者那樣思考，最後才從人資角度思考。

▋由「人才九宮格」看組織人才▋

　　面對混沌世界的挑戰，企業必須找到合適的人登上「人才巴士」，讓不合適的人下車，盡可能讓每個人坐在合適的位置上。然而，許多公司誤以為他們已擁有人才管理策略，實際上所具備的只是高階職位替換的應急應變計劃。要規劃人才策略，首先得進行人才盤點，以便敏捷地進行組織的優化。

　　組織可以每年1～2次，或是遇到重大變動時，對現有人才的數量與品質進行診斷與盤點；其中，在人才品質的診斷上，有的企業會運用「人才九宮格」

（或稱「人才地圖」）進行評估。人才九宮格運用兩個維度：工作績效（橫軸）與發展潛力（縱軸），將現有人才分為九個類別（1～9），如圖6.13所示。

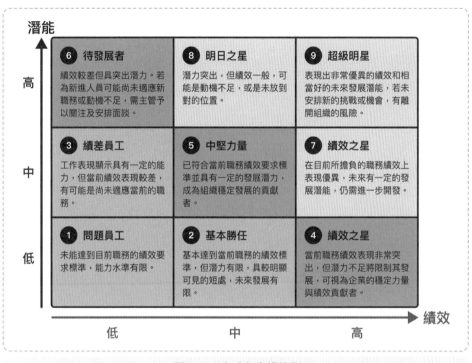

圖6.13　人才九宮格範例

評估的範圍，包括受評估者的長期全面績效（包含年度績效和行為）、目前的能力，和未來的發展潛力。一般我們會以「**低：表現不符期望**」、「**中：表現符合期望**」、「**高：表現超出期望**」來進行評估，當然，若能做更明確的定義，將有助於診斷的精確性，人才九宮格在許多知名企業已被廣泛的運用。

運用人才九宮格的管理目的，在於識別出高潛能的人才（位於7～9的網格內），特別是被歸入第9格的「高績效、高潛能人才」；針對這類人才，組織必須提供明確且符合個人需求的發展計劃，包括因人而異、適才適任的技術路

徑發展或是領導路徑發展。這類型的「超級明星」不僅可以承擔更大的挑戰與責任，也存在著因缺乏挑戰或未來發展而動念離開組織的潛在風險。

最後，在運用人才九宮格時，要特別清楚所謂的「**績效**」指的是個人在目前角色或職務的工作表現，係著眼於過去以何種態度及行為交付了何種成果？而「**潛能**」指的是對於未來領導能力或技術能力成長的可能性（包括核心職能與管理職能），係著眼於將來有潛力發展到什麼程度？

除了績效與潛能的評估，仍必須考慮「**成熟度**」，指的是個人能夠勝任特定職務或工作的能力。組織在進行人才盤點時，忽略成熟度這個維度，將有可能出現能夠高效執行某個任務的人不一定能夠勝任更高層級的工作，或是屬於高潛力的人才，能力上不一定足以擔任更具挑戰性的角色和工作的這種矛盾結論。

▍三個問題啟動您的人才診斷 ▍

問題一：誰應上車？

假設情境：當組織即將面臨前所未有的衝擊時，作為部門領導人，你已接獲通知，公司即將要進行一場重大的經營轉型。

首要問題：身為部門主管，你需要識別出哪些人已準備好迎接接下來的組織轉型？以及您的組織內有哪些人員必須參與這次的轉型計劃？請將以下關於人選的四件事項納入您的考慮中：

1. 與目標的一致性。

2. 是否是體系運作的關鍵者？

3. 所具備的技能。

4. 對其行為的觀察。

問題二：他們在正確的位子上嗎？

假設情境：與問題一相同。

在問題二裡，需要思考的問題如下：

1. 如果應該參與的人都已加入，那麼，他們目前已被安排在正確的位置上嗎？

2. 他們能在目前的位置上給予接下來的組織轉型計劃適當且必要的助力嗎？

3. 是否有更適切的位置能讓他／她發揮更大的貢獻？

4. 若有，是否可採用晉升、平行調動……等方式，讓他／她發揮更大功效？

問題三：誰要登上您的救生艇？

假設情境：組織已處於危險狀態，您擔負主要變革的責任，但無法兼顧到每一位成員，事實上，我們組織面臨的不僅僅是轉型課題，真正面對的是生存課題。

請深思下列問題：

1. 身為部門主管，您需要識別出哪些人已準備好迎接接下來的轉型，同時要辨識出哪些人需要你的支援去迎接轉型？

2. 如果你明天要裁減50%的人力，您需要留任哪些關鍵的人員？

3. 那些關鍵人員是誰？

4. 他／她或他們為何那麼重要？

一位稱職的領導人，可以依據上述三個問題所得到的答案（人選），作為後續組織人才診斷（Talent Assessment）作業，以及發展人才策略的第一步。總之，有好的人才策略及合適的人才，方能支持策略的執行與落地。

注釋

▶ 注1：原文〈人才戰略—組織戰略發展與落地的關鍵〉刊登於「經營洞察力論壇」2021-03-10。

▶ 注2：所謂「尖牙股」，原先是取自臉書（Facebook）、亞馬遜（Amazon）、網飛（Netflix）、谷歌（Google）等四個科技巨頭的第一個英文字合寫為FANG，英文的尖牙之意，後來加入了蘋果（Apple），變成FAANG，仍被稱為五大尖牙股。

思考問題

完成本文的閱讀，不妨再多花幾分鐘深入思考下面的問題以提升您的洞察力：

1. 是否花點時間去下載網飛的〈文化簡報〉（Netflix Culture Deck）來與本篇文章所提到的網飛「自由與責任」（Freedom + Responsibility）三個管理原則進行相互對照，並與團隊分享您的看法？

2. 是否與您公司的人資一起，運用本文所提供人才九宮格範本，對您部門內的人才進行一次診斷？

3. 本文最後一段所建議的三個提問，是否有興趣試試？對於您的人才診斷與人才發展是否有所幫助？

二十七、「策略」與「結構」孰先孰後

企業或組織在進行策略規劃的工作前，是否會被以下幾個問題所困擾呢？

「面對激烈的產業競爭，依照現在的組織架構及團隊，對於要產生足以突破現況的策略，沒有太大的信心。」

「我們公司想要請顧問指導策略規劃工作，但需等等，等到新任的高階主管到任後再開始吧！」

「策略規劃很重要，等我們先完成組織重整，新主管上任後再展開，是否會比較好呢？」

「過去在進行策略及突破性目標的規劃時，往往受限於主管及組織現有的執行力，不得不挑選出比較安全的選項。」

「我們曾經大膽地推出一些創新的策略，但是，在執行時，往往又受限於現有的部門能力與繁忙的日常事務，使得這些策略的成效打了大大的折扣。」

「當初創業時，人少好辦事；如今公司成長，有了一定規模，也成立了許多部門，卻面臨創新動能不足，部門主管各行其事，就算是再好的策略，都無法順利推動！」

……

無論是新創企業、成長中的企業、或是面臨轉型的企業，相信或多或少都曾經面臨過上述的困擾。

其實，組織結構與策略的關係，本就是糾纏難解，最常見的命題就是：究竟是「**結構支援策略**」，還是「**策略依循著結構**」呢？這兩項命題，由管理學界來看，其實簡單易解，當然是「結構支援策略」或是「策略驅動結構」。

然而，當我們回歸實務面，結論似乎並非這麼絕對。這也是本文想要探討的課題。

▌雞生蛋、蛋生雞，誰先出來▌

所謂「結構」（Structure），就是組織結構，指的是組織各部分組合在一起以實現共同目標的方式。結構不僅僅是組織架構圖，它也包括人員、職位、程序、流程、文化、技術和所有組織運作所需的相關元素。結構定義了所有元素、組成部件和流程如何地協同工作（或是在某些情況下無法協同工作）。

近代管理學領域最早關於「策略」與「結構」的研究，是被稱為史上首位企業史學家的哈佛商學院歷史學家，艾爾弗雷德・錢德勒（Alfred D. Chandler, Jr., 1918～2007）於1962年所出版的《策略與結構》（*Strategy and Structure*）所提出的創見。錢德勒研究1850到1920年間的美國主要企業，其中又聚焦於四家頂尖企業──杜邦（DuPont）、通用汽車（GM）、新澤西標準石油（Standard Oil）、西爾斯百貨（Sears）──的組織創新。它們由原本的「中央集權式組織」在本質上轉換為分權式、多部門結構的「事業部組織」，成功的支援這四家企業的多角化策略。錢德勒的這本書，在當時成為迫切需要推動分權組織企業的「事業部組織教科書」，要推動多角化策略，就必須轉換為事業部組織，因此，錢德勒主張**「結構追隨策略」**（Structure Follows Strategy）。

彼得・杜拉克（Peter F. Drucker）在《彼得・杜拉克的管理聖經》（*The Practice of Management*）一書中也主張：「企業存在的目的不在企業本身，而在企業的外部，也就是要創造和滿足顧客。」他並且清楚回答了一個重要課題：「組織結構應該追隨策略，為什麼組織結構要追隨策略？因為組織的目的即在滿足企業的策略目標。因此，組織結構當然必須追隨策略。」

當企業或組織，不論是因自我成長的目的，或是因應外界環境的改變，經過事業定位、策略洞見，以及策略分析所產生出來的事業策略，於策略執行階段，均應先檢視現有的組織結構，是否能與策略相匹配？是否能夠支持策略的實現？否則，因為結構的限制，將導致企業或組織的失敗。

事業層級的策略規劃也是如此，就拿麥可‧波特（Michael E. Porter）所提出的三種基本事業競爭策略——成本領導（Cost Leadership Strategy）、差異化（Differentiation Strategy）、集中化（Focus Strategy）——為例，當組織完成事業定位分析、產業五力分析、價值鏈分析後，因應市場的發展趨勢，決定出事業組織的核心發展策略，此時，是否就應基於所選擇的策略，檢視既有的組織結構及管理控制體系，能否支持該策略的實現？若組織決定採用成本領導的策略（Cost Leadership Strategy），則以簡單且精實的功能性組織結構較能發揮效率及實現成本降低的目的。若組織是採用過於強調創新、允許失敗或是複雜的矩陣式結構，將無法回應成本領導策略的目標要求。

我曾於1998年被當時所服務的公司委任為一個遇到營運危機的事業處主管，當時的業務狀況是存在著超過十個以上的產品線，有的正處於研發階段、有的正在進行市場開發、有的是處於成熟階段，每個產品線的市場差異甚大，彼此的綜效化程度很低。經過與管理團隊進行完整營運現況分析、產業分析，並且完成事業定位後，決定只挑選其中三個產品線作為事業處的發展聚焦之處。由於這三條產品線均有不同的特色，其中有高品質及具技術含量產品的利基市場代工、高單價裝備的壽期維修服務、交通載具的自動化測試平台銷售及應用軟體發展。因應三條產品線的發展策略，我們為其設計及調整了相應的組織結構與資源配置；此時，團隊所秉持的概念即是「**策略驅動結構、結構支援策略**」。如果結構不能支援策略會如何？分享一個我聽過的例子：

假設科學家已經弄清楚如何創建一個手臂活體組織（不僅是機器手臂）來代替現有的人體手臂。該超級手臂的強度、反應能力和靈巧性可以提高300%的效能。這裡的策略是使用此超級手臂重組身體，使置換此活體手臂的人可以做更多的事情。而科學家也成功地完成了這個超級手臂移植手術，如果身體的其餘部分保持不變，接下來會發生什麼事呢？

因為位於人體內的心臟、循環系統、神經系統和大腦仍然被既有結構的身體設計用來支撐常規手臂。只不過，這隻新手臂需要更多、更快的血液流動，

以及大腦中更快的神經元反應等等，才能支持新超級手臂發揮功能。如果科學家沒有在置換新手臂的同時，對人體結構做任何調整，由於身體的其餘部分無法支援新增強的手臂功能，這條超級手臂最終將隨著時間的流逝，演變為常規手臂。

因此，為了使這個科幻小說式的策略起作用，科學家應該要做的，是需要配合新手臂而重組整個人體結構及功能，不僅僅是其中的一小部分（與手臂連結處）。

如果組織決定開發新產品並銷售給新的目標客戶時會發生什麼情況？也許公司現在就有一支銷售隊伍，可以銷售給小型企業和大型組織中的低階管理人員。當他們新增了一項針對企業高階主管的新產品，結果，現有的銷售隊伍／銷售管道無法有效地向新的目標客戶銷售產品，這種情況在企業是屢見不鮮，如果組織在大力提升其品質和服務的同時，又不思因應策略的需要而改進組織內支援其產品和服務的所有層面，會發生什麼事呢？不言可喻，它就是災難。

▌策略遵循結構的真實世界▐

相信各位已經清楚，如果組織更改其策略，則必須更改其結構以支援新策略。如果不是這樣，則該結構就像高空彈跳的橡皮繩一樣，將組織拉回至原來的策略。組織所做的決定定義了策略，改變策略意味著改變組織中每個人的行為。結構依據策略而設計，然而，真實世界真的是如此在運作的嗎？分享一個發生在大自然的例子：

在自然界中，早期無骨的無脊椎動物（如水母、蝸牛、蚯蚓等），身體具有極大的柔韌性，可以適應許多不同的環境。即使在今天，95%的動物物種都屬於這一類。

經過演化，早期的過渡性物種必須發育出一個小的脊柱。它又小又柔韌，足以使它們在陸地上蹣跚而行。如果該物種要能在陸地上順利的尋找食物，演化上的策略則是需要一個不斷發展及強化的脊柱結構。

隨著因應更多和更廣泛的任務需要而演化，新的物種需要一種堅硬的、柱狀的結構型脊椎。它可以使這些物種長得更大、可以直立並快速跑動。隨著演化，所有高級物種都依賴於這種堅硬的脊椎而發展得更茂盛。

　　雖然這種脊椎對於讓高級物種能夠做到其必須做的事情至關重要，例如：能夠到達更高的位置、奔跑等等。然而，由於目前的硬度使得牠們在許多其他方面也受到限制，例如：大型動物不再具有足夠的柔軟度穿越小洞得以遁逃。演化至今，脊椎的結構限制了這些物種想要發展出諸如早期物種與生俱來所具有的一些能力的策略。

　　難道，「策略追隨結構」才是我們的真實世界嗎？讓我們來回顧柯達公司（Eastman Kodak Company）的案例。當年，柯達的底片雖然廣受消費者歡迎，但柯達並未看清消費者購買底片的原因，其實是為了「擁有可以留住記憶的媒介」，而非為了「擁有底片及相片」。因此，只要能達到目的，消費者其實並不在意媒介為何，更何況數位影像可以即時同步無遠弗屆地分享、保存、編輯。柯達正因為既有結構的限制，無法洞悉其產品與服務的獨特價值，才會在自己所發明的數位照相技術中迷失方向，最終決定仍固守原本的底片產銷策略以保護當時高度的市場份額，等到回神過來再想要發展數位產品，已失去市場先機，導致它最後的衰亡。

　　已故創新大師克雷頓‧克里斯汀生（Clayton M. Christensen）也提過，組織若要提高破壞式創新策略的實現機會，最好的方式是為創新策略安排一個不同於既有的組織結構，才能擺脫流程、文化及成本結構的限制。想要在既有的結構中發想出根本性的創新策略，包括破壞式創新，有其難度，因此，有些企業會藉助「臭鼬工廠」（Skunk Works）的設計，在不大幅變動既有結構的條件下，產生突破性的策略（注2）。

　　事實上，由於組織結構不容易改變，許多組織會遷就現有的結構而進行例行性的策略規劃，受限於既有的思維、資源的限制，以及績效考核制度；據此而發想出的策略，較多的會偏向於延續性發展或漸進式創新（Incremental Innovation）等類型。所以，**「結構限制策略」**，是否可以得到這個結論呢？

▋蘋果公司在結構上的變與不變 ▋

眾所周知，蘋果公司（Apple）以硬體、軟體和服務方面的創新而聞名，也藉此推動公司成長，史蒂夫·賈伯斯（Steve Jobs）於1997年回歸蘋果，從那一年的8千名員工和70億美元營收，成長至2019年度的13.7萬名員工和2,600億美元營收（2022年度的總營收更成長至3,943億美元）。

在我們的認知裡，以蘋果公司的規模，在20年內成長了40倍，業務範疇也變得更複雜的發展下，它的組織結構應該要由原來的職能性結構轉型為事業部結構，才是合理的演變。然而，事實上蘋果公司的組織結構從賈伯斯於1998年解僱了所有事業單元的總經理，將組織改組成職能式結構後，就沿用至今。

學者喬爾·波多尼（Joel M. Podolny）及莫頓·韓森（Morten T. Hansen）在他們於2020年發表於《哈佛商業評論》的文章〈蘋果如何運作組織實現創新〉（How Apple Is Organized for Innovation）裡解構了蘋果公司為何能堅持職能結構的關鍵。在這篇文章中，他們提及了以下幾點：

首先，他們揭示了蘋果公司的主要目的，是創造能豐富人們日常生活的產品。這不僅需要開發全新的產品類別，像是iPhone和Apple Watch，還要在這些類別中不斷創新。為了創造出上述的創新結果，蘋果公司必須依賴很懂得破壞性技術人才的判斷和直覺，在變化快速的創新技術市場中競爭，才能及早對技術和設計押注。同時，蘋果公司也不會根據特定產品的成本和營收來評價主管的績效，因此，研發主管並不會把價格目標和總成本視為固定不變的參數，並在這個範圍內做出設計和工程方案的選擇與決定，而是根據這些選擇可以帶給使用者的好處，與各項成本因素放在一起進行權衡考慮。

其次，由於蘋果公司實行的是職能式結構，因此決策的控管就有賴於個人和團隊的聲譽。由於做決策的主管都是在本身領域具有深厚專業知識的人，而不是那些主要負責達成數字目標的總經理，就會更容易在「關注成本」和「增加用戶體驗的價值」之間取得恰當的平衡。不同於傳統事業單位結構，職能式組織的基本原則是讓專業知識和決策權協調一致。

因此，蘋果公司的組織結構與它產生的創新類型之間有著清楚的連結。其實也和錢德勒「結構跟隨策略」的精神是一致的，雖然，蘋果公司並沒有使用如錢德勒所預期，大型多國籍公司會採用的多事業結構。

　　波多尼及韓森還提及了蘋果公司領導人所具備的三項關鍵領導特質，成為支援結構的運作，以及創新策略的創建與落實的基礎。這三項領導特質分別是：

1. 各層級主管均具備深厚的專業知識，讓他們能夠有意義地參與所屬個別職能內部進行的所有工作。

2. 樂於浸潤於這些職能的各項細節中，領導人被期望至少要清楚自己以下三個層級的細節。

3. 領導人願意在集體決策過程中，與其他職能一起辯論。

　　當主管具備這些特質時，就會由最有資格做決策的人，以協調良好的方式做出決策。當然，人不是萬能，在這篇文章中，波多尼及韓森也提到了蘋果主管的學習與時間運用的方式。

　　蘋果公司堅持實行職能式組織結構，並不表示它的結構一直保持不變。隨著人工智慧和其他新領域的重要性增加，這種結構也已隨之產生部分的變化與演進（如圖6.14）。

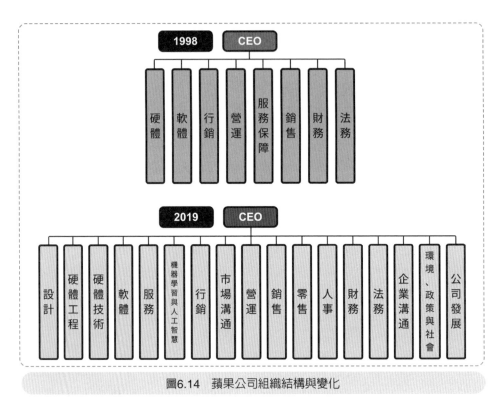

圖6.14 蘋果公司組織結構與變化

取材自 "How Apple Is Organized for Innovation" 一文

　　由於蘋果公司的職能式組織在超大型企業中很少見，而且與主流的管理理論背道而馳。既然蘋果這麼成功，為何其他同類型的企業或組織不向蘋果公司進行最佳實務的學習呢？波多尼及韓森總結出一個主要的原因，那就是：「改變既有的結構是非常困難的，因為要克服慣性，重新分配各個主管的權力，改變個人導向的激勵制度，並學習新的協作方式。」

▎策略與結構的探戈之舞 ▎

　　回到錢德勒的研究，其實，當初杜邦公司會成為全球首間採用多事業結構的企業，還是杜邦在第一次世界大戰期間，因為戰時需求而擴產，戰後迫於現實要活用員工及多出來的資源，而產生出來多角化策略，才進而創建出

多事業結構。日本佳能（Canon）採用多角化經營策略的背景也是出於相同的情況，由於上世紀70年代佳能推出的薄型唱盤、同步發聲裝置（Synchronized Reader），和桌上型電子計算機等電子商品一敗塗地而停止研發，為了活用那些產品開發的電子工程師團隊，便開始嘗試各種新事業。

是否，有時候「策略追隨環境、結構遵循策略」，或是「結構先行、策略隨後」兩種概念都也說得過、行得通呢？最後，我想借用策略界老頑童、管理大師亨利·明茲伯格（Henry Mintzberg）在《明茲伯格策略管理》（*Strategy Safari*）關於策略與結構的觀點，作為本篇文章的結語：

「組織結構或許多少具有可塑性，但是它無法只因為組織領導人剛剛構想出一項新策略，就隨心所欲的被改變。很多組織就因為有這種思維而失敗。光是坐在辦公室裡憑空構想策略，而非實地與顧客進行充分溝通，有時是一件相當危險的事。因此，我們的結論是，組織結構必須跟隨策略而調整，就跟走路時，左腳跟隨右腳的道理一樣，事實上，策略的發展和結構的設計，兩者不僅支撐著組織，也彼此相輔相成。一個總是領先另一個，同時也跟隨另一個，除非兩者同時移動，若是如此，就是組織改變定位的時候了。」

注釋

▶ 注1：原文〈剖析「戰略」與「結構」的複雜關係〉刊登於「經營洞察力論壇」2020-12-09。

▶ 注2：這是一種創新的模式，又被稱為「臭鼬工廠模式」，指的是在既有的組織結構外，為了創新而新設立的部門，通常是遠離公司總部、離開既有工作環境、流程與體系，有著高度自治的管理模式；避免組織內部的想法創意等由於官僚主義而被限制，讓成員得以自由追求激進式的創新。臭鼬工廠源於1943年美國的洛克希德·馬丁公司的F-80戰機研製計劃，後來也應用於許多非軍工領域的公司，例如：帕羅奧圖實驗室（Palo Alto Labs）、貝爾實驗室（Bell Labs）、IBM的「國際象棋專案」、蘋果公司的第一臺麥金塔電腦（Macintosh）等。

思考問題

　　完成本文的閱讀，不妨再多花幾分鐘深入思考下面的問題以提升您的洞察力：

1. 基於本文所提及的觀點，請試著思考，如果是一家新創企業，應該先策略再結構，還是先結構再策略呢？

2. 如果有興趣，請上網將蘋果的那一篇文章找到（中文版或英文版），是否可以與您的團隊或同伴共同舉辦一次小型的讀書分享會，分享您們的心得與想法呢？

3. 由於大多數組織均是基於現有結構的人員與思維在進行組織的策略規劃，除了本文所提及的「臭鼬工廠」，您是否還有其他的創見？請試著與您的團隊分享。

PART 7

變革管理與策略執行

「要實現任何改變，就必須打破那些保持社會自我調節在既定水準的各種力量之間的平衡。」

——庫爾特·勒溫（Kurt Lewin，*Resolving Social Conflicts*，1948）

....

二十八、「變革」與「轉型」是同樣一回事嗎

　　自上世紀90年代以來，變革一直是企業領導最熱衷的話題，因為，任何新的管理理論於企業應用與實施時，都免不了要進行一些改變，範圍小至做事的方法、員工的行為、個人職位與工作、作業的流程的更動與變化，大至組織結構、產品創新、事業定位、商業模式、組織策略等企業整體的改造與競爭力；個人或組織常常面臨改善提升或開創新局的因應與挑戰；因此，才會有一句耳熟能詳的話語：「這個世界唯一不變的真理就是『變』」。

　　「變革」其實是來自英文「Change」，在學術界，關於變革的研究也是汗牛充棟，除了變革之外，有時我們會使用「轉型」（Transformation）這個詞，甚至在許多時候，因為中文翻譯的關係，也會把Transformation翻譯為「變革」，以至於許多人已經無法辨別「變革」與「轉型」，更遑論它們所代表的管理意涵，以及如何正確的運用相關的方法，來幫助我們成功。因此，本文即是要和各位一起來探討「變革」與「轉型」的異同處，它們倆究竟是不是同一回事？

▌「變革」與「轉型」的基本認知 ▌

　　變革成為一門顯學，變革管理大師約翰‧科特（John P. Kotter）於1995在《哈佛商業評論》所發表的經典文章〈領導變革：為何轉型未竟其功？〉（Leading Change: Why Transformation Efforts Fail）功不可沒。雖然他基於實務經驗所提煉出來的八步變革管理模型簡單易懂，也容易實施，但是，為何一直以來關於大型企業的變革計劃成功率仍未見起色，長期僅維持在30%左右？究其因，這與企業界因不理解何謂「變革」及何謂「轉型」有關，由於人們常常將這兩種觀念混為一談，以致未能提出適當的策略及專案管理方法以減少失敗的機率。

在《劍橋詞典》中查找「Change」，它被描述為「改變、變化、替代或替換某物」；另一方面，「Transformation」被定義為「一個完整的變化，通常是外觀或實用性得到了改善；徹底改觀、大變樣」。由《劍橋詞典》的解釋，兩者雖然都代表了變化的意思，但似乎在程度上有著明確的區別。這也可作為我們探討這兩個主題的起點。在此，先拋出幾個例子，讓我們來思考，何謂變革？何謂轉型？

例子一：在新冠疫情（COVID-19）期間，許多公司都開放員工居家辦公（Work From Home），這種工作方式的改變，公司及員工都要適應，這是屬於變革還是轉型呢？

例子二：某些公司由於觀察到居家辦公的效果也還不錯，認為這是未來的趨勢，因此，決定要配合在家工作（Work From Home，簡稱WFH），重新調整整個組織與作業流程，甚至有可能移除顯得大而無當的總部結構，請問，這種改變是屬於變革還是轉型呢？

例子三：當我們為了提升居住環境而著手進行房屋粉刷，我們會更改房屋的顏色，但是不對房屋進行任何其他結構性的更動，未來可能想換其他顏色或是恢復原狀，這一種更動，雖然房屋內外的顏色變得更賞心悅目了，但是，屋子還是原來那個屋子，這是屬於變革還是轉型呢？

例子四：當我們拿出一張木桌子，用它的頂部創建一扇門，然後用它的腿創建門框，多餘的材料變成木柴，這意味著我們將桌子變成了門、門框和木柴。這時，我們對這張木桌子所採取的作為是變革還是轉型呢？

相信各位心中已隱隱約約有了想法，接下來，就讓我們更深入的探討「變革」與「轉型」的內涵。

▌唯一比變革更可怕的事是後悔▐

冬季到來，熊會改變皮毛；夏天到來，熊會再次換毛。他們仍然是同一隻動物，但皮毛已經改變，身體的所有其他部分保持原樣，仍然是兩條腿、兩條手臂等。就像是候鳥改變了牠們在不同季節停留的位置，牠們遇到不同的環境要適應，但是，牠們的本質仍然是一樣的，牠們的特殊能力或局限性不會僅僅因為遷移到另一個地方而改變。

組織的變革活動，指的是評估過去，將其與現況進行比較，並根據當前的業務狀態確定理想的未來狀態，進而採取行動進行轉變。因此，衡量變革成功與否的標準是「未來狀態比當前狀態好多少？」

進一步說明，「變革管理」代表組織（或團隊）實施有限的活動，可能會或可能不會貫穿整個組織，重點是，執行某個定義清楚、改變工作方式的方案。雖然方案不容易成功，但與過去比較起來，如今的我們已經更加瞭解如何執行並能實現預期的收益。舉例來說，某家大型科技公司想讓特殊專業工程師加入地區銷售團隊，於是，無論在角色、客戶關係、報酬、目標設定及團隊合作都將有所改變，影響了數百位員工。但該公司通過應用知名的變革管理原則和工具（包括：解釋變革的原因、建立領導者聯盟、吸引利益相關者參與、取得早期成果，以及有紀律的執行），成功推動了新的銷售方法，取得更佳的成果。其他公司執行變革方案的類似成功案例還有很多，像是引進新的績效管理制度、從分散式改為集中式的行銷支援、導入ERP系統、運用新的個人化生產工具……等等。

變革是檢視過去、比較現況、設定未來，目的是讓現況變成「更好的」（Better）未來，重點在於，這些變革活動的範圍、作法及目的都已有合理且良好定義，只要以執行為重即可。變革的結果：**「我還是我，只是更好（或是變革失敗而變回原樣）」**，變革的成功繫於行為的改變及財務績效的提升。在前面列出的四個例子中，例子一及例子三均屬於變革的範圍。

變革解決過去的問題，轉型創造出未來

有一位專家這樣解釋變革與轉型，他說：「除非變成一條狗，否則不能稱為『轉型』。」這個概念可以參考圖7.1。

組織轉型涉及本質的改變，是基於舊的部分（現況）創建出新的東西（未來），這是關於如何以不同的方式利用潛力和能力。因此，轉型是在重新定義事物的本質，它首先要診斷當前的狀況，然後評估期望的未來。企業轉型的成功與否，是根據初始願景和組織策略來定義，以及轉變後的未來狀態與當前狀態有多大差異來決定。

當處於變革模式時，渴望改善過去的願望指導著我們的工作（我們做什麼？）在轉型模式下，未來將指引我們的行動，只有我們想像力和勇氣的局限性，才能限制未來的可能性。話雖如此，變革是轉型所必須的，**所有的轉型都涉及變革**，但並非所有變革都是轉型。

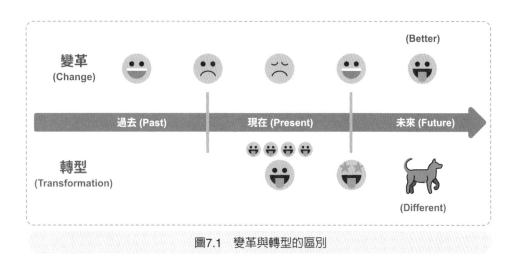

圖7.1　變革與轉型的區別

本文前面曾提出，變革的成功，來自於未來是否比現在更好（**Better**）；然而，轉型的成功，則是由未來是否和現在有明顯的區別（**Different**）來判斷，並希望能藉此帶來創新的效益。

將人員從一個部門轉移到另一個部門，在組織結構中增加或移除一個層級、指派一位新的經理、招募一些新人員或是精簡組織，這些都與變革有關。因為它們的本質仍然是相同的，原始組件沒有創造出任何新的東西。這就是為什麼許多經歷過變革的組織，很容易地就回復到變革前的狀態之主要原因。就像用原始顏色重新粉刷房屋一樣，許多經理人喜歡根據以前的經驗導入最佳實踐，這也是變革容易失敗的原因。

　　為了有效進行組織轉型，需要對我們擁有的現況有深刻的瞭解，才能從中創造出新的未來。此時，使用最佳實踐（Best Practice）的方案並不是很有幫助，因為組織轉型在某種程度上是獨一無二的；向過去學習很重要，但是，如果我們要從過去成功的經驗中專注於最佳實踐，那麼，這將限制我們未來的可能性，而轉型就是關於未來。

　　鐵達尼號（Titanic）的災難就是源於最佳實踐（作法）的觀念所引起。鐵達尼號曾經號稱是「永不會成為沉船的偉大創新」，但是，當船員們在接近冰山時的行為，就像是在操作一條普通的船舶一樣，他們將引擎倒轉，方向舵向左急轉。為什麼如此處理？因為，這只是他們過去經驗中的最佳實踐！

　　某個案例，一家大型科技公司隨著競爭對手開發出成本更低廉的新產品，公司CEO決定推動一項企業轉型方案，希望找出更能永續經營的商業模式。該方案有許多重大的「必辦事項」，包括：從現有產品更快取得直接收益、精簡支持性活動、把產品研發重點從內部改為將部分移轉至與外部資源合作、積極尋找購併及進入關聯性市場的機會等。同時，為了符合前述各項新措施，公司也必須創建一套新的文化準則，以及修訂績效管理模式。

　　前述轉型計劃，裡面列出的每一項工作都需要應用到變革管理的原則，除了變革管理工具與技巧外，所有主管都還需要學習更全面的「轉型領導力」（Transformational Leadership），例如：要更靈活及動態的協調各種資源、在各部門或領域間驅動更強大的合作，以及要能在前景模糊不清時加強溝通。對許多員工來說，變革都是日常工作之外的額外負擔，因此，主管也必須能夠判

斷事務的優先順序，放下低價值的活動。該公司的150位高層主管，在這個轉型過程中，多半都是在未知的領域裡摸索，雖然知道轉型方案的目標是要讓公司看起來變得完全不同，但沒有人真正知道最後結果的模樣。

　　轉型的整體目標並不是要執行某項明確的變革活動，而是要重新再創組織，依據未來願景改造組織或是找出新的商業模式。相較於變革活動，組織轉型的前景比較難以預測、需要反復操作、具有實驗性質，同時風險也高得多。

　　建立成功所需的關鍵要素，包括：對最終結果的清晰願景、利益相關者的良好參與，以及根據早期活動的回饋來適應工作計劃的靈活性。最終願景可能不會改變，但成功之路將需要不斷適應調整，以克服障礙並抓住機遇。

　　轉型很難成功的部分原因，是需要改變人們的信仰、思維方式、行為、態度和文化。轉型從一開始就需要強大且協調的領導力，在踏上通常很艱難的旅程之前，必須向組織成員清楚提出明確的目標。轉型還依賴於多個同時進行的變革專案，然而，就算整個轉型方案已經有部分透過成功的變革活動達成，整體轉型方案仍然有可能失敗。毛毛蟲結蛹後羽化成蝴蝶就好比一次組織轉型的結果，因為羽化後，牠就不是一隻更好的毛毛蟲（如圖7.2）。

圖7.2　毛毛蟲的羽化轉型

　　在例子四，我們拿一張桌子，用它的頂部創建門，然後用它的腿創建門框，多餘的變成木柴。這意味著我們將桌子變成了門、門框和木柴：對桌子而

言，這就是一種轉型。毛毛蟲的羽化及桌子變門框的示例中，有一件事很明顯，就是它沒有回頭路，蝴蝶不能再變回毛毛蟲、桌子只能成爲記憶。原始部件已用於創建出一些新內容，這些內容與原來的內容不同，並且將用於不同的目的。這就是所謂「轉型」！

▎變革與轉型的關鍵差異比較 ▎

接下來，我們透過幾個面向的差異比較，幫助各位對於「變革」與「轉型」能有更深刻的認識：

1. 計劃和專案執行上的差異

當確認一個提升或改進的機會時，變革即被確定並付諸執行。與期望的結束狀態相比，變革的時機取決於「發現一個不太理想的當前狀態」。一個變革活動的時間表會是非常謹愼的，組織的變革活動具有明確的起點和終點。這些定義好的起點和終點是必要的，因爲一個變革活動的啓動幾乎總是依賴於一個里程碑的實現或前一個單獨變革行動結束時。

一旦組織達到一個穩定的現狀，其實就揭示出轉型的機會。當組織準備啓動正式轉型工程時，在時間表的管理上，必須保持相對靈活性，資源配置與進度的安排不可以太過僵化，同時，組織也應對最初參與的各層級領導賦予相對應的期望。這是由於組織轉型初期存在著許多「未知數」（Unknowns）；因此，轉型進度與時間表必須階段性地設計，我們稱之爲增量進展或是漸進式的階段規劃。爲了安定利益相關人的預期心理，主導人員應該強而有力的設計與細分前四分之一期間的進度里程碑與時間表。

2. 在依存關係上的差異

某項變革活動的推動，靠的是一個或多個變革專案，而轉型方案則有賴於多種變革活動的推行。因此，變革活動或是個別的存在，而轉型方案的實現則完全取決於變革活動的進展，變革活動與組織轉型的關聯性可參考圖7.3。在這

種關係的大層級結構中，有時候，平時在組織內推行的一系列變革活動會爲經營轉型方案的倡議做好了準備。

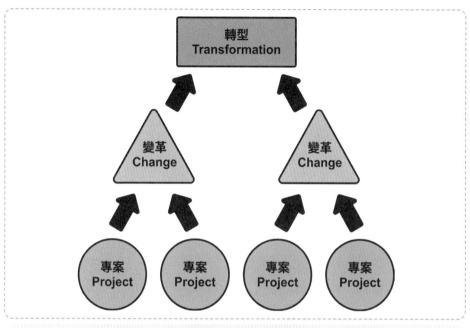

圖7.3　轉型與變革專案關係示意圖

3. 組織策略深度上的差異

在策略發展階段，組織將依現況與願景需求規劃出所需要的變革或轉型策略。然而，一旦決定要實行變革或轉型，那麼，兩者在願景及策略的定義上就大不相同了。

圍繞變革的策略其定義比較偏重於有形的、立即可測量的、謹慎的（一個明確定義的開始和結束），以及能夠立即實行戰術的。圍繞業務或經營轉型的策略其定義比較偏重於無形的、較深入的現況探討，並且必須在開始時保持更多的靈活性，這是由於未來存在著太多的未知數。轉型計劃的「僵化不知變通」將是轉型方案失敗的主因。

組織轉型存在著許多未知數，儘管隨著階段性的進展，使得轉型方案的可

操作性變得逐漸提高，但仍需要注意著保持時間表的靈活性。由於高階領導者習慣於變革管理計劃的嚴謹性，因此，對於保持轉型計劃靈活性的要求，特別難以掌握。

4. 在需求起源上的差異

企業轉型和組織變革的啓動通常來自企業的不同層級。組織的最高層考慮組織的願景、目標、規模、時機和預算範圍，決定是否倡議及啓動組織的轉型工程；轉型無法由部門級別或工作團隊來啓動，這是因爲該層級的組織策略、流程和人才資源無法長期持續推進這種轉型工程。

如果眞的要對某一個部門推動業務轉型，也就等同是完全重新定義了這個部門，很可能會使該部門偏離了當前的組織結構。不過，大型部門若獲得來自組織最高層級的直接支持，那就另當別論。總之，組織轉型的根本支持力量必須來自最高層，才能有效。

至於變革活動，則可以起源於組織的任何部分。變革成功的關鍵是確保與整體經營策略保持一致，在倡議變革活動的前後，應該隨時確認沒有其他既有的變革活動與你計劃中的變革有所重疊或衝突。一般而言，單獨的變革活動不會由組織最高層級來啓動，然而，所有的變革活動仍然需要來自最高經營領導層的認同。

5. 目標和過程管理上的差異

變革的必要性是通過對過去和現在的標準化評估來確定的。是否需要啓動一次變革，其實是我們在對過去的狀態或績效與當前狀態的表現所做的診斷而決定。在確定某些事物必須改變之前，這一過程會不斷地在日常管理中來回反復地進行著。從組織的觀點來看，變革專案的成功衡量標準是投資報酬率（ROI）與專案進度，或許會更無形些，但仍必須可以被測量與監控。

變革目標的關注重點，是如何讓「你」（組織、領導、團隊或個人）能夠更好。無論是何種變革目標，最終，你仍然是「你」，只是經過變革活動後，

「你」處於不同的狀態。萬一在變革的過程中遇上了麻煩，「你」仍有可能會變回過去的樣態。至於轉型，則是由現況的診斷開始，很少或根本不考慮過去的表現，轉型的評估結果為組織定義出一個完全不同的未來。

變革與轉型在目標上的不同並不意味著在轉型過程中可以忘記組織經營在過去的重要教訓。整個的轉型過程中，仍需要持續的對當前和未來進行評估，並通過過程中間的里程碑達成與否，來衡量轉型工程的進展和成功。相對於變革，轉型的目標與結果將是轉化成與現在完全不同的「你」（組織、領導者、團隊或個人）。因此，經過轉型後，「你」所做的事，和做事的方式，將和今天的「你」完全不同。未來與現在是否完全不同，也是轉型工程是否成功的一種衡量。回到圖7.1，經過轉型工程，一個人將變成一條狗，很寫實的說明了「轉型」與「變革」的區別。當然，一條狗是否真的比一個人來得好，就不是本篇文章討論的重點。

▌變革與轉型都是組織成長的重要元素 ▌

經過本文的說明，相信各位都清楚，變革是組織檢視過去與現況，並對外部變化與影響的回應。其中，組織透過變革調整日常行為可以達到預期的效果。轉型則是關於如何調整核心信念和長期行為以實現期望的未來。掌握外界變化可以使公司跟上快速變化的顧客及市場的期望；但是，深思熟慮的、有計劃的轉型，通常能夠重新定義組織成功的面貌以及如何實現長期的目標。

許多領導人因為無法清楚辨別「變革」和「轉型」的差異，往往受制於過去的管理思維，擅於經由規劃流程，以演繹（**Deductive**）的方式，規劃出有條理的改善型組織策略。然而，許多時候，組織的願景與策略，需要領導人搜集廣泛的資料，尋覓有助於解釋這些事情的模式、關係和聯結，以**歸納**（**Inductive**）的方式，創造出一個新的未來，這也是領導人及其團隊必須學習與具備的「轉型領導力」（Transformational Leadership）。

最後，無論是變革或轉型，對於任何組織的整體健康、成功和可持續性，

都是不可少的作爲。雖然，變革和轉型在本質上是不同的，然而，兩者在推動組織的持續成長與成功，扮演著不同的角色，相輔相成，也都至關重要。

注釋

▶ 注1：原文刊登於「經營洞察力論壇」2021-04-14及2021-5-19，分上、下兩篇。

思考問題

　　完成本文的閱讀，不妨再多花幾分鐘深入思考下面的問題以提升您的洞察力：

1. 本文對於變革與轉型兩者間的差異做了許多的說明，如果對這一主題有興趣，建議您花些時間去搜集更多關於變革與轉型的差異比較，或是自行分析比較它們的異同點，並且分享心得給朋友或團隊成員。

2. 許多組織都會進行精實管理（Lean）的改善活動，在精實的價值鏈分析中，也會提到Future State。請問，一般而言，精實的Future State爲我們帶來的是偏向於「變革」還是「轉型」呢？爲什麼？

3. 經過本文的介紹，相信您已經對於何謂「變革」有了基本的認識，是否從生活中、工作中、社會上，各舉出1～2個符合「變革」定義的例子，並分享給您的團隊成員或朋友？

4. 對於「變革是讓未來變得比現在更好（Better），而轉型是讓未來與現在不同（Different）」這個解釋，您是否認同？能否搜集更多的例子，以證明或推翻這個解釋，並請分享您的見解給朋友。

二十九、解構力場分析

讓我們在腦中假想一個情境……

想像一下，我們坐在一張板凳上，四平八穩，如果沒做什麼事，你不會跌倒在地上。想想看……，是什麼力量讓你安坐在這張板凳上？

至少有兩個答案。第一個是「重力（Gravity）」，是的，是重力將你壓在板凳上的，前提是你願意坐在板凳上，對吧？第二個答案想到了嗎？

是板凳提供了一種「反作用力」，抵抗著重力，由於這兩種力量達到平衡，讓你不會因為重力而跌落地面。

第一種力量我們可以稱之為「驅動力」（Driving Force），第二種力量我們可以稱之為「制約力」（Restraining Force，又稱為抗拒力或約束力），這兩種力量都存在於同一個場域（Field）裡，正常狀況下，它們達到一種動態平衡。

如果我們想改變這種平衡狀態，有幾種方法：第一種就是加大重力（驅動力），直到板凳承受不住；另一種方法，就是減弱板凳的支撐力（約束力），這兩種都可以獲致相同的效果。

如果你仔細思考過其中的關鍵，其實你已經掌握了「力場分析」（Force Field Analysis，簡稱FFA）的基本概念。這也是本文想要和各位分享的核心內容，「力場分析」是組織在完成策略規劃，進入策略執行階段前，不得不掌握的一個重要概念與工具。

▍Kurt Lewin的變革模型 ▍

「力場分析」這個工具的創造者，就是被稱作「現代心理學之父」的庫

爾特‧勒溫（Kurt Lewin，1890.9.9～1947.2.12）。勒溫是德裔猶太人，出生於現屬波蘭的普魯士地區，在柏林拿到博士學位，曾於柏林大學任教，後來因爲逃避當局對猶太人的迫害，入籍美國公民，先後於康奈爾大學（Cornell University）及麻省理工學院（MIT）任教，於美國去世。

　　勒溫的研究，對現代管理學的許多領域有著極大的貢獻，他開創了心理學的「場域理論」（Field Theory），以及「團體動力學」（Group Dynamics）；雖然各位對上述的心理學領域可能不感興趣，但絕對要知道，基於前述理論，勒溫在變革管理學領域提出了他著名的「三階段變革理論（Lewin's Organization Change Theory）」及「力場分析法」。

　　關於「三階段變革理論」的發想，勒溫其實是從團體動力學的組織群體成員心理角度切入，他認爲，在組織變革的過程中，人的改變是非常關鍵的，因此，要有效實現組織變革，首先重要的工作是改變組織成員的態度；分析組織成員態度發展的過程，可以反映出組織變革的基本過程。因此，勒溫認爲組織變革的過程可被分成三個階段：現況解凍、改變行爲的過程、再凍結。這就是著名的Lewin三階段變革過程模型（如圖7.4）。

圖7.4　勒溫三階段變革模型（Kurt Lewin，1947）

階段一：現況的解凍（Unfreezing）

　　在這個階段，組織必須清楚地認知到，對組織相關成員而言，任何一項新策略（行動計劃）的實施，就相當於一項變革活動。組織爲了實現策略，意謂著組織成員將面臨有別於目前的環境，必須要願意揮別過去，面臨新的挑戰。領導人因此得設法讓成員認知到不能再眷念既有的做事方式而必須爲組織的變

革或轉型工程進行改變，同時，領導人也必須體認到，那些組織成員已習慣的既有結構與管理作爲，在未來將因變革而被打破並不再發揮作用之前，要他們爲了接納一個新的目標或願景而願意主動做出調整，不是一件容易的事。

階段二：改變行爲的過程（Changing）

這是勒溫變革理論的主旋律，在此階段，組織領導人必須對幹部及組織成員說明變革願景及策略目標，透過積極的溝通作爲及過程，鼓勵人們發揮想像力，願意主動對組織變革的未來發展進行思考與再思考，期望組織成員能理解與認同爲實現目標所需要的變革過程及其步驟。同時，組織領導人也必須要對變革活動或專案的實施表現出信心、適時提供支持並且堅持到底，說服組織成員逐漸爲形成新的態度和行爲而改變。

階段三：再凍結（Refreezing）

經過轉變期後，組織將成功轉變到一個新的狀態並初嚐果實，然而，此時並不代表最後的成果，很多時候新狀態是不穩定的；因此，組織領導人必須和眾人一起努力，將這個新狀態予以「再凍結」於組織文化及體制中，以保障組織變革後的成果。所謂「再凍結」，就是把組織穩定在一個新的均衡狀態，目的是保證新的工作方式不會輕易地被改變或回復原狀，勒溫認爲，這是支撐及鞏固變革成果及新行爲最爲重要的工作。

勒溫變革理論的核心主要是打破過去大家習以爲常，將變革的焦點放在變革的過程或是變革專案目標的層面。他希望組織領導人在進行變革專案時，必須關注在如何讓組織成員有系統地終結現況並面向未來，這才是變革活動最重要的起始點。此外，勒溫也期望領導人不能在一旦達到變革目標時，就終止了所有的努力，忽略了需要時間將變革結果落實於組織文化中；組織文化、氛圍、變革意願，構成了變革的動力，也是影響變革成功的關鍵。

組織動態均衡就是這麼一回事

讓我們再回到本文一開頭的那個例子，回顧一下我們知道了哪些重點？首先，我們知道一個人坐在板凳上不會跌倒，這不是一種靜態的平衡，而是一種來自重力（驅動力、推力）與板凳的反作用力（制約力、抗拒力、阻力），兩種力量抗衡下的動態均衡（Equilibrium），因為，隨時有可能因為其他力量的介入或兩種力量本身的消長，而改變了這種均衡狀態。回到勒溫的三階段變革理論，任何組織在變革前不也是處於一種動態均衡的狀態嗎？此時，大家習於現況，各種力量相互平衡。

一旦組織領導人要推動改變，可能是宣示新的願景、可能是設定挑戰的目標、可能是實施新的系統、可能是改變某些作業模式，也可能是希望改變員工的行為；對組織成員而言，這些都是或大或小的變革，也涉及到現況的均衡狀態即將要被打破的認知。

面對可能要展開的新局，對某些人而言，可能不是一件小事，這將涉及個人利益、權力、能力或認知等，來自這些組織成員的抗拒力必然是存在的；當然，也會有成員因為某些原因，支持這些變革，這些力量就是面對現況改變的驅動力。我們的所作所為，正是要破壞由人員所組成之場域中的力量均衡。這絕非等閒之事，如果我們可以在採取變革前，去分析可能存在的助力或阻力，事先採取合適的策略，便有機會減少潛在的損失及衝擊。

勒溫理論第三階段的「再凍結」，其實也是一種改變後的新均衡。這又涉及到企業文化、行為、作業、制度……等涉及組織成員適應新常態的工作事項。如果我們忽略了這些助力（驅動力）與阻力（抗拒力），想要達成一個新的動態均衡也絕非易事（如圖7.5）。

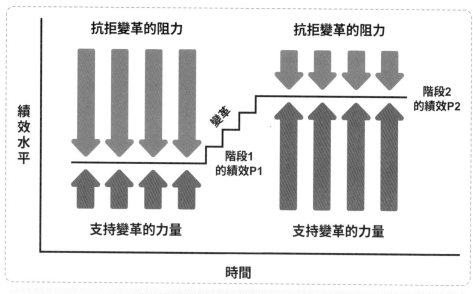

圖7.5　勒溫變革三階段的動態均衡示意圖

▌「力場分析」操作實務 ▌

接下來，為各位介紹來自勒溫的力場分析（FFA），力場分析的概念很簡單，如圖7.6所示，驅動力量支持由現況到理想未來的改變，或是幫助實現想要的新狀態，而抗拒力的存在則會阻止想要的改變。不論是驅動力或抗拒力，均非某一個力量，不同來源的力量其大小也各不相同，都需要經過團隊分析與發現。

基本的概念，一旦抗拒力超過驅動力，不僅現況無法依想法改變，甚至會出現倒退的狀況；反過來，當驅動力超過抗拒力時，則有利於新狀態的實現，促成有利組織的改變或目標的實現。當然，不同的目的，組織中可能存在的驅動力或抗拒力亦有所不同，這些力量大多與組織文化、員工認知、利益／損失……等有關，有時，也會涉及到資源的運用及外部環境因素，這些都會影響員工對現況與變革的認知。關於現況存在的驅動力（助力）或是抗拒力（阻力）之分析，以及增強驅動力或減弱抗拒力的策略行動，是領導團隊在推動變革的重要課題。

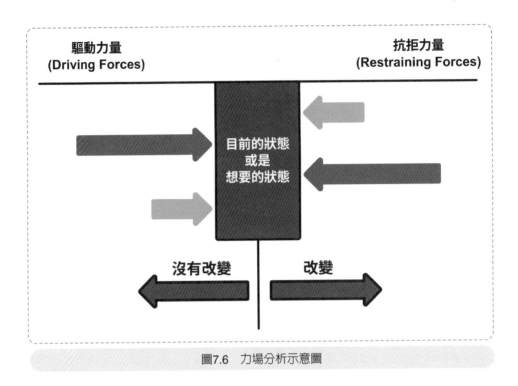

圖7.6 力場分析示意圖

力場分析的實務操作不難，依循下列9個步驟及原則即可順利進行：

步驟1：創建力場分析的模板

· 依據目的組成團隊，這是一個腦力激盪的過程，為求大家的參與，通常成員不超過15位。

· 雖然目前網路上能夠獲得許多數位化的表格，我仍認為以紙筆進行的效果最好。建議找一個夠大的牆面，以白報紙創建分析的模板，模板的架構可參考圖7.7。

步驟2：解釋工具並描述未來狀態的目的及意圖

· 主持人或輔導顧問在開始作業前，可簡明扼要的介紹力場分析這個工具，以及接下來的操作步驟。

．由於力場分析可以處理各種不同的主題，因此，主持人必須針對此次小組分析的對象，將主題、目的或意圖說明清楚，並將它寫在模板上，以便隨時提醒參與者，不得偏離主題。

步驟3：描述現況（Status Quo）

．關於任何變革、願景、策略目標，都是要改變目前的均衡狀態，因此，團隊必須針對與主題相關的現況進行書面的敘述，包括組織氛圍、相關績效的現況、企業文化……等等。

．內容不必長篇大論，可以條列重點，但是，必須取得共識。

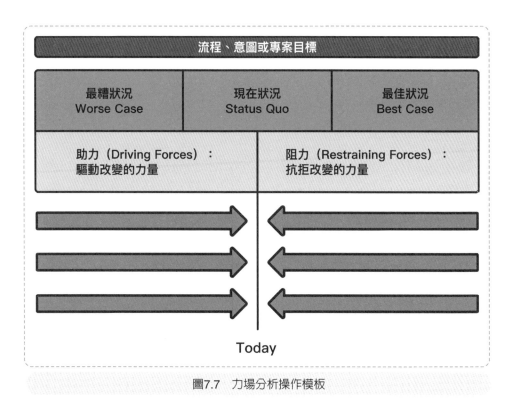

圖7.7　力場分析操作模板

步驟4：描述最糟狀況（Worse Case）

．接下來，團隊必須思考，如果我們投入了許多資源與精力，萬一所追求

的目標沒有實現，組織內部會發生什麼事？組織會變成什麼樣子？想像出這個假想的狀況，並將腦中的景象以文字寫出來，記錄在「最糟狀況」的欄位內。

· 雖然大家不願看到這個情況的發生，但是，這個步驟卻非常重要，如果不容易聚焦，可以參考步驟3現況描述的各個要項，試想，當目標沒有達成時，這些要項或指標會變得如何？

步驟5：描述最佳狀況（Best Case）

· 相比於步驟4，這個步驟就是在假想，如果在所有人的努力及資源的投入下，所設定的目標能如預期實現，到那個時候，組織會出現什麼樣的變化？例如：績效、行為、氛圍、能力、組織形象等要項的轉變。團隊應共同討論、形成共識，並將這種狀況寫下來，當然，也要合理。

· 這個步驟很重要，一般的技巧，會鼓勵大家在腦中先想像出一個畫面，然後再以文字描述出來。

步驟6：支持未來狀況及成果的現有助力（Driving Forces）

· 基於對未來狀態所產生的憧憬，團隊藉由腦力激盪整理出目前組織內部存在什麼樣的驅動力（助力）？

· 一般常見的助力有：人員的積極行為與態度、組織接受改變的氛圍、所具備的核心能力、組織資源的充足性、領導力、上級的支持、大環境的有利因素、過往成功的經驗……等等，足以驅動組織成員支援變革。

· 可以藉助腦力激盪法（Brainstorming）、腦力激寫法（Brainwriting）、或是親和圖（Affinity Diagram）等工具進行討論與整理（注2）。此一部分的內容請記錄在圖7.6的左邊，箭頭朝向「最佳狀況」，表現出驅動力的性質。

步驟7：阻止未來狀況或成果實現的現有阻力（Restraining Forces）

· 完成助力的討論後，接著以同樣的方式，進行團隊腦力激盪，把組織現

況中的抗拒力，也就是阻力，討論出來，並記錄在圖7.6的右邊，箭頭朝向「最糟狀況」，代表阻止變革實現的抗拒力量。

・如果要避免出現團隊討論的「意見領袖偏差」（注3），可以採用腦力激寫法進行個人意見的收集。親和圖可以是一個非常好用的意見匯總工具。

步驟8：對阻力及助力進行排序

・步驟6及步驟7是一個意見彙集的過程，請勿過早進行評價，對於阻力及助力的評價及排序，請留到本步驟再進行。

・排序的技巧有很多種，最常見的是運用「多重投票法」（Multiple Voting）的方式（注4），依據待票選的意見（阻力或助力）數量，採一人多票的方式進行優先排序。視需要，可採用一種以上的評價標準，例如：「重要性」之外，也可以增加諸如「合理性」或「可行性」作為不同的評價準則。若有多種評價準則，針對票決結果進行綜合的比較及排序。

・一般而言，建議先進行阻力（抗拒力）的排序，再進行助力（驅動力）的排序。

步驟9：針對優選的阻力思考解決對策

・如果是關於變革的主題，此時可以先挑選排序前三名的阻力，團隊討論出接下來的行動，以便於變革初期減弱影響變革的抗拒力。

・改變現況均衡的思考方向除了減弱或消除主要的抗拒力外，也可以思考如何強化重要的驅動力。這兩種作為，都是在改變均衡狀態，有利變革的實現。

▎力場分析與SWOT▎

勒溫的心理場域理論及團體動力學認為，組織就是一個由人所組成的場域，個人的態度與行為會彼此相互影響，這些影響是一種向量力，會驅動或阻止組織

的改變（可能是好的方向，也可能是不好的方向）。因此，運用力場分析可以有效地幫助我們判斷組織的現況（均衡狀態），作為策略調整的主要依據。

　　力場分析可以運用的地方非常多，在變革專案的實施前，主要是用來偵測組織均衡現況下存在的驅動力及抗拒力，變革專案實施後，也可以用來瞭解新均衡狀態的變化與穩定性，例如：

1. 精實六標準差專案的展開前後。

2. 在組織推行企業資源規劃（ERP）方案的前後。

3. 重要管理制度的實施前後。

4. 重要策略目標實施前後。

5. 組織導入創新專案的前後。

6. 組織進行策略規劃時的內部環境分析作業。

　　在此，針對前述第6項，也就是如何運用力場分析於組織策略分析的工作，特別是SWOT分析的作業上。大家都知道，SWOT分析（嚴格來說是內外部環境分析的策略議題匯總表），是許多組織用來進行策略分析的重要工具，包括來自內部環境分析的重要議題（組織的優勢與劣勢），以及來自外部環境分析的重要議題（外部的機會與威脅）。

　　在進行內部環境分析時，有許多的分析工具可以幫助我們診斷組織的內部能力（與競爭對手比較，或是基於顧客的觀點）。然而，通常是聚焦在組織的技術能力、作業能力、獨特的管理制度，或是資源的比較與運用能力上。除了腦力激盪外，比較少的工具可以幫助我們診斷出組織的文化、氛圍、成員的行為、態度，以及影響組織實現願景的助力（驅動力）與阻力（抗拒力）。這些助力與阻力，也應該是SWOT的內部分析（優勢／劣勢）的策略議題來源，而且它們很重要。

　　我們可以藉助「力場分析」，幫助我們完善內部環境分析的診斷作業，以及重要議題的來源。實際的操作方式與前述的九個步驟沒有太大差異，需要注

意的重點：⑴在步驟2，可以設定某個組織中正在推動的重大專案，或是將組織的願景置於未來狀態的目的欄（分析的主題）；⑵在進行到步驟8時，優先排序後的助力及阻力，將是SWOT匯總表中的優勢或劣勢的策略議題來源；⑶至於步驟9，於SWOT內部分析作業時可以跳過，然而，若是發現某些阻力值得立刻採取行動，應該毫不猶豫的進行。

▎重大策略的實施，就是在打破均衡▎

當組織推動新的策略或行動時，就是在打破現況的均衡性。然而，滿足於現況的人或是不認同新策略／目標的人，將會成為潛在的抗拒力量來源；因此，在策略推動前，如何及早的識別出抗拒力及其來源，將是策略執行的關鍵作為；所以，在許多世界級組織裡，力場分析是策略專案領導人及團隊成員必須掌握的好工具。如同本文所介紹的內容，力場分析不僅有助於策略執行或變革專案的實施，也能幫助我們在進行內部環境分析工作時，彌補領導團隊在企業文化面的診斷工作。希望本文有助於各位深入瞭解這個工具的美妙之處，經常的使用，相信能在變革專案與策略分析的工作上，收到事半功倍之效。

注釋

▶ 注1：原文〈May the FORCE be with you! 解構「力場分析」〉刊登於「經營洞察力論壇」2020-08-26。

▶ 注2：「腦力激寫」是一種改進的腦力激盪會議形式，所有成員根據指定主題，先將意見或見解寫在紙條上，完成後再進行意見分享與整理，當團隊裡存在著意見領袖型的人物時，一般會採用此種方法進行意見收集的會議。「親和圖」是一種意見或資訊整理的工具，通常用於腦力激盪類型的意見收集會議後，採用同類分組的方式，將那些會議產生的大量資訊，經由小分類至大分類的過程，將這些資訊分門別類的整理，便於後續的分析作業。

▶注3：團體討論中常見的意見領袖有：有權威的上層主管、主題專家、好主導發言的成員、好批評他人意見的成員等。一旦有意見領袖類型的成員，將會影響其他成員的發言意願或價值傾向。

▶注4：「多重投票法」可以視待決意見的數量，採一人多票的方式進行票決，若意見數量太多，也可以加入多輪投票的方式，由多而少的篩選出優先的意見。

思考問題

　　完成本文的閱讀，不妨再多花幾分鐘深入思考下面的問題以提升您的洞察力：

1. 完成本文章的閱讀後，您是否有興趣試試這個工具？請邀集您的團隊，挑選一個即將要實施的專案，依照本文的9個步驟，試試「力場分析」，並且分享使用心得。

2. 本文提到了一些操作工具，諸如腦力激寫法、親和圖、多重投票法，如果您不是真正的熟悉它們的意義與操作，請花時間去查閱資料，學習它，並且分享給您們的團隊。

3. 本文雖然介紹的是一個傳統的變革管理工具，但是，卻特別強調它在策略分析作業中的貢獻，如果您現在正在帶領團隊進行部門或組織的策略規劃，建議您們一起利用「力場分析」來診斷組織內部環境，完成後，花點時間分享眾人的心得。

三十、掌握情緒週期以促進變革成功

成功領導組織變革的關鍵，其實在於如何有效掌握受到變革活動影響的那部分人其情緒的變化；掌握利益相關人的抗拒心理，並能有效應對處理，正是組織變革成功的關鍵。本文將教您透析人們關於變革情緒的反應週期及幾個非常實用的變革管理模型，讓您掌握變革成功之道。

▎變革是一個和「人性」打交道的過程 ▎

您是否在面對人生重大挫折或意外時，一開始不能夠接受它竟然發生在自己的身上？或是突然聽聞至親之人的噩耗而不敢相信它的發生？相信大多數人都或多或少的有這種導致情緒重大起伏的經驗。然而，無論您最後是接受了這個事實而不再虛耗精力去兜圈子，或是知道要面對未來但仍需要別人的協助以幫助自己跳出情緒的低谷；還是，始終跳不出自己低迷情緒上的桎梏，自怨自艾而久久不能自已；這都是真實人生不斷在上演的情節，那麼，這又和組織變革有著什麼樣的關係呢？

組織管理內部變革專案的工作，其本質都是在和人性打交道。也就是說，您必須面對及處理人們對於他們將要經歷的事物所延伸出來的正面或負面的情緒，特別是那些負向的情緒。因為，大部分的時候，當一場變革的活動即將導入到組織內部時，一開始會有一些人面對新事物而對未來的發展產生憧憬，從而樂觀以對，然而，在真正參與後這些人會感覺到現實並非那麼的美好，許多困難就會接踵而來。例如：當人們要處理手頭上的工作，同時又要面對新的事物與未知的挑戰，不可避免的，人們的負面情緒將會應運而生，如果不及時處理或處理不當，就會造成專案的失敗。

身為新世紀的管理幹部，環境的變化不斷在促進組織進行著許多內部調整，包括：流程的改進、新系統的引進，甚至是組織結構的再造……。因此，

「應變」已經是現代經理人如同家常便飯般的工作內容之一；在許多國際型的企業組織裡，「成功領導變革」已成為經理人的核心職能工作；甚至，有些企業已經讓「變革代理人」（Change Agent，也可譯為「變革推動者」）成為幹部或經理人的另一項職稱。

變革管理的理論既多且廣，本文想要向各位介紹幾個非常實務且有用的理論，特別是關於人們在面對變革時的情緒反應過程，希望能幫助各位提升變革管理的能力與變革專案的成功率。

▌人們面對衝擊的情緒轉變 ▌

根據心理學家、國際知名生死學大師伊莉莎白‧庫伯勒－羅斯（Elizabeth Kubler-Ross，1969）的研究發現，一般人在遭遇到生命或生活中的重大衝擊或改變時，往往會經歷一段悲傷的適應期。他們通常是先拒絕（**Denial**）這個事實，認為不會發生在我身上，或者，這件不幸的事情不應該發生；接著對這件事真的發生在自己身上而感到生氣（**Anger**）；再接下來，可能會採取討價還價（**Bargaining**）的方式去想辦法拖延它的發生或繼續下去；下一階段則往往是因為無法改變這個事實而心情沮喪（**Depression**）或自怨自艾；如果當事人自己沒有接受到良好的諮詢或是來自他人的協助，則這些負面情緒會不斷的在 **Anger-Bargaining-Depression** 之間來回徘徊，最後他／她會因無法走出負面循環而造成相當大的傷害或損失，此時，我們稱這個負面循環為**情緒的低谷**。

這裡所指的生命或生活中的重大衝擊，諸如：自己聽到得了不治之症、失去重要親友、或在工作或生活上遭受重大創傷的時候。這就是知名的「庫伯勒－羅斯模型」（Kubler-Ross Model），共有五個情緒發展的階段，她是從認知心理學的角度，對組織領導人識別變革阻力的工作提供了非常實務性的觀點。庫伯勒－羅斯認為，在未做任何干預的作為時，這五個階段會依其先後順序發展，但也不一定完全的依此順序在進行，如果管理得當，可以直接跳過前面幾個階段而到達後期的第五個階段，也就是**接受**（**Acceptance**）階段。不過，

她認為人們一定得經過至少最前面的兩個階段，面對這種負面情緒的挑戰，變革領導人必須要思考：「如何避免組織成員無法順利地跳離Anger-Bargaining-Depression所形成的死亡低谷，從而導致變革活動的失敗？」

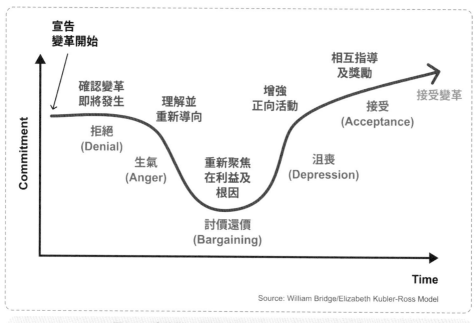

圖7.8　庫伯勒－羅斯模型（Kubler-Ross Model）

　　庫伯勒－羅斯的這個創見非常重要，因此，它經常被引進到變革管理的實際操作中，讓經理人在變革活動開展前就能夠依據她所提的五階段模型進行規劃並及早預防，這個研究對於變革管理實務有著非常重大的貢獻，如圖7.8所示，當我們理解到這個過程是絕大部分人面對挑戰將會經歷的情緒轉變，我們就可以在規劃變革的專案時，提前採取一些作為或措施，及時處理人們情緒上的負面反應，避免人們跌落至「死亡低谷」而無法自拔；或是，通過管理性的作為，減輕情緒處理過程中對變革專案所造成的衝擊；期望能夠提高變革專案的成功率或達到預期的專案成果。

　　諸如：在變革專案的啟動初期，變革領導人可以透過對專案的願景目標進行說明，讓參與者對於未來的變化能先有心理準備；在過程中，經由適當的訓

練或協助，讓面對困難的同仁得到及時的協助而不會打退堂鼓；或是，透過一些成功的案例，以及來自他人的影響，讓同仁認清變革專案必須要往前推進的事實，以及看到未來的好處，轉而擁抱這個專案……等等。如圖7.8，也指出了一些各階段可以採取的有效作法。

▌回顧Lewin三階段變革理論▌

其實，庫伯勒－羅斯的變革情緒週期模型，與變革管理研究的始祖庫爾特·勒溫（Kurt Lewin）在1947年所提出的「三階段變革模型」不謀而合（請參照圖7.3）。勒溫在他所提出來的理論中，強調人們態度與行為的改變是影響組織變革非常重要的一個部分。如果要有效實現組織變革的成果，讓想要的行為出現，首要之務，就是改變組織成員的態度。勒溫的變革模型包括：現況的解凍（Unfreezing）—改變行為的過程（Changing）—再凍結（Refreezing），在此簡要的幫各位複習一下。

第一個階段：「現況的解凍」

組織必須在變革活動展開前，讓成員認知到不能再眷念既有的做事方式而必須要為變革進行改變，也必須體認到，組織成員在既有習慣下，要完全接納一個新的目標或願景而願意主動做出調整，是一件不容易的事。

第二個階段：「改變行為的過程」

組織領導人必須對幹部及組織成員積極溝通變革願景或目標，鼓勵人們發揮想像力，願意主動對組織及變革活動的未來發展思考並歸納出所需要的變革過程與步驟。組織領導人也必須要對變革的實施表現出信心並且堅持到底，協助組織成員形成新的態度和行為。

第三個階段：「再凍結」

對於變革後的新狀態，組織領導人必須與眾人共同努力，將這個新狀態予以固化，目的是保證新的工作方式不會輕易的被改變。勒溫認為，這反而是變革管理中最為重要的工作。

▎William Bridges變革管理週期三階段模型▎

在變革管理的實務研究上，學者及知名管理顧問威廉・布瑞奇（William Bridges）運用了「勒溫三階段變革模型」，以及「庫伯勒－羅斯模型」，綜合發展出一個非常務實的變革管理週期三階段模型，被稱為「布瑞奇變革模型」（Bridges Change Model）。在布瑞奇變革模型裡，他把組織變革活動概分為三個階段，分別是：「終結目前的狀態」（Ending）、「中間模糊地帶」（Neutral Zone）、「新起點」（New Beginnings）。

階段一：終結目前的狀態

因應組織成員面臨變革的可能情緒反應，布瑞奇認為應該要重視，並有序地讓成員一起終結現況。領導者可以透過傾聽式的溝通，讓成員知道變革不得不為，並願意與其共同檢討哪些事物不能帶到新情境（或新終點），而必須收拾留下？哪些好的部分（經驗、成果）可以總結帶走？這些作為都可以為即將實施的變革鋪好一條道路。

因此，如果企業習慣於為重大專案舉辦全員參加的啟始會議（Kick-off Meeting），應該思考如何引導組織成員向過去的成就致敬而不是只對大家強調新方法的好處，卻貶低現有方法曾經的貢獻。相比於傳統上習慣於去否定舊事物來肯定新事物的作法，員工在心態上將更能認同向過去致敬的態度。

階段二：中間模糊地帶

新舊情境（例如：工作模式、管理方法、作業系統）轉變的過程，對於大部分的成員來說都是難受的，因為存在著太多的未知與不熟悉，以及由此而產生的恐懼。這也是組織出現變革抗拒態度的主要形成因素；就好比人們身處於嚴冬季節，前面一片茫然白雪大地，大家會出現不知所措的反應。

因此，領導者要保持不斷地溝通，運用同理心去感同身受成員的恐懼與惶恐，鼓勵成員發揮創造力去看待新的變化，甚至尋求外部的資源（諸如管理顧問或外部專家）以協助組織成員度過難關。

階段三：新起點

經過團隊共同的努力，雖然已初步達到了變革專案所設定的目標，或是見到了初期的成果，此時的變革領導人一定要非常清楚，對於看似出現成果的變革活動，千萬不能太快宣布成功。要透過宣傳短期的成功讓其他未參與的成員願意改變自己的意願而參與到變革專案（行為的表現），也要不斷地邀請既有的加入者繼續去完善初步得到的成果。

這是因為專案初期目標的達成只不過是整體變革的新起點，必須不斷地落實新作法，才能改變組織成員的行為，進而在文化層面發生改變。只有當組織文化發生根本上的轉變，才能真正固化變革的成果，這是需要時間的一段過程。

組織變革的起因非常多樣，可能是因為組織面臨到經營危機而不得不改變；或是因為組織要挑戰新目標而需要在方法或結構上做出改變；亦或是面對新的機會而必須要實施新方法進而在管理上做出重大調整。然而，我們必須要認知，組織變革通常會經歷一段不算短的旅程，過程中的各階段都需要不同型式的管理溝通。因此，布瑞奇的理論因為其務實性，而被許多知名企業廣泛的運用在經理人關於變革領導力的養成，並成為企業組織在設計變革管理作為的重要參考。

相信許多人曾經欣賞過由實力派男星傑克·尼克遜（Jack Nicholson）與摩根·費里曼（Morgan Freeman）於2007年主演的《一路玩到掛》（*The Bucket List*），這是一部既感人又充滿奇妙旅程的喜劇片，劇情是關於主角面對人生重大變故，因為學習接受而成就了精彩人生下半場；這是一部述說著永遠不嫌晚的美好人生故事，雖是電影，但也具有警世的效果，並與我們今天所介紹的模型能夠相互對照。

您是否被組織指派負責一個重大的專案，正在著手規劃如何成立團隊及與利益相關人溝通？

您是否已完成了年度目標展開，正在規劃後續重大策略的實施？

您是否已決定要導入精實六標準差系統，正在著手一個中長期的實施計劃？

您是否因為員工對於新措施的實施已由初期的熱情支持而因為遇到不適產生了抗拒態度？

如果您面臨到上述的管理挑戰，本文所介紹的管理模型都可以提供您一個好的思考方向，並作爲下一步實施對策的重要參考。

注釋

▶ 注1：原文〈掌握組織變革的門道 —— 理解人們情緒週期〉刊登於「經營洞察力論壇」2017-10-18。

思考問題

完成本文的閱讀，不妨再多花幾分鐘深入思考下面的問題以提升您的洞察力：

1. 各位可以參考文中所介紹的三個模型，回顧自己曾參與過的變革專案，是否符合這些模型所提出的見解？如果有差異，請試著指出並與團隊成員討論。

2. Kubler-Ross模型比較著重在成員的情緒反應，關於本文各個階段可採取的建議作爲之外，是否可以與您的團隊討論，就您們對所處組織特性的瞭解，有哪些在未來變革專案的規劃時，可以預先採取的作爲？

3. William Bridges的三階段模型與Lewin三階段模型，其實都有著異曲同工之效，兩人的研究都非常強調固化變革成果的重要性，各位是否可以回顧過去所參與或主導過的變革專案，在固化階段的作爲中，特別是人們情緒的反應處理上，有哪些還不夠到位的地方？可以與團隊成員共同提出並作爲未來規劃變革專案時的參考。

三十一、如何成功領導變革

組織發展其成長策略就是在實施一種組織轉型工程，組織轉型的成功，有賴於好的策略與具競爭力的策略執行力；策略的執行必然會面臨許多挑戰，領導人的首要挑戰就是如何規劃變革活動及如何成功領導變革以實現策略。

對變革管理有興趣的讀者，應該對變革管理大師約翰‧科特（John P. Kotter）的「八步變革管理模型」（Kotter's 8-Step Change Model）不會陌生。相較於其他的變革管理模型，科特所提出的「八步變革管理模型」，由於簡單易懂，兼具理論與實務，一直普受學術界及顧問講師的喜好。基本上，只要曾聽過變革管理的課程，或多或少均接觸過這套模型。本文就讓我們從不同的角度來剖析科特的變革管理模型，幫助大家能更深入的理解，並且作為日後運用此模型時的參考。

▍變革管理模型的基本分類▍

學界許多研究變革管理理論的大師，基於研究的目的，會由不同的觀點將許多過去的知名理論進行分類，透過分類進行理論的探討與學習，這樣的作法有其益處，能有助於我們掌握理論的核心並將其進行實務應用。以下為學者貝爾納‧伯尼斯（Bernard Burnes，1996）從企業如何實施變革的角度，將眾多變革管理模型按照其實施的方式歸納成四個學派，幫助我們面對變革管理建構出一個較為全面的觀點，分別是：

1. 規劃性變革學派（Planned Approach）

此學派強調，當一個組織想要從不理想的狀態改變到想要的理想狀態時，必須認清不同狀態的重要性。這個變革類型肇始於學者庫爾特‧勒溫（Kurt Lewin）於1947年所提出的三階段變革模型（也就是解凍現在的水準、前進至新的水準、然後重新凍結在新的水準上）。因此，被歸類到此學派的變革模型

強調在成功地採用新的方法前，必須要捨棄舊行為、舊結構、舊流程及舊文化。

2. 突現性變革學派（**Emergent Approach**）

　　突現性變革學派是相對於規劃性變革的一種變革模型類別。突現性變革學派強調：變革本身就具有不可預測的本質，因此，變革不可以被認知為在一定期間內的一系列線性事件，但可以視為一個連續且開放的調整適應作為，以改變經營狀況與環境。除了僅僅作為一種改變組織營運與組織結構的方法，此學派的學者認為變革也應該被認知為一段組織學習的過程。

3. 權變性變革學派（**Contingent Approach**）

　　被歸類於此學派的研究裡，他們主張經理人及管理顧問需要一種變革模型，其為一種情境式（Situational）的或權變式（Contingency）的模式，為企業組織指引出不同的變革策略，以達成與持續改變的環境之**最佳適配**（Optimum Fit）。他們支持一種能反映出組織在經常多變環境中的變革方法，也包含該方法適用範圍的改變；因此，他們支持每一個組織必然有一組屬於該組織的最佳變革管理的方法與步驟。不過，此學派的陳義過高但卻較難執行。

4. 選擇性變革學派（**Choice Approach**）

　　此學派的研究裡，認為組織不必然一定要自我調適以應對外界環境的多變，他們支持一種自我選擇性的方法。因此，他們期望組織去維持或提升獨有的組織管理風格，並具備能力選擇運用組織這個既有的風格去影響內外情境變化以實現組織變革的要求。

▌科特的八步變革管理模型▌

　　簡單的瞭解上述的四種變革分類之後，那麼，我們今天所要探討的科特八步變革管理模型又是屬於哪一個類別呢？其實，約翰‧科特（John P. Kotter）一開始並未提出明確的八個變革管理步驟，而是在1995年發表了一篇批判「規劃性變革」學派的文章〈領導變革：為何轉型未竟其功？〉（Leading Change:

Why Transformation Efforts Fail）。他在該文中指出了一般變革常出現的八個錯誤，依序是：

1. 沒有建立一個足夠的緊迫感。

2. 沒有建立起一個強而有力的領導同盟。

3. 缺乏變革願景。

4. 缺乏對利益相關人進行關於願景的溝通。

5. 沒有適時地移除新願景的障礙。

6. 沒有系統性地規劃短期勝利。

7. 太快宣布勝利。

8. 沒有將變革落實到企業文化。

　　基於這篇文章的觀點，接著，科特就發展出他那著名的變革管理八大步驟，這八個步驟與前述八個變革常見錯誤息息相關，簡單說明如下：

步驟一：建立危機意識或緊迫感（Create Sense of Urgency）

　　組織必須研究及瞭解市場與其外部競爭情勢，找出並積極討論目前組織所面臨的挑戰、潛在危機或是重要的發展機會，同時虛心檢討組織內部所發生的問題，提出適當的因應計劃，並激發組織成員關於變革的緊迫感。

步驟二：組成強而有力的領導同盟（Build Guiding Coalition）

　　組織在決定變革計劃後，必須優先從現有組織的優秀人才內遴選並組成一個具有高度執行力的專案小組，來負責領導組織變革活動，發揮責任擔當（當責）的精神，並促進專案小組成員相互合作。

步驟三：提出變革願景（Develop the Strategic Vision）

　　組織變革的專案小組須積極創造出變革專案的願景（或目的），引導整個變革行動的執行，同時須擬定達成願景的具體可行策略與目標，作為未來執行的方針。

步驟四：溝通願景（Communicate for Buy-in）

變革專案小組須運用所有可能的管道與溝通技巧，持續對組織內部（尤其是與變革有關的利益關係人）傳達關於變革專案的新願景及相關策略，以期建立組織內部成員的信心；同時，變革領導團隊亦須以身作則引導員工觀念與行為的改變。

步驟五：授權員工參與並適時地排除障礙（Empower Action by Removing Barriers）

變革專案小組應克服重重障礙，識別出會影響組織變革的阻力及抗拒力量，改善破壞變革願景的體制及結構，進而鼓勵員工從事冒險且富創新的想法和行動，將可行措施授權於員工，讓其負責執行。

步驟六：創造短期戰果（Create Short-term Wins）

組織變革專案小組必須規劃出清楚的績效目標、實施改善行動、並積極地在短期內創造戰果；同時思考如何將上述階段性的改善戰果公開，安排表揚及鼓勵對組織績效改善之有功人員，達到激勵員工士氣的目的。

步驟七：鞏固成果並深化變革（Sustain Acceleration）

短期戰果是變革專案的階段性成果，並不等於達成最終的變革目標。組織應藉機運用內部逐漸形成的公信力與信任感，配合短期或階段性績效改善所激勵出來的組織動能，進一步改變之前所有未能配合或不符變革願景的人員（態度與行為）、系統、結構與政策，一鼓作氣地改革陋習或達成變革專案的最終目標。

步驟八：制度化變革成果深植企業文化（Institute Change）

組織必須驅動創造顧客及生產力導向的行為、落實更有效的領導與管理模式，以及適時且明確地向組織成員指出新作法與組織成功之間的關係；並適時地訂定辦法，落實改變後的成果於組織文化，將其體現在員工的新作法及新的行為上。同時，也必須確保未來領導者的培養與接班動作的同步展開。

上述八個步驟，如果依其屬性，可以分成兩個階段。前四個步驟可以視為「校準領導團隊」（Align Leaders）階段，而後四個步驟可以被視為「驅動行為改變」（Drive Behaviors）階段。（如圖7.9）

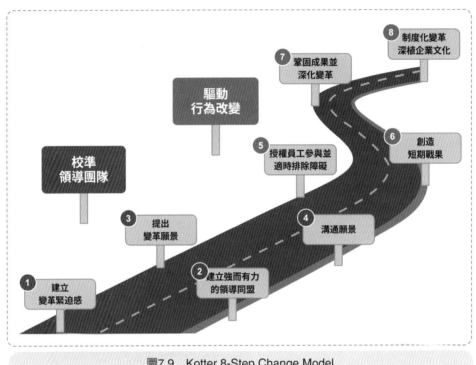

圖7.9　Kotter 8-Step Change Model

▍剖析科特的變革模型▍

首先，為何科特的變革管理模型受到實務界這麼普遍地歡迎？（事實上，他的研究受到一些學者的批評，在後面會有所說明。）因為科特的研究是來自於許多實際案例所彙集而成的架構，可以說具有非常高的實作性，相較於其他學者的變革管理模型，要不就是太過於簡單，或是概念複雜而不容易操作，科特的八步變革管理模型可說是非常地接地氣。

科特的變革模型還具備一個明顯的特質，那就是關於領導者在發展及溝通

變革願景時的角色。他認為，強化變革領導力，對於在一個大型組織裡管理變革是一個非常關鍵的工作。

雖然科特提出八個錯誤來批判「規劃性變革」學派的基本思維，但科特仍然在說明這八個步驟時，去對比了勒溫的三階段變革過程模型：解凍（Unfreezing）、改變（Changing）、再凍結（Refreezing）。科特表示，在他的八步變革管理模型中，前四個步驟的主要目的是在協助鬆弛組織的現況（勒溫模型的「解凍階段」），第五至第七個步驟則是建立新的管理實踐（勒溫模型的「改變階段」），而最後一個步驟則是協助鞏固變革成果並深化到組織文化（勒溫模型的「再凍結階段」）。如果進一步地分析科特的八個步驟，我們可以發現，科特所提出的這些步驟，其實是提供要導入變革活動的組織及領導團隊一個指引。以「如何容易地傳遞變革的資訊並真正地改變人們的行為」以及「如何能讓組織及領導人具備變革之心以順遂其變革管理作為」 為基本核心。

科特相信：為了使組織變革得以順利進行，組織必須要依序採取這八個簡單的變革步驟以實現組織變革。

第一個步驟，創造變革的急迫感。這也是最重要的一步。因為他相信，75%的變革成功案例裡，公司的管理階層均需先認同必須實施這些變革計劃。

第二個步驟，組成領導同盟。讓對的人一起參與到變革專案的領導團隊內，帶領公司進行變革活動，同時繼續創造關於變革的緊迫感。

第三個步驟，建立一個變革願景。要做到這件事，管理階層必須要決定關於變革活動的核心價值觀與目的，建立變革願景（包括目標）可以幫助到為變革所做的各種努力以及發展出達成願景的策略。

第四個步驟，也就是溝通變革的願景。是關於「盡可能地運用各種不同的管道與方式去溝通新願景及策略」；在進行這個步驟時，非常重要的一件事，是要記得透過領導者親自示範以教育成員學習新的行為。

第五個步驟，授權並賦予人們能力去採取必要的行動。這個步驟強調將橫阻在

變革活動前的障礙移除，並且改造阻礙變革的管理體系。例如：在這個階段裡，一家公司可以運用來自於工作場合的激勵人心或親身經歷的故事去建立團隊成員樂觀的態度，或是對不同人員的專案達標而提供獎勵。

第六個步驟要能夠成功，也就是必須想辦法創造短期戰果。一個公司必須要為階段性的預期成果或績效事先做好可行的計劃，並且要認可及獎勵這些成就，以鼓勵人們將這些成果分享到工作及日常生活中。

科特主張，許多變革專案會失敗，可以歸因到太早宣布勝利，因此，第七個步驟就非常的重要，變革領導人總是要分析哪些事情是正確的，以及哪些事情需要改正，並在公司前一階段成功所帶出的動能上持續設立更多的階段性目標。**第七個步驟強調變革事件的發生並非一次就能搞定，必須要透過更多的改進才能真正地實現。**

最後的第八個步驟，涉及到如何鞏固變革的成果或讓人們牢記在心。這可以透過在新行為和企業成功結果之間形成聯繫，科特相信如此一來變革將會深入人心。

科特的八個步驟，每個階段都會確認一個與「人們對變革的反應及應對方法」相關的核心原則，讓組織內的人們見到、感覺到，然後做出改變。這八個步驟必須要逐項經歷以確保變革的發生並內化到組織文化內。

依科特自己的分析，這八個步驟又可以區別為三大部分。第一、第二及第三個步驟，其目的是希望能「**塑造適於變革的組織氛圍**」；第四、第五及第六個步驟，其目的是在「**吸引並使人們有能力進行變革**」；第七及第八個步驟，則是「**落實並內化變革**」。從這個角度，可以更清楚的瞭解科特的變革模型架構（請參見圖7.10）。

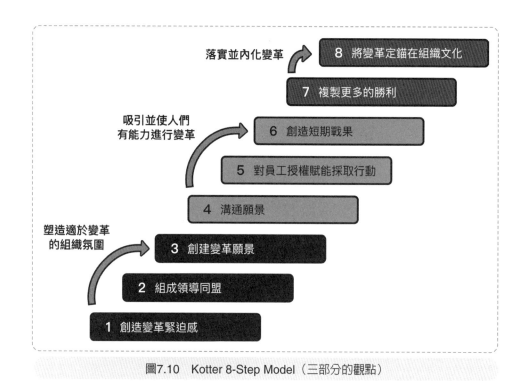

圖7.10　Kotter 8-Step Model（三部分的觀點）

　　在該變革模型的執行重點中，當領導人慶祝第一次的績效被達成時，這個行動有可能會扼殺原有的動能並開始衰退，重大的改變要成為組織文化之一部分，科特認為可能需要花上5到10年，新的做事方法總是脆弱且容易被削弱。隨著階段性目標的實現，變革緊迫感的程度將不會較剛開始時那麼強烈，萬一領導同盟又不夠強而有力，加上願景不夠清楚時，變革的動能很容易會喪失。

▌關於科特變革模型的批判性意見▐

　　雖然科特的變革管理模型非常務實且接地氣，不過，本文既然是在深入剖析他的經典理論，自然免不了要提出一些批判性的意見，讓各位能夠由不同的面向去理解科特理論的限制，作為未來使用時的參考。

　　有許多學者主張：「變革永不會停止而不應受限於這有始有終的八個步驟，同時認為科特的變革模型缺乏縝密的原理支撐。」對此，科特曾表示，他

並不期望將他的模型用在所有型態的變革活動上，他認爲這個模型只被設計在「企業爲了應付一個新的且具更多挑戰的市場環境裡，如何導入新策略之根本性變革」。換句話說，並非所有的變革活動都可以完全套用他的變革管理模型。

因此，有一些學者在科特的變革模型發表15年後，提出科特變革模型的四個限制性面向（注2），分別是：

- ·一個嚴謹而無法變通的執行方法。
- ·有些步驟不必然與一些情境是攸關的。
- ·在變革管理過程裡必須要與某些困難點打交道但模型卻偏重於行爲面。
- ·研究顯示符合科特變革階段來管理變革專案的困難度很高。

接下來我們就從這四個面向來一一地檢視科特模型的限制性：

1. 科特的模型過於嚴謹而不知變通

科特主張這八個步驟必須以明定的順序被執行。他認爲，如果這些步驟因爲前一個步驟延緩而與下一個步驟重疊，則會損害到變革的成功。意謂這些步驟設計的基本要件就是一個步驟接一個步驟的展開。例如：如果沒有實行第一個步驟，則會對實施接下來的步驟以實現想要的結果造成困難或甚至不可行。

事實上，就有許多人反應，這麼強烈的一套預先安排好的實施方法，在許多組織實施變革活動時是不太可行的，是否可以依循既有的組織文化而選擇實施步驟？這也造成許多變革專案聲稱，就是因爲無能的經理人依循著文獻所提供的成功變革處方，最後卻導致失敗的下場。

2. 有些步驟不必然是與一些情境具相關性

雖然這八個步驟可以爲經理人在組織內實施變革形成一個非常好的起始點並似乎可增加變革成功的機會，但是，也有分析認爲，如此一個好的起始點並不能被視爲可以招來最後的成功。在實務上，這也可以說明爲何情境會影響到變革的推行，並顯示出適當調整變革模型的必要性。

因此，有學者認為：可以在考慮組織特性及想要實施變革的企圖下，將科特的模型結合其他的變革模型，從而找到最佳的混合型變革策略，這將更具有建設性。

在這裡我們所看到的是，一些學者相信科特的模型是嚴謹的，並且無法被改變，而其他人則相信科特的模型可以與其他的模型一起混用，如此一來則可以很好的適配組織文化。

3. 變革管理的過程中，不僅限於行為面改變，尚需與其他困難點打交道

科特所提出來的八個步驟著重在改變人們的行為，而不是策略、管理系統，也不是企業文化。然而，這些因素在組織的變革都是非常重要的元素。但是，科特的核心議題卻是放在「改變行為」的層面，也就是人們做了些什麼？以及需要他們如何對改變的事物做出明顯的反應（行為表現）？

因此，有研究認為科特的模型如同勒溫的三階段模型，都有過於簡單的現象，而不能反應出真實世界運作的景象。的確，有些企業轉型的工作並不需要或不能夠經由某些明確的步驟去完成。例如：關於企業營運軟體系統的更換，或是製造現場更換設備等變革專案，這些改變較常是屬於不可逆轉的過程。所以，在這些例子裡，科特變革模型內的步驟七及步驟八可能無關或不適用，其他的例子也可能包括需要有強大保密特性的變革活動。

有研究認為，企業實施變革會遭遇到許多困難，依據科特的變革模型規劃進行變革作業，可以局限住所有可能遇到的路障，但這個模型也未能對所有的情境掌握到足夠的細節。例如：變革的阻力及對於變革的承諾是變革管理的主要面向，也是科特變革模型之外的重要補充元素。如同來自員工的承諾對於變革也是非常的重要，並非僅限於高階主管。這也是為何科特在後續的研究文章中，特別強調所謂的「領導同盟」並非僅限於經理人團隊的緣故。

4. 不容易獲得完整的研究以證明科特的變革模型

研究變革專案具有先天上的困難處，主因完全是因為這些變革專案的複雜

特性，這可能也是為何我們僅發現非常少量關於正式運用科特變革管理模型的書面案例。在實務上，關於變革案例的研究障礙存在著：

⑴ 要完整實施這八個步驟是相當地困難。

⑵ 需要對變革專案進行長期的觀察與追蹤，才能完整涵蓋這八個變革步驟。而組織變革通常需要歷時多年才能成形，研究起來非常費時，特別是，要驗證步驟七及步驟八的有效性，也因此變得非常複雜及難以進行評估。

⑶ 在評估這些步驟的實施效果時，也會遭遇到困難。特別是在對於衡量團隊協作的執行水準上遇到挑戰。

　　儘管關於這套理論的有效性存在著不少的缺口，不過，並不會減低這套模型受歡迎的程度。真正的原因可能是這套模型非常的直觀，從而相對較易為人所接受，也因為這是基於科特的實際人生經驗，以及它可以被很好的舉例說明。當然，身為暢銷書作者而在眾多變革經理人及利益相關人的讀者群中具有大的影響力，也是科特的理論所以這麼受歡迎的原因，雖然它不完全符合學術界依賴於假設與檢驗的原則。

▌培養轉型領導力成功領導變革 ▌

　　熟悉組織變革模型可以幫助組織面對變革的挑戰。然而，具備領導變革所需的領導力，才是成功的核心要件。在許多關於領導力的討論中，「轉型領導力」（Transformational Leadership，又稱為變革領導力）在組織轉型或變革活動中，是最常被連結到管理績效的討論課題中，特別是關於轉型領導人特質的探討上。

　　轉型領導理論最早是由學者詹姆斯‧伯恩斯（James M. Burns，1978）經由分析政治領導力的範疇而發展出來的。在此之前，關於領導學的關注點大都聚焦在那些成功帶領組織變革或轉型的領導人，對於他們所採用的領導方法的

檢驗上。轉型領導理論的主要前提是指領導人必須具有某種能力，能夠激勵他的追隨者去實現超過追隨者他們自己本身原先所具有的事務實現的能力。依據領導力大師伯納德‧巴斯（Bernard M. Bass，1985）的研究，他歸納出一位優秀的轉型領導人應該具有以下四項特質：

1. **魅力影響（Idealized Influence）**：能夠吸引追隨者，讓他們面向自己，對領導人表現出尊敬並且願意追隨他／她以完成某項任務。

2. **動機激勵（Inspirational Motivation）**：追隨者在與領導人共事的過程，會因爲他們可以一起實現單獨個人能力範圍以外的成就，令人感到興奮，同時也激勵成員願意付出。

3. **智識激發（Intellectual Stimulation）**：領導人會適時的賦能所屬成員，引導他們不以他們既有的能力爲滿足，認同團隊使命及價值觀，有效的提升成員的能力並授予適配的權柄。

4. **個別關懷（Individualized Consideration）**：領導人會秉持同理心，隨時關心著成員的現況及需求，讓追隨者在團隊中感受到溫暖。

　　具備轉型領導力的領導人必定是一位有能力提供下屬個別關懷與智力的激勵，本身又擁有領袖魅力的領導人，他／她也是具有帶領人們行動並注重培養和發展下屬能力，使其成爲推動改革動力的一位領導人。轉型領導人更是一位善於利用權力與情境等有利因素，激發出員工求新求變的意願與能力，使得組織面對正在快速變化的內外部環境時，能夠適時的調整運作方式的領導人。因此，一位稱職的轉型領導人應該是「**一位能激勵我們去做出超越我們原有能力所能展現水準的領導人**」。

　　因爲轉型領導力的特質正是在目前的變動環境，組織面臨環境變動而必須實施轉型策略的當下，最需要的領導能力；因此，所有的經理人均應當以提升自己的轉型領導力，作爲面對未來環境變化挑戰的核心能力之一。

▎以變革關鍵因素的新觀點來看待變革模型▎

如何成功領導變革？這其實是一個大哉問，放諸四海，並無一個標準答案。本文會介紹科特的變革八步模型，正是因為它的實務性，可以作為我們預先規劃變革專案的基礎，同時，也可以用來在策略執行階段時，用來檢核變革活動是否順利實施，以減少變革失敗的參考。

雖然科特模型存在著一些限制，例如：無法明確地依照八個步驟的先後順序實施。然而，依我多年帶領及輔導不同類型的管理變革專案的經驗，以及曾做過的學術研究發現，我們其實可以將這八個步驟視為成功領導變革活動的八個關鍵要素，結合圖7.10三個部分（階段）的觀點，在變革活動展開前、執行期間，以及固化變革成果的不同期間，用這八個關鍵要素來檢核整體變革活動的進展，適時地進行管理措施的校驗與調整，可以避免陷入「科特模型限制性」的困擾（注3）。

變革管理是確保策略執行與落地的關鍵作為，領導人如果無法掌握成功領導變革的知識與關鍵領導力，並且清楚認知到影響變革的關鍵不是技術而是人性，將因為那些來自個人或團體的抗拒力而失敗。本文作為本書的最後一個主題，也是希望能幫助讀者有效的實現組織策略。

注釋

▶注1：原文〈當企業面臨經營環境的挑戰時，Kotter教你如何讓變革持續而有力地進行〉刊登於「經營洞察力論壇」2017-11-29。

▶注2：這個單元主要是參考來自學者Steven H. Appelbaum, Sally Habashy, Jean-Luc Malo及Hisham Shafiq等四位學者在《管理發展期刊》所發表關於科特八步變革模型的綜述性研究 "Back to the Future: Revisiting Kotter's 1996 Change Model"。

▶注3：對這個研究有興趣的讀者可以參考我與東海大學王本正教授發表於《2014管理科學與決策國際研討會》的論文 "Factors Affecting Organizational Culture Change: An Empirical Study of China Government-Owned Enterprise" 以及我與天津南開大學白

長虹教授發表於《現代管理科學》的論文〈我國企業變革管理的關鍵影響因素研究〉。

思考問題

完成本文的閱讀，不妨再多花幾分鐘深入思考下面的問題以提升您的洞察力：

1. 在科特的八步變革管理模型中，第一個步驟是「塑造變革緊迫感」，是否請您思考一下，過去曾實施過的變革活動中，對於緊迫感的議題，我們是否做得夠好？還有哪些改進的部分？

2. 除了科特的八步變革管理模型，是否由自己或是和團隊成員一起，透過上網或是書籍，再去搜集1～2種變革管理模型？請拿來與科特的八步驟進行比較，看看有哪些觀點是一致的？又有哪些步驟或觀點有所差異？

3. 企業面臨外界環境的挑戰，隨時要應變，可否回顧過去曾推行過或目前正在推行的變革專案，是否符合八步法的精神？除了實施步驟外，是否也同時將這八個步驟以成功關鍵因素的方式來檢核，有哪些發現或心得可以分享？

4. 本文提到的轉型領導人應具備的四項特質，請思考，我們要如何學習？以及會遇到什麼樣的障礙？請與團隊成員分享您的觀點。

參考書目與延伸閱讀

1. 白長弘，孫旭群，2016，我國企業變革管理的關鍵影響因素研究，現代管理科學，2016年第七期。

2. 何則文，2020，成就未來的你：36堂精準職涯課，創造非你不可的人生！，悅知文化。

3. 莊文忠，2008，績效衡量與指標設計：方法論上的討論，公共行政學報，29期，頁61－91。

4. Ansoff, H. Igor. 1966. *Corporate strategy: An analytic approach to business policy for growth and expansion*. New York: McGraw-Hill.

5. Appelbaum, Steven H., Sally Habashy, Jean-Luc Malo, and Hisham Shafiq. 2012. Back to the future: revisiting Kotter's 1996 change model. *Journal of Management Development*, Vol. 31 Iss: 8 pp. 764-782.

6. Bass, Bernard M. 1985. *Leadership and performance beyond expectations*. New York: The Free Press.

7. Berger, Warren. 2014. *A More beautiful question: The power of inquiry to spark breakthrough ideas*. Bloomsbury USA. 中文版書名：《大哉問時代》，大是文化，2015年出版。

8. Bonchek, Mark. 2016. How to build a strategic narrative. *Harvard Business Review: March*.

9. Bossidy, Larry, Ram Charan, and Charles Burck. 2002. *Execution: The discipline of getting things done*. Currency. 中文版書名：《執行力：沒有執行力‧哪有競爭力》，天下文化，2003年出版。

10. Browne, M. Neil. 2016. *Asking the right questions: A guide to critical thinking* (11th ed). Stuart M. Keeley. 中文版書名：《看穿假象、理智發聲，從問對問題開始》，商業周刊，2019年出版。

11. Burnes, Bernard. 1996. No such thing as ... a 'One best way' to manage organizational change. *Management Decision*, Vol. 34 No. 10, pp. 11-18.

12. Burns, James M. 1978. *Leadership*. New York: Harper & Row.

13. Chandler, Alfred D. Jr. 1969. *Strategy and structure: Chapters in the history of the American industrial enterprise*. MIT Press.

14. Christensen, Clayton M. 1997. *The innovator's dilemma: The revolutionary book that will change the way you do business*. Harvard Business Review Press. 中文版書名：《創新的兩難》，商周，2007年出版。

15. Christensen, Clayton M., James Allworth, and Karen Dillon. 2012. *How will you measure your life?*. Harper Business. 中文版書名：《你要如何衡量你的人生？》，天下文化，2018年出版。

16. Christensen, Clayton M., Teddy Hall, Karen Dillon, and David S. Duncan. 2016. *Competing Against Luck*. Harper Business. 中文版書名：《創新的用途理論》，天下雜誌，2017年出版。

17. Drucker, Peter F. 1974. *Management: Tasks, responsibilities, practices*. Big Apple Tuttle-Mori Agency Inc. 中文版書名：《管理的使命／管理的責任／管理的實務》，天下雜誌，2002年出版。

18. Drucker, Peter F. 2001. *Management challenges for the 21st century*. Harper Business. 中文版書名：《21世紀的管理挑戰》，博雅，2021年出版。

19. Drucker, Peter F. 2006. *The practice of management*. Harper Business Reissue. 中文版書名：《彼得‧杜拉克的管理聖經》（經典新裝版），遠流，2020年出版。

20. Eisenmann, Thomas R. 1997. *Structure and strategy: Explaining consolidation patterns in the US cable television industry*. Harvard University: Graduate School.

21. Field, Syd. 2005. *Screenplay: The foundations of screenwriting.* Delta: Revised edition. 中文版書名：《實用電影編劇技巧（二版）》，遠流，2008年出版。

22. Fifield, Paul. 2008. *Marketing strategy masterclass: Making marketing strategy happen.* Butterworth-Heinemann.

23. Freedman, Lawrence. 2015. *Strategy: A history. Oxford University Press.* 中文版書名：《戰略大歷史》，商業周刊，2020年出版。

24. Grove, Andrew S. 1995. *High Output Management.* Vintage: 2nd version. 中文版書名：《葛洛夫給經理人的第一課（新版）》，遠流，2013年出版。

25. Harari, Yuval Noah. 2014. *Sapiens: A brief history of humankind.* Harper Perennial. 中文版書名：《人類大歷史》，天下文化，2014年出版。

26. Hastings, Reed, and Erin Meyer. 2020. *No rules rules: Netflix and the culture of reinvention.* Penguin Press. 中文版書名：《零規則》，天下雜誌，2020年出版。

27. Hummel, Charles E. 1994 (Revised). *Tyranny of the urgent.* InterVarsity Press.

28. Kaplan, Robert S., and David P. Norton. 2008. *The execution premium: Linking strategy to operations for competitive advantage.* Harvard Business School Press.

29. Kim, W. Chan, and Renee Mauborgne. 2015. *Blue ocean strategy, expanded edition: How to create uncontested market space and make the competition irrelevant.* Harvard Business Review Pres. 中文版書名：《藍海策略（增訂版）》，天下遠見，2015年出版。

30. Kim, W. Chan, and Renee Mauborgne. 2015. Red ocean traps. *Harvard Business Review: March.*

31. Kotter, John P. 1995. Leading change: Why transformation efforts fail. *Harvard Business Review: March-April.*

32. Kübler-Ross, Elizabeth. 1969. *On death and dying*. New York: Collier Books.

33. Kübler-Ross, Elisabeth. 2014. *On death and dying: What the dying have to teach doctors, nurses, clergy and their own families* (Reissued). Scribner Book Company.

34. Lanning, Michael J. and Edward G. Michaels, 1988. *A business is a value delivery system*. McKinsey Staff Paper: June No. 41.

35. Levitt, Theodore. 1960. Marketing myopia. *Harvard Business Review*.

36. Lewin, Kurt. 1947. Frontiers in group dynamics: Concept, method and reality in social science, social equilibria and social change. *Human Relation*s, Vol. 1.

37. Lewin, Kurt. 1948. *Resolving social conflicts*, selected papers on group dynamics (1935-1946). New York: Harper.

38. Martin, Roger. 2007. *The opposable mind: How successful leaders win through integrative thinking*. Harvard Business Review Press. 中文版書名：《決策的兩難》，天下雜誌，2019年出版。

39. Maurya, Ash. 2012. *Running lean*. O'Reilly Media. 中文版書名：《精實執行：精實創業指南》，歐萊禮，2013年出版。

40. McChesney, Chris, Sean Covey, and Jim Huling. 2012. *The 4 disciplines of execution: Achieving your wildly important goals*. Free Press. 中文版書名：《執行力的修練》，天下雜誌，2014年出版。

41. McCord, Patty. 2014. How Netflix reinvented HR. *Harvard Business Review: January-February*.

42. Mintzberg, Henry, James A. Waters. 1985. Of Strategies, Deliberate and Emergent. Strategic *Management Journal*, Vol. 6, 25 7-2 72.

43. Mintzberg, Henry. 1994a. The fall and rise of strategic planning. *Harvard Business Review: Jan-Feb*.

44. Mintzberg, Henry. 1994b. *The rise & fall of strategic planning*. Free Press.

45. Mintzberg, Henry, Richard T. Pascale, Michael Goold, and Richard P. Rumelt. 1996. The「Honda Effect」Revisited. *California Management Review*, 38(4), 77-117.

46. Mintzberg, Henry, Joseph Lampel, and Bruce Ahlstrand. 1998. *Strategy safari: A guided tour through the wilds of strategic management*. The Free Press. 中文版書名：《明茲伯格策略管理》，商周，2006年出版。

47. Munger, Charles T. 2005. *Poor Charlie's almanack: The wit and wisdom of Charles T.* Munger. 3rd edition, Walsworth Publishing Company. 中文版書名：《窮查理的普通常識》，商業周刊，2014年修訂初版。

48. Ohmae, Kenichi. 1991. T*he mind of the strategist: The art of Japanese business*. McGraw Hill. 中文版書名：《策略家的智慧》，長河，1983年出版。

49. Osterwalder, Alexander. 2010. *Business model generation*. John Wiley and Sons. 中文版書名：《獲利世代》，早安財經，2012年出版。

50. Osterwalder, Alexander. 2014. *Value proposition design: How to create products and services customers want*. Wiley. 中文版書名：《價值主張年代》，天下雜誌，2017年出版。

51. Parrish, Shane. 2018. *The great mental models*. Latticework Publishing Inc. 中文版書名：《思考的框架》，天下雜誌，2021年出版。

52. Raynor, Michael E. 2007. *The strategy paradox: Why committing to success leads to failure The Strategy Paradox: Why committing to success leads to failure (and what to do about it)*. Currency. 中文版書名：《策略的兩難》，財信，2008年出版。

53. Pascale, Richard T. 1984. Perspectives on Strategy: The Real Story behind Honda's Success. *California Management Review,* 26(3), 47-72.

54. Peters, Thomas J., and Robert H. Jr. Waterman. Jr. *In Search of Excellence: Lessons from America's Best-Run Companies*. New York: Harper & Row, 1982.

55. Podolny, Joel M., and Morten T. Hansen. 2020. How Apple is organized for innovation. *Harvard Business Review: November - December.*

56. Porter, Michael E. 1996. What is strategy? *Harvard Business Review: November - December.*

57. Ries, Al, and Jack Trout. 1981. *Positioning: The battle for your mind.* McGraw-Hill Inc. 中文版書名：《攻心：定位策略》，遠流，2001年出版；《定位》，臉譜，2019年出版。

58. Sinek, Simon. 2009. *Start with why. Portfolio Hardcover.* 中文版書名：《先問，為什麼？》，天下雜誌，2018年出版。

59. Sobek II, Durward K., and Art Smalley. 2008. *Understanding A3 thinking: A critical component of Toyota's PDCA management system. Productivity Press.*

60. Stone, Brad. 2013. *The everything store: Jeff Bezos and the age of Amazon.* Little Brown and Company. 中文版書名：《什麼都能賣！》，天下文化，2014年出版。

61. Sull, Donald, Rebecca Homkes, and Charles Sull. 2015. Why strategy execution unravels-and what to do about It." *Harvard Business Review: March.*

62. Sun, Hsu-Chun and Wang, Ben-Jeng. 2014. Factors Affecting Organizational Culture Change: An Empirical Study of China Government-Owned Enterprise. *Proceedings of 2014 International Conference in Management Sciences and Decision Making.*

63. Treacy, Michael, and Fred Wiersema. 1993. Customer intimacy and other value disciplines. *Harvard Business Review: January-February.*

64. Ulwick, Anthony W. *2016. Jobs to be done: Theory to practice.* IDEA BITE PRESS.

65. Wallas, Graham. 2014. *The art of though*. Solis Press.（原版於1926年由 Jonathan Cape出版。）

66. Watts, Duncan J. 2012. *Everything is obvious: How common sense fails Us*. Crown Business. 中文版書名：《爲什麼常識不可靠？》，大塊文化，2013 年出版。

67. Weihrich, Heinz. 1982. The TOWS Matrix - A Tool for Situational Analysis. *Long Range Planning: April*. Vol 15, No. 2, pp.54 to 66.

國家圖書館出版品預行編目（CIP）資料

策略規劃與管理實務：經理人培養思維、掌
握洞察力、啟發策略的必備攻略/孫旭群著. --
初版. -- 臺北市：五南圖書出版股份有限公司,
2023.07
　面；　公分
ISBN 978-626-366-325-1(平裝)
1.CST: 經理人 2.CST: 策略管理 3.CST: 策略規
劃 4.CST: 職場成功法
494.1　　　　　　　　　　　112011166

1FSU

策略規劃與管理實務：經理人培養思維、掌握洞察力、啟發策略的必備攻略

作　　　者 ― 孫旭群

發 行 人 ― 楊榮川

總 經 理 ― 楊士清

總 編 輯 ― 楊秀麗

主　　　編 ― 侯家嵐

責任編輯 ― 吳瑀芳

文字校對 ― 張淑端

封面完稿 ― 姚孝慈

排版設計 ― 賴玉欣

出 版 者：五南圖書出版股份有限公司

地　　　址：106臺北市大安區和平東路二段339號4樓

電　　　話：(02)2705-5066　　傳　　　真：(02)2706-6100

網　　　址：https://www.wunan.com.tw

電子郵件：wunan@wunan.com.tw

劃撥帳號：0 1 0 6 8 9 5 3

戶　　　名：五南圖書出版股份有限公司

法律顧問：林勝安律師

出版日期：2023年 7 月初版一刷

定　　　價：新臺幣450元

經典永恆・名著常在

五十週年的獻禮——經典名著文庫

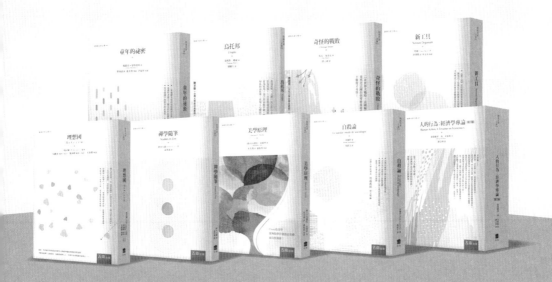

五南，五十年了，半個世紀，人生旅程的一大半，走過來了。

思索著，邁向百年的未來歷程，能為知識界、文化學術界作些什麼？

在速食文化的生態下，有什麼值得讓人雋永品味的？

歷代經典・當今名著，經過時間的洗禮，千錘百鍊，流傳至今，光芒耀人；

不僅使我們能領悟前人的智慧，同時也增深加廣我們思考的深度與視野。

我們決心投入巨資，有計畫的系統梳選，成立「經典名著文庫」，

希望收入古今中外思想性的、充滿睿智與獨見的經典、名著。

這是一項理想性的、永續性的巨大出版工程。

不在意讀者的眾寡，只考慮它的學術價值，力求完整展現先哲思想的軌跡；

為知識界開啟一片智慧之窗，營造一座百花綻放的世界文明公園，

任君遨遊、取菁吸蜜、嘉惠學子！